为年轻人定制的人生规划课

不要让未来的你
讨厌现在的自己

连山 编著

浙江工商大学出版社
ZHEJIANG GONGSHANG UNIVERSITY PRESS

图书在版编目（CIP）数据

不要让未来的你讨厌现在的自己 / 连山编著 . — 杭州 : 浙江工商大学出版社 , 2017.9

ISBN 978-7-5178-2212-7

Ⅰ . ①不… Ⅱ . ①连… Ⅲ . ①成功心理－青年读物
Ⅳ . ① B848.4-49

中国版本图书馆 CIP 数据核字（2017）第 132473 号

不要让未来的你讨厌现在的自己

连山 编著

责任编辑	周晓竹　谷树新
封面设计	思梵星尚
责任印制	包建辉
出版发行	浙江工商大学出版社
	（杭州市教工路 198 号　邮政编码 310012）
	（E-mail: zjgsupress@163.com）
	（网址 : http://www.zjgsupress.com）
	电话 : 0571-88904980，88831806（传真）
排　　版	北京东方视点数据技术有限公司
印　　刷	北京德富泰印务有限公司
开　　本	710mm×1000mm　1/16
印　　张	18
字　　数	243 千
版 印 次	2017 年 9 月第 1 版　2017 年 9 月第 1 次印刷
书　　号	ISBN 978-7-5178-2212-7
定　　价	48.00 元

前言

　　二十几岁，是人一生中一个非常重要的阶段，此时，我们脱去了最初的懵懂，已经开始走向成熟。决定人生格局的重要几步也是在此时迈出的：选择职业、成就事业、进入婚姻、提升自我等都得在这个年龄段奠定基础。可以说，这个年龄段是人一生幸福的源头，是形成人命运差异的最关键时期。这一时期，做好工作、生活、家庭、事业等方面必须要做的事，才能为以后的人生飞跃打好基础，才能更快地到达成功的巅峰。

　　哈佛大学曾对此做了一项长达 25 年的跟踪调查。调查的对象是一群智力、学历、环境等条件差不多的年轻人。结果显示，3％的人 25 年后成了社会各界的顶尖成功人士，他们中不乏白手创业者、行业领袖、社会精英。10％的人大都在社会的中上层，成为各行各业不可或缺的专业人士，如医生、律师、工程师、高级主管等。而 60％的人几乎都在社会的中下层面，他们能安稳地工作，但都没有什么特别的成绩。剩下的 27％几乎都处在社会的最底层。他们过得不如意，常常失业，靠社会救济，并且常常抱怨他人，抱怨社会，抱怨世界。从离开校园到职场人生，25 年也许只是弹指一挥间。然而，25 年过去，当同窗好友再一次相聚时，一个无可回避的现实是：昔日朝夕相处、平起平坐的同学，有了明显的"社会价值等级"。造成这种等级区分的，当然有机遇、人际关系以及与之相对应的环境，但是，最重要的因素却在于一个人在二十几岁这个年龄段上是否找到了自己的人生方向，是否懂得在那些最重要的方面积累自己的成功资本。他们之间的差距，不是一时偶然形成的，而是从他们 20 岁的时候就开始逐渐拉开了。

但二十几岁这段时光，也是人生中最艰苦的一段旅程，会面临很多十字路口，面临很多的诱惑和失败。这个年龄段的年轻人涉世不深，可能刚刚离开大学的校门或者刚刚踏入这个竞争激烈的社会，此时，他们的生活环境和内容都将产生巨大的变化，面对更多复杂多变的状况，还有他们不精通的人情世故，茫然、无助、压力重重和不知所措的感觉会时常出现。此时的年轻人是最容易迷失自己的，可能因为找不到奋斗方向而惊慌失措；可能因为无法找到现实与理想的交叉点而愤世嫉俗；可能因为没有工作目标而不停地跳槽；可能因为找不到真爱而游戏爱情，或因为爱情不顺而一蹶不振……在犹豫彷徨中，很多机遇会悄悄溜走，人生就会走向一个灰色的境地。而对于年轻人来说，现在的迷茫，会造成 10 年后的恐慌，20 年后的挣扎，甚至一辈子的平庸。如果不能尽快冲出困惑，拨开迷雾，就无颜面对 10 年后、20 年后的自己。越早找到方向，越早走出困惑，就越容易在人生道路上取得成就、创造辉煌。

为了帮助年轻人在二十几岁规划好自己的道路，少走弯路，顺利打开人生的局面，我们特编写了这本《不要让未来的你讨厌现在的自己》。本书从找准定位、提升能力、打造心态、经营爱情等多个方面，对年轻人在二十几岁该做什么给出了具体的指导。本书是无数成功人士拼搏人生的智慧和经验的总结，每一条总结都是前人在实践中摸爬滚打，走了无数条弯路，摔了无数次跤，经受了无数次挫折才得来的，为处于人生十字路口不知何去何从的年轻人带来了实质性的指导，使他们在事业上和生活中获得成功和幸福。年轻人如果根据从本书中学到的这些智慧和经验来打拼自己的生活和事业，就能把握住现在，找到成功的捷径，及早迈入幸福生活。

目录

第一章

二十几岁懂规划，三十几岁不害怕

二十几岁了，你最先应该拥有的一样财富就是"人生规划"。规划可以孕育智慧，可以给人提供力量去战胜困难。没有追求的人只会在浑浑噩噩中度过。在很大程度上，人生的高度取决于理想的高度。"人生规划，就是为了理想而生活"，如果你在这个时候还不知道什么是规划，那么你将如同在迷雾中前行。

二十多岁的选择，决定三十多岁的成就

"你过去或现在的情况并不重要，你将来想获得什么成就才最重要。除非你对未来没有理想，否则做不出什么大事来。有了目标，内心的力量才会找到方向。"这是美国成功学家拿破仑·希尔关于"理想"的一段话。从古至今，我们都在强调一个人要有理想，近代成功学也将理想纳入个人自助计划的重要步骤。理想固然很重要，但从确定理想那一刻开始，你的行动更重要，因为它决定了你是否可以实现理想。

如果将我们熟知的成功者们的今天当作一个点，从这个点往昨天、前天倒推，我们会发现，其实他们在二十多岁的时候与我们很相似。而差距是从二十多岁确定人生目标之后，他们选择用一天天时间、从一件件事情上慢慢拉近自己与成功之间的距离。

娱乐圈中的明星很多，昙花一现的不计其数，但是有些人却能够越老越红，成为真正的偶像明星。他们的成功看起来很容易，似乎就是唱几首

歌、演几部电影，但为什么偏偏是他们而不是别人？为什么好运气都降临在他们身上？这其实与个人的选择有关。

一件事情，是否能够做得到、做得好，其实就是一个选择的问题。也许看上去只是一件小事，但最终却会影响你的整个人生轨迹。

也许很多人会抱怨命运的不公，然后自怨自艾，最后不认真对待角色，久而久之，连群众的龙套都没得跑。

有这样一句很流行的话："把每一件普通的事情做好就是不普通，把每一个平凡的日子过好就是不平凡。"

也许，在你二十几岁的时候，你觉得自己对一切都无所谓。什么成功、成就，那只是指日可待的事情；什么机会、人脉，那也只是等着自己去俯身拾取的东西。似乎自己在三十多岁的时候，注定是成功的。其实，你对每一天的生活的态度，对每一件小事的选择，决定了你未来会有多大的成就。

也许你觉得，假如自己在娱乐圈每天工作在聚光灯、荧光棒的照耀下，也会全心全意地付出。事实上，在哪里工作，做什么样的工作并不是最重要的，重要的是你选择用怎样的态度去工作。你想做老师，想做记者，想做娱乐明星，等等，却一样也没有用心去做。在该踏踏实实努力的年纪里，你选择的是挥霍青春、虚掷光阴，等到别人开始收获自己二十多岁种下的种子生出的果实的时候，你才发现自己的田野中长满荒草，那是何等的悲哀和令人追悔！

春种，夏长，秋收，冬藏。每一个环节都是下一个环节的铺垫，我们的人生也是按照这样的规律在前进。你所浪费的今天，正是昨日殒身之人渴望的明天。如果你希望能够拥有一个丰收的秋季，那么在二十几岁的人生之夏，请选择用勤奋和努力来把握住每一天吧！

人生可以走直线

很多年轻人羡慕百度 CEO 李彦宏，他事业成功，风度翩翩，而且家庭幸福。那么，他的成功经验是什么？用他的书名来回答就是：人生可以走直线。

　　人生之路有很多条，如果每一条都去尝试，我们未必有如此多的机会和时间，但是确定目标，选择最适合自己的一条路将它走到底，我们也能像李彦宏一样闯出自己的一番事业来。想想我们从小到大有过多少梦想：我们想做通天彻地的孙悟空，想做神机妙算的诸葛亮，想做盖世英雄般的乔峰，想做迷倒万千少女的楚留香……

　　二十几岁的我们即将闯荡世界，这些年幼时简单的梦想可能还会在我们的脑海中时不时地闪现。在出征之前，我们应该检查一下自己的背囊，整理那只装着各种梦想的口袋，然后毫不犹豫地朝着它大步走去。

　　山林中飞来一只凶狠的老鹰。它在长空中盘旋，寻找着猎物，突然它发现了两只在草丛间玩耍的兔子，兔子也发现了空中的老鹰，于是拔腿而逃。老鹰盯住一只较大的兔子，紧追不舍。兔子来了个急转弯，老鹰也跟着调转方向。几番较量后，老鹰终于抓住了兔子。

　　老鹰盯住了一只兔子，紧追不舍，最后得到了美餐，而如果它同时追逐两只兔子的话，结果很可能是一只也抓不到。同样，很多成功人士也是得益于专注于自己的目标。

　　斯蒂芬·茨威格就是其中一个，他是深受中国读者喜爱的奥地利作家。有一天，在比利时著名作家凡拉爱朗的介绍下，茨威格在巴黎认识了雕塑大师罗丹。罗丹热情地邀请他到乡下的雕刻室去看看自己最近的作品。那是一尊女性的半身像，罗丹觉得已经完工了，但审视一会儿后，忽又喃喃自语道："只有那肩膀上面，线条仍旧太硬。对不起……"这时，他似乎已经忘记了茨威格的存在——他捡起一柄雕塑用的木质小刀就开始专注地工作起来。小刀在柔软的泥土上轻轻拂过，使像身的肌肉发出一种更细腻的光泽。罗丹雕像的手指活泼了起来，眼睛里放着光芒。"还有这里……这里……"他又修改了几处地方，再退后一步，细细观察，然后又把架子转过背来，喉咙里喃喃地发出奇怪的声音。有时他欣然微笑，有时他眉头紧皱，有时捏一点泥加到雕像身上去，有时又轻轻地抓掉一些……

如此继续了半小时，一小时……他从没有对茨威格说一句话。除了创造他理想中的塑像之外，他什么都忘记了。

直到丢下小刀，他才想起茨威格来："对不起，先生。我简直把你忘记了。但是……"罗丹对自己的失礼非常过意不去，茨威格却十分感激地紧握着他的手。在茨威格看来，这一天所得的收获，比在学校里多年的用功还有益处。

"一个人可以如此完全忘记了时间、空间与整个世界，这个认识，使我得到了空前绝后的感动。在这几个小时，使我把握住了一切艺术、一切事业成功的奥秘——聚精会神：集中所有的力量以完成不论大小的工作，把我们容易分散、容易旁骛的意志贯注在小小的一点上。我觉得遗忘一切其他事物而集中意志以求完美的热忱，就是我过去所缺乏的。除了工作，好像自己都不存在，这是成功的秘诀。我现在知道舍此之外，别无神妙的方法了。"这是茨威格的《成功的秘诀》一书中的描写，生动传神地表现了艺术家罗丹那种忘我的、专注于目标的工作精神。

在历史上，阿基米德不仅是一位伟大的数学家，还是一位伟大的力学家。他通过大量实验发现了杠杆原理，又用几何演绎的方法推出了许多杠杆命题，并给出了严格的证明。其中就有著名的"阿基米德定理"。不仅如此，阿基米德还是一位十分出色的工程师，他能够把数学和生活中的具体问题结合起来考虑，大胆地运用数学方面的知识去解决天文学和物理学的问题……他之所以能够取得如此辉煌的成就，就是因为他是一个非常专注于自己目标的人。

据记载，阿基米德钻研数学的时候非常专心，往往因为过于投入而忘记了其他的事情。比如在冬天吃饭的时候，他就坐在火盆旁边，一只手端着饭碗，一只手在火盆的灰烬里比划着，进行各种数学习题的运算，因过于投入，常常忘了吃饭。

有一次，因为一道数学题没有解答出来，很长时间他都把自己关在房间里苦思冥想，由于一直没有时间去洗澡，他身上散发出一股难闻的气味。在家人的一再要求下，阿基米德才勉强进了浴室。

那时候的人们都有个习惯，洗完澡之后要往身上擦香油膏。阿基米德待在浴室里好半天还不出来，家人感到十分奇怪。他们站在门外喊了几声，可是一点回应也没有。这是怎么回事？会不会出了什么意外？

家人赶紧推开门，令人哭笑不得的是，他们发现阿基米德已经忘了自己是在洗澡，他把浴室当成了工作室，正坐在浴盆的边缘，用手指头蘸着香油膏在皮肤上画几何图形。

人生苦短，确立自己的目标，然后大步流星地走去，"直线"的前进方式可以让你在某一个领域研究得更加深入，行走得更加专注，也更加接近成功。

要随时看见目标

人生如一台戏，很多人只是在"演戏"，却不知道结局会怎样，就像一边拍一边播的连续剧，根据个人表现来决定故事的结尾。其实，每个人都有自己的目标，只是演着演着，就失去了自己的那个目标。如果在迈向成功的道路上一直努力不懈地奋斗，可放眼望去，却看不到成功的半点影子，不禁会让人觉得灰心泄气甚至是害怕。如果随时放眼望去都能看到目标，那么成功的希望就会被再度点燃。因此，一个明确、合理的目标对二十几岁的人来说，是很重要的。

演员王宝强在少林寺磨炼了6年，14岁的时候抱着一个当演员的梦想，怀揣着500块钱来到了北京，开始了"北漂"生活。可以想象，在北京这样一个人才济济的大都市，像他这样既没有学历文凭，也没有外在形象，只凭着憧憬就想去影视界发展的人，要想成功那绝对是难上加难的事情。

初来到北京的他，不要说做演员，即便是做群众演员也得等机会。为了生计，他只好到建筑工地去做小工，一天下来累个半死，晚上睡觉十几个人挤在一个通铺上。就是这样，他也没放弃过演员梦，终于有机会当了几部戏的群众演员，每天挣20元钱，但很快就又没戏了。要想再有机会就得到北影厂门口等戏，他每天早上很早起来，步行一个多小时到那里。后来王宝强自己回忆说："每当在那里等待的时候，我就想，回去又能做什么呢？你在这儿待一天就有一天的希望。我一直抱着这种信念，一直坚持着。"

在北京的生活步履维艰，他只有一边做着别人的武术替身，一边做民工，才能勉强维持生计，即便这样，他也没有放弃做演员的梦想，依旧咬紧牙关坚持着。在一次访谈中，王宝强的哥哥说："到北京没多久，他忽然和家里失去了联系，没有信也没有电话，差不多两年的时间，我妈妈担心得都病倒了。"王宝强确实有这样一段经历，他说："那时候的确是没钱打电话，但更主要的是自己一事无成，觉得没脸和家里人说。"

和他一起出来的很多师兄也劝他："宝强，咱回家吧，我们武功一般，相貌平平，又没文凭，哪个导演会让我们拍戏啊！"这也没有动摇他打拼的决心。苦心人，天不负，终于他先是被李杨导演相中，出演了《盲井》一片，荣获了当年的金马奖最佳新人奖。随后又加盟冯小刚导演的《天下无贼》剧组，他塑造的"傻根"让他一下子红遍全国，星途从此开阔。

如果不是怀抱着梦想，他在任何一个平淡的日子里和老乡一起回到家乡，影坛上就会少了一张淳朴的面孔。

有时候我们无法实现目标并不是因为自身的能力不济，而是我们经过不断的努力，但仍然没有看到目标而产生了迷茫。这种迷茫甚至比替身、贫穷、泄气话更可怕，它会对意志力进行彻底的打击，使我们失去对成功的信念。

为了避免这种情况，我们可以将这个远大的目标分成几个小目标来逐步完成。日本的长跑运动员山田本一就很好地做到了这一点。

1984年，在东京国际马拉松邀请赛中，名不见经传的日本长跑运动员山田本一力压群雄，出人意料地夺取了此次马拉松冠军。在全程四十多公里的马拉松比赛中，由于体质原因，作为亚洲人的山田本一夺得冠军在外人看来着实是不可思议的一件事情。

赛后记者问他凭借什么取得如此不可思议的成绩时，山田本一说："凭智慧战胜对手。"对于这个回答，当时许多人不以为然，都认为他这是在故作神秘、故弄玄虚。因为大家都认为马拉松是一项考验体力和耐力的运动，爆发力和速度都还在其次。只要运动员的身体素质好、耐力长久，才有角逐冠军的可能性，智慧对马拉松比赛来说会有什么帮助？"凭智慧战胜对手"这个说法似乎有点离谱，难道他用脑袋跑步不成？然而那时的山田本一并没有做太多的解释，只是想用自己的行动再次证明自己。

两年后，意大利国际马拉松邀请赛在意大利的北部城市米兰举行。山田本一再次代表日本参加比赛，并且再一次"出人意料"地获得了世界冠军。赛后采访，记者们再度问山田本一获胜的关键究竟是什么。性情木讷的山田本一原本就不善言辞，所以这次的回答还是和上次一样："凭智慧战胜对手。"得到这个回答，记者仍然觉得一头雾水，莫名其妙。

10年后，山田本一在他的自传中，非常清楚地解释了他"凭智慧战胜对手"的论点："每次比赛前，我都会先把比赛的路线仔细地看一遍，并且把沿途比较醒目的标志记下来。比如第一个标志是银行，第二个标志是一棵大树，第三个标志是一座红房子……就这样一直记到赛程的终点。这些醒目的标志就是我设定的目标。等到真正比赛时，我会奋力地向第一个目标冲刺，等到达第一个目标后，再用同样的速度跑向第二个目标，就这样完成所有的目标。这样一来，不管多远的赛程，只要分解成几个小目标，我就可以轻松地跑完全程了。刚开始时我不明白这个道理，把目标定在终点线，结果跑不到十几公里便疲惫不堪，甚至被前面遥远的路程给吓倒了。"

远大的目标可以激发人的斗志，但过于遥远的目标容易让人觉得鞭长莫及，产生迷茫以至绝望的情绪。如果我们将它分解成多个容易完成的小目标，这样我们在完成每个小目标之后，就又能感觉到新的希望了。而这希望就是支持我们走下去的动力。

确定一个随时让自己看得见的目标，不要被眼前那一层让人迷茫的"雾"给击败。

二十多岁要拥有梦想

年轻人应该拥有梦想，一个人若没有了梦想，就如同失去方向的行舟。在激流中横冲直撞，直到筋疲力尽，然后随波逐流。如果在我们启动征程之前，就先确立一个明确的目标并始终认定这个方向，那么我们在拼搏的时候就不至于漫无目的。

"西楚霸王"项羽自小与叔父项梁一起生活。时逢乱世，安身立命需要有一技傍身。项羽先是跟从叔父学习读书识字，可没学几天就觉得不耐烦，便放弃了，并且理直气壮地对项梁解释说："读书识字，只要会写自己的名字就行了。"没办法，既然不肯学文那就教他习武吧。于是项梁又改教项羽学习剑术，结果和上次一样，项羽的态度依然非常不屑一顾，说道："剑术再好，终究只能敌对一人，要学便学敌对万人的本领。"项梁听后非常气愤，只恨这小子不争气。

一日，项羽随项梁出行，刚好遇到秦始皇出巡行至会稽郡，仪仗行伍繁盛，声势场面非常雄壮。项羽雄心顿起，目光直指秦始皇，豪言遂出，说道："他日，我一定会取代他的地位。"项梁听他说出如此"大逆不道"的话，非常惊恐，赶紧捂住项羽的嘴，带着项羽离开了。此后项梁也知道项羽其志不在习文弄武，于是便教项羽学习兵法。

秦末，由于二世皇帝昏庸无能，朝政暴虐，因此我国历史上爆发了第一次反抗暴政的农民起义。项羽随叔父项梁也加入了以陈胜、吴广为首的农民起义军，在反抗暴秦统治的斗争中，项羽骁勇过人，战功赫赫，为推翻秦朝的残暴统治立下汗马功劳。

项羽本无尺寸之地，但凭一身虎胆、满腔凌云之志，乘势起于陇亩之中，仅历时三年，便率领五路诸侯灭掉秦朝。项羽以盟主的身份，裂地封王，从此"政由羽出，号为'霸王'"。

苏东坡说："古之立大事者，不唯有超世之才，亦必有坚忍不拔之志。"一个要成大事的人，一定要有一个伟大的志向。

有一位普通的乡村邮递员，每天徒步奔走在各个村庄之间。一天，他在崎岖的山路上被一块石头绊倒了，他捡起那块石头，并不是勃然大怒狠命一摔，而是左看右看，竟对这块石头有些爱不释手。于是，他把那块石头放进自己的邮包里。村民们看到他的邮包里除了信件之外，还有一块沉重的石头，都感到很奇怪，劝他把石头扔了。他取出那块石头，有些得意地说："你们看，有谁见过这样美丽的石头？"人们有些不屑一顾："这样的石头山上到处都有，够你捡一辈子。"

到家后，邮递员突然产生一个念头，如果用这些美丽的石头建造一座城堡，那将是多么完美！后来，他在送信的途中都会捎上几块好看的石头。年复一年，在梦想的感召下，他再也没有过上一天安闲的日子。白天他是一个邮差和一个运输石头的苦力，晚上他又是一个建筑师。他按照自己的想象来构造自己的城堡。对于这个近似疯狂的举动，人们都感到不可思议，认为他的大脑出了问题。

二十多年后，在他偏僻的住处，出现了许多错落有致的城堡。1905年，法国的一名记者偶然发现了这些城堡，这里的风景和城堡的建造格局令他惊叹不已，因此写了一篇介绍城堡及其建筑者的文章。文章刊出后，这位邮差——希瓦勒迅速成为新闻人物。许多人慕名前来参观，连当时最著名的艺术大师毕加索也专程参观了他的建筑。如今，这群城堡已成为法国最著名的风景旅游点之一，它的名字就叫作"邮递员希瓦勒之理想宫"。据说，入口处立着当年绊倒希瓦勒的那块石头，上面刻着一句话："我想知道一块有了愿望的石头能走多远。"

拥有梦想，一块块石头可以筑成一座城堡，因为"有志者，事竟成"。

我们都不希望自己碌碌无为地度过一生，为此，现在我们就在自己的心中种下一粒梦想的种子吧。尽管在收获成功的硕果之前，我们会付出很多汗水和泪水，但我们勇于向前、义无反顾，因为我们拥有梦想。

拥有一颗执着于梦想的心

在为了达到目标而付出行动之前，我们心里对即将遇到的挫折和困难或多或少都有一个大概的估计，并且会对此做好一些相应的心理准备。然而"善始者实繁，克终者盖寡"，即便是做好了心理准备，在迈向成功的奋斗路程中，还是会有许许多多的人无功而返。我们或耽于声色之娱，或因沉迷诱惑而失去梦想，抑或是被巨大的挫折与困难所震慑……所有的这些，都是因为我们没有坚忍的意志力以及一颗执着于自己梦想的心。

1832年，美国的一位青年失业了，这显然使他很困惑。一番思考后，他决定改当政治家，竞选州议员。更让他痛心的是，他竞选失败了。

打工不成，当公务员也不行，那就自己当老板吧。于是他着手开办企业，可不到一年光景，这家企业就倒闭了。为此，在以后的17年间，他不得不为偿还因企业倒闭所欠下的巨额债务而到处奔波，吃尽苦头。

随后，他再一次决定参加竞选州议员，这次他成功了。他内心萌发了一丝希望，认为自己的人生有了转机。

1835年，他订婚了。令他心碎的是，离结婚还差几个月的时候，未婚妻不幸去世。这对他精神上的打击实在太大了，他心力交瘁，整个人完全崩溃，数月卧床不起。

1836年，他得了神经衰弱症。

1838年，他觉得身体状况有所改善，于是决定竞选州议会议长，结果还是失败。

1843年，他又参加竞选美国国会议员，这次又是以失败告终。

1846年，他又一次参加竞选国会议员，最后终于当选了。可两年任期很快过去了，他决定要争取连任。他认为自己作为国会议员的表现是出色的，相信选民会继续支持他。但结果很遗憾，他再次落选，因为这次竞选他赔了一大笔钱。他申请当本州的土地官员，但州政府把他的申请退了回来，上面指出："做本州的土地官员要求有卓越的才能和超常的智力，你的申请未能满足这些要求。"这明显带有侮辱性的言辞并没有将他击败。

1854年，他竞选参议员，结果又是一次失败的尝试。

两年后他竞选美国副总统提名，结果被对手击败。

又过了两年，他再一次竞选参议员，结果又是失败。

这么多的失败经历集中在一个人的身上，也可谓"蔚为壮观"。我们也许会认为恐怕这个人已经被苦难给毁了吧。然而出人意料的是，事实并非如此，这个"集苦难之大成者"就是美国总统亚伯拉罕·林肯。

这位"集苦难之大成者"在外人看来，没有才华，不被看好，然而他拥有坚韧的毅力以及执着的心。也正是因为这些，他始终不放弃，与苦难做最顽强的斗争。林肯最终取得了非凡成就，成为美国历史上最伟大的总统之一。

"蚓无爪牙之利，筋骨之强，上食埃土，下饮黄泉，用心一也"，蚯蚓没有锋利刚健的爪牙和筋骨，却能上食埃土，下饮黄泉，是因为执着和坚忍的缘故。面对挫折，最好的利器就是坚忍与执着。

在美国，有一位穷困潦倒的年轻人，即使把身上全部的钱加起来都不够买一件像样的衣服。因为喜爱电影，他在心中许下拍电影、当电影明星的梦想，穷困潦倒、其貌不扬的他似乎完全没有做这种明星梦的资本。但他全心全意忠于自己的梦想，并为此做了许多准备。他根据自己的形象气质、身材特点等多方面因素量身定做了一个剧本。

当时，好莱坞共有500家电影公司。他根据自己认真规划的路线与排列好的名单顺序，带着剧本前去逐一拜访。一遍下来，这500家电影公司没有一家愿意聘用他。面对百分之百的拒绝，这位年轻人没有灰心，从最后一家被拒绝的电影公司出来之后，他又从第一家开始，继续他的第二轮拜访与自我推荐。

在第二轮的拜访中，500家电影公司依然全部保持拒绝态度。年轻人又开始了第三轮的自我推荐，结果仍与第二轮相同。被拒绝了1500次，这个令人吃惊的数字足以震惊每个人。不肯放下梦想的年轻人咬咬牙开始了他的第四轮拜访。当拜访到第350家电影公司时，或许是出于感动，老板终于答应让他留下剧本，先看看再作定夺。

几天后，年轻人获得通知，就电影事宜，双方进行详细商谈。于是在热烈而友好的气氛中，双方就大家关心的问题进行了广泛而深入的探讨，双方诚挚地交换了意见，并达成了共识。就在这次商谈中，这家公司决定投资开拍这部电影，并请这位年轻人担任男主角。这部电影名叫《洛奇》，上映后广受好评，此后系列电影达6部之多。也许大家都猜到了这个年轻人是谁——西尔维斯特·史泰龙，他凭借《洛奇》这部电影一炮而红，此后一直以硬汉形象饮誉好莱坞影坛。

迈向成功的道路往往是非常艰苦的，面对苦难，始终抱有"咬定青山不放松，任尔东南西北风"的坚忍意志和执着精神，苦难自会退避三舍。"拨云雾而见青天"，苦难的风雨过后，最终迎接我们的一定会是成功的晴天朗日。

放弃梦想就等于放弃自己，所以拿出你的决心，用坚忍的毅力、执着的精神跟挫折与困难斗争。"逆风的方向，更适合飞翔。我不怕千万人阻挡，只怕自己投降。"在挫折与困难的胁迫下，紧握梦想的手，不松开，不妥协。

人生最精彩的不是梦想实现的瞬间，而是实现梦想的过程。

二十多岁的眼界，成就一生的高度

李嘉诚成为华人首富有很多因素，其中，成为富人的愿望是必不可少的。1940年初，12岁的李嘉诚随家人逃难到香港。在香港，李嘉诚接触到了完全不同的文化，粤语、英语等让他眩晕。

李嘉诚十分清醒，由于当时香港受英国人统治多年，其官方语言是英语，因此，英语是在香港生存必须要掌握的重要的语言工具。于是，李嘉诚为尽最大努力去学习英文、适应新环境，为了更好更快地收到效果，他不怕被人笑话，总是用不太熟悉的英语大胆与人交流。此外，他还找表妹做英语辅导，日夜刻苦训练。终于，顺利克服英语这一难关的李嘉诚才算在香港扎下根来。

然而此时，李嘉诚所要考虑的不仅仅是自己的生活状态，作为家中长子，李嘉诚还要承担起整个家庭的生活重担。当时香港的经济比现在落后得多，生活艰难，贫困使不少香港人衣不蔽体、食不果腹，不祈求富贵显达，能够保证温饱已让人心满意足。但是，李嘉诚的志向远不在此，纵然是在如此恶劣的环境之下，他依然决心要开创一番大业。

立下大志的李嘉诚勤勤恳恳地工作，别人工作8个小时，而他工作16个小时，勤奋努力的李嘉诚很快就在生活上有了较大的改善。但是，李嘉诚的目的不仅仅在于"过上好的生活"，他的视野在全世界。

当李嘉诚到塑胶厂的时候，他发现塑胶裤带公司有7名推销员，而自己最年轻、资历最浅。其他几位都是历次招聘中的佼佼者，经验都比自己丰富，已有固定的客户。但是李嘉诚并没有因此放弃，他很迅速地给自己定下了一个短期目标："3个月内，干得和别的推销员一样出色；半年后，超过他们。"

事实也正是如此，不久，李嘉诚便实现了他的预定目标：超越另外6个推销员。年终业绩统计时，连李嘉诚自己都大吃一惊，自己的销售额竟然是第二名的7倍！很快李嘉诚又被提拔为部门经理，两年后，他又被任命为总经理，全权负责公司日常事务。

成为总经理之后，李嘉诚依然没有放低对自己的要求，而是又为自己确定了新目标，那就是创立自己的公司。于是他愈加勤奋地积累自己的实力，坚定不移地向着新目标前进。虽身为总经理，但他始终把自己当作小学生，大部分时间蹲在工作现场，身穿工作服，同工人一起干活。每道工序他都会亲自尝试，李嘉诚希望自己能做到不但熟稔推销工作，并且对整个生产及管理环节都要很熟悉。他再一次做到了，于是请辞，开始着手开办自己的公司。

辞去总经理职位的李嘉诚，用个人资金开创自己的事业，有了自己的公司。这时他的目标开始清晰了，就是首先要开办一家塑料花厂，作为事业展开的第一步。但这只是第一步，因为在他心中，塑料花厂的建立和运作成功只是他的众多目标之一，李嘉诚还有很多更远大的目标。李嘉诚的塑料花厂办得非常成功，他也因此赢得了"塑料花大王"的称号。但对李嘉诚来说，塑料花厂只不过是起步而已，他下一个目标就是进军当时的地产界。事情进展得很顺利，他成功地在地产行业中打出名堂，而且创建了香港最有实力的地产发展公司。

李嘉诚的事业已极具规模，但他并不因此而满足。此后，李嘉诚又通过一连串的收购活动，不断壮大自己的企业。这仍然是他逐步实现个人理想的过程。每一个目标完成之后，他都会有另外更多的目标，而且通常都是更高的目标。他在实现自己理想的过程中，不断制定不同的、较为具体的目标，然后一步一步地向这些具体目标进发。

综观李嘉诚的一生，他无论走到哪一步，都在完成自己为自己设定的一次次挑战，在每次完成中都积累了雄厚的人生与商业经验，无数次成为同事中的佼佼者。现已是华人首富的李嘉诚仍在不断追求，神话还将延续下去。每个阶段的李嘉诚都是坚定不移的，原因就在于他的远大追求，所以他总是可以忍受每一步的艰辛，依然在布满荆棘的路上披荆斩棘，每一步都走得踏实坚定。李嘉诚曾如此说："只要你愿做某件事情，就不会在乎其他的。"这便是他成功的最好概括。

李嘉诚的眼界决定了李嘉诚成功的高度。

有了志向，才不至于在艰辛的奋斗道路上茫然失措，前进的脚步才走得从容而稳健。目标之于事业，具有举足轻重的作用。奋斗者一定要有梦想，梦想正是步入成功殿堂的源泉。一个人之所以伟大，首先在于他非凡的眼界。

大器晚成，不等于大器晚做

《阿甘正传》中有一句经典的话："人生就像巧克力，你永远不知道下一块是什么味道。"对于未来，我们可以预测的有很多，但是可以把握的却很少。人生总不能像我们以为的那样前进，正因为如此，很多人将一切都交给"运"，相信自己年轻时如果没有好运气的话，将来人到中年可能会"大器晚成"。

但剧情通常这样发展：你期望明年能转运，结果明年的运气更差；当你发现自己已经不太可能依靠好运气翻身，必须自己主动出击的时候，你已经不再年轻了。

很多已经成功的人都以"机遇只偏爱有准备的人"为自己的座右铭，言下之意就是自己能成功是因为"早有准备"。我们可以看一看肯德基形象代言人——永远微笑着的山德士的故事。

传说山德士是在 69 岁的时候开始创办肯德基的，而且在这之前他靠一只平底锅闯荡纽约，被拒绝 1009 次。这很可能是为了增加他的传奇色彩而添加的一些情节，根据肯德基网站上的资料，他的生平是这样的：

1890 年，山德士出生。

39 岁时，他的炸鸡店开张，6 张凳子就是他的全部家当。

40 岁时，他的店被当时的一个评论家写进自己的旅游见闻中出版，因此获得了越来越多的顾客。

45 岁时，他被政府授予"荣誉上校"的称谓。

47 岁时，他尝试在肯塔基州开连锁餐厅，但是失败了。

49 岁时，他开了一家汽车旅馆餐厅，结果又一次失败了。

49 岁时，他发明了高压锅炸鸡。

49 岁到 55 岁之间，正值"二战"，他的汽车旅馆关闭，战后重开。

59 岁时，他再次获得"山姆上校"的荣誉称号，他的经典形象——白围裙、白衬衣、黑色条纹领带、黑色皮鞋以及白色的山羊胡子，都让他看起来像是一个南方过来的绅士，他还和自己的雇员结婚了。

66 岁时，他的餐厅走下坡路，他把所有的财产都卖出去还债，靠每月105 元的政府救济金生活。

70 岁时，他东山再起，有了 400 家连锁店——也就是肯德基炸鸡店。

74 岁时，山德士把自己的产业卖给了一个投资集团，并且拒绝拥有这家公司的股份。考虑到他本人的社会影响力，肯德基还是以每年 4 万美元的年薪聘请他当公司的"形象代言"，后来涨到每年 5 ~ 7 万美元。

90 岁时，山德士上校去世。

山德士的故事似乎是从 39 岁开始的，远比传说中的 69 岁要早，但是这个年龄也比很多成功人士要晚得多。而且，在他开始炸鸡之前，肯定也尝试过不同的工作，到了接近"不惑之年"的时候，才开始与自己的终身职业沾边。而这一选择，才慢慢引出了后来的连锁品牌——肯德基。

可以说，如果没有 39 岁后的准备工作，他不会拥有"终身成就"。没有第一步，就不会有下一步，更不会有第一次的成功和紧接着的更大的成功。

任何人的成就都是像"滚雪球"一样慢慢地越做越大，如果你没有在年轻的时候播种，耕耘，就不会有后来的收获。当然，要排除那些意外的收获。要知道，就连本田的老总本田宗一郎也说："只有一步一步积累起来的财富才安全而可靠。"

第二章

不是世界对你不公，是你需要改变

人生在世，不是生活对你不公，而是你没有寻找到一条适合自己的生活之路。学会用乐观的心态看待人生，面对命运的不幸，要勇敢地说"不"。要敢于把命运抛给你的险球给它扣回去，并用一颗感恩的心来生活，来面对世间烦忧，你会发现，生活如此多娇。

适者生存，做人要随时调整自己

做人如果不能适时地变通自己，那么有一天你就会被环境和时代所抛弃。这个世界上永远没有一成不变的东西，只有适时调整自己的人生方向，调整自己的前进方略，才能领略到人生的精彩。生活中，很多时候都需要我们去适应环境，而不是让环境适应自己。如果总是固执地凭借本身的能力和变化的环境相抵抗，到最后吃苦头的还是自己。

社会心理学教授在讲台上告诉他的学生们："奋斗通常是指一种强硬的人生态度，主张不屈不挠，勇往直前。但事实上，人面对社会乃至整个自然界，是极其渺小的。因此，不要因为年轻的激情而被'奋斗'这个词误导。"

学生们很惊奇，这样的话竟然由敬爱的导师讲出来，活像某个小品中的场景。教授显然看懂了台下的情绪，笑呵呵地说："在我看来，奋斗包含两个层面——积极斗争和消极适应。请大家随我走一趟。"

数十号人来到教授家门前的草坪上，教授指着一棵老槐树说："这里有一窝蚂蚁，与我相伴多年。"学生们凑上前观看：树缝里有小洞，小蚂蚁们东奔西跑，进进出出，很是热闹。教授说："近些日子，我常常想办法堵截它们，但未能取胜。"学生们发现，树周围的缝隙、小洞大多被泥巴、木楔给封住了。

"可它们总是能从别处找到出路。"教授说，"我甚至动用樟脑丸、胶水，但是，它们都成功地躲过了劫难。有一段时间，我发现它们唯一的进出口在树顶，这是很不方便的；而一周后，我发现它们重新在树腰的空虚处开辟了一个新洞口。"

学生们表示钦佩。教授说："蚂蚁们的生存环境不比你们广阔，它们的奋斗舞台实在很狭窄，更重要的是，它们深深理解自己的力量。因此，它们没有与我这个'命运之神'对抗，而是忍让与适应。当它们知道自己无法改变洞口被堵死这一事实时，它们很快地就适应了。而自然界中那些善于拼搏、厮杀的猛兽，如狮子、老虎、熊，目前的生存境况大多岌岌可危，因为它们与蚂蚁相比，似乎不太懂得奋斗的另一层力量——适应。"

教授说："适应环境本身就是奋斗的组成部分，只有在此基础上开辟战场去对抗，生活才有胜算的光明。"

年轻人就应该懂得适应环境，根据周遭局势的变化来调整自己的心态与规划，即使你是做出了成绩的大功臣，当身边的环境发生了变化时，如果还沉浸在其中，用自己过去的功劳做筹码，肯定是要被打倒的。做人要聪明，应该懂得世界上没有什么东西是永恒的，外部环境已经发生变化了，自己本身具有的东西也要适当地加以调整。如若非要固执行事，那么，恐怕吃亏的只能是自己。

我们的生存离不开环境，随着环境的变化，我们必须随时调整自己的观念、思想、行动及目标，这是生存必需的。

但是，有时候环境的发展与我们的事业目标、欲望、兴趣、爱好等发展是不合拍的。环境有时也会阻碍、限制我们欲望和能力的发展。这个时候，如果我们有办法来改变环境，使之适合我们能力和欲望的发展需要是最理想的。

那么，究竟怎样才能很好地适应环境呢？你可以从以下两点做起：

1. 把自己置身于客观环境中

从实际出发，正确认识客观环境的现实，不逃避现实也不做无根据的幻想，从而把自己置于这个环境之中，了解它，掌握它，并进一步改造它。

2. 改变不了环境就改变自己

从主观上要采取积极态度，而不是消极等待。在选择对策时应当审时度势，有条件时选择改造环境的条件，无条件时选择改造自身的办法，这样才能既不想入非非，又不自暴自弃，从而找到最佳方案。

不论适应环境，还是改变自己，都要有一个转变和考虑的过程，在这个过程中，往往会有某些困扰。但不管有什么阻碍和困扰，只要你采取了积极的心态，就会从环境中得到自由。

既然无法改变，那就去适应

在生活中，我们不能控制所有事情。当那些我们不能掌控的事情发生时，我们应该首先做到承认它的存在，然后才有可能面对它，进一步来改变自己的生活。这是一种积极的人生策略。

一个人嗜酒如命且毒瘾甚深，有好几次差点把命都送了，原来在酒吧里因看不顺眼一位酒保而杀人被判死刑。

这个人有两个儿子，年龄相差一岁。其中一个跟父亲一样有很重的毒瘾，靠偷窃和勒索为生，也因犯了杀人罪而坐牢。另外一个儿子就不一样了，他担任了一家大企业的分公司经理，有美满的婚姻，有三个可爱的孩子，既不喝酒更未吸毒。

为什么同一个父亲，在完全相同的环境下长大，两个人却又有着不同的命运？一次访问中，记者问起造成这种状况的原因，两个人竟是同样的答案:"有这样的父亲,我还能有什么办法?"

在生活中,我们总是说有什么样的环境就有什么样的人生。这实在是再荒谬不过了。影响我们人生的绝不仅仅是环境,而是我们对这一切所持有什么样的态度。面对人生逆境或困境时所持的态度,远比任何事都来得重要。

美国著名的哲学家威廉·詹姆斯说过:"要乐于承认事情就是这样的。"他说:"能够接受发生的事实,就是能克服随之而来的任何不幸的第一步。"正如杨柳承受风雨、水适于一切容器一样,我们也要承受一切不可逆转的事实。

在一次战争中,玛丽失去了她的侄子,她在世上唯一的亲人,悲伤击垮了她。在那以前,她总觉得上帝待她不薄——她有一份喜欢的工作,她收养的侄子也是一个年轻有为的青年。不想却收到这样的电报。她的个人世界解体了。为什么她钟爱的侄子会死?这么好的孩子,灿烂的前景就在他面前,为什么会被打死?她实在无法接受,她悲伤过度,决定放弃工作,找个地方医治伤痛。

她把桌子收拾干净,准备辞职,突然,她无意中看到一封信,正是侄子写来的,是几年前玛丽的母亲去世时他寄给玛丽的。他在信中说:"当然,我们都会怀念她,特别是你,但我知道你会支撑过去的。你有自己的人生哲学。我永远不会忘记你教导我做人的真理,无论我在任何地方,我总记得你教我像个男子汉,微笑迎接任何该来的命运。"

玛丽又回到桌前,收起愁苦,告诉自己:"已经发生了,我不能改变它,但是我可以做到他所期望的。"她把自己完全投入到自己的工作中去。她开始给别的战士们写信。晚上她就参加成人教育班,试图找到新的爱好,结交新的朋友。一段时间后,她几乎不敢相信自己的改变,她的哀伤已经完全离她而去。

人这一生中,肯定会碰到一些令人不快的事情,但是事情既然已经发生了,就无法改变,它们既然是这个样子,就不可能是其他的样了。这个时候，我们需要做的就是把它当成一种客观存在而接受，并适应它，否则，它会毁掉我们的生活。

几十年来，莎拉一直是四大洲剧院里独一无二的皇后——全美国观众喜爱的一位女演员。后来，她在71岁那年破产了——所有的钱都损失了，而且她的医生，巴黎的伯兹教授告知她必须把腿锯掉。事情是这样的：

她在横渡大西洋的时候碰到了暴风雨，摔倒在了甲板上，她的腿内伤很重，她还染上了静脉炎，腿痉挛的剧烈疼痛使医生诊断她的腿一定要锯掉。这位医生不太敢把这个消息告诉莎拉，他觉得，这个可怕的消息一定会使莎拉大为恼火。可是他错了，莎拉看了他一会儿，然后很平静地说："如果非这样不可的话，那就只好这样了。"

当她被推进手术室的时候，她的儿子站在一边伤心地哭泣。她朝他挥了挥手，高高兴兴地说："不要走开，我马上回来。"

在去手术室的路上，她一直背着她演出的一出戏里的台词。有人问她这么做是不是为了提起自己的精神，她说："不，是要让医生和护士们高兴，他们受的压力可大得很呢。"

当手术完成，恢复健康之后，莎拉继续环游世界，使她的观众又为她痴迷了七年。

人生之路充满了许多未知未卜的因素，当我们面对这些无法更改的现实时，明智的做法就是承认它的存在，并对它做出积极乐观的反应，这才是一种可取的做法。许多年轻人面对不可改变的环境，总是不停地抱怨，这样是解决不了问题的。

不敢面对现实是弱者的行为，它会让你在现实面前越来越乏力，最后被生活所控制，失去自我，也失去了人生的乐趣。承认已经发生的不幸需要勇气，但是只要你做到了，你的人生就会是另外一番景象。

不要跟这个世界格格不入

有一个网民慨然撰文哀叹道:"我是一个传统意识非常强的人,虽然年轻,但是总感到自己和现在的经济社会格格不入。我向往古人的那种侠义豪爽和忠肝义胆,但在现代人身上早已找不到这些优秀的品质了,反而充满了虚伪和欺骗,充满了铜臭气。我觉得即使是孔子再生也无法适应现代社会,何况我呢?"

其实,无论我们生活在哪个年代,都难免对这个世界存在"水土不服"的问题。因为这个世界毕竟不是按照我们要求的尺寸设计的,难免存在这样那样不尽如人意的地方。如何缩短现实与我们自身愿望之间的距离呢?大文豪萧伯纳说:"明智的人使自己适应世界,而不明智的人只会坚持让世界适应自己。"

地球是不会随着我们的指挥棒转动的,坚持要世界适应自己,无非发发毫无价值的牢骚、喝几瓶闷酒,或者做几件其他的荒唐事而已。这对改善我们的精神状态和生活质量没有任何好处。

要想改变与社会格格不入的状态,唯一的办法是主动去适应社会。如何适应?方法有以下几点:

1. 主动学习以适应时代的发展

一个人对社会不适应,不是因为这个社会很难适应,而是自身缺乏适应能力。要解决这个问题,只有努力提升自身素质,一味抱怨社会是没有用的。比如,许多中年人留恋过去,对当今社会大环境很反感,觉得现在是年轻人的天地,很难在生活水平、经济条件和发展机遇上超过他们,于是有一种被社会抛弃的感觉,愤愤不平。其实,他们的问题在于知识和技能比较落伍,而学习是唯一的改进之道。

2. 踏实干好本职工作

许多大学生由于刚刚毕业,对企业的管理、专业技术知识不是很熟悉,这就需要从一点一滴做起,放下架子甘当小学生,向工人师傅学习,向技术人员学习。只有踏实地工作，培养自己的务实工作作风，打下坚实的基础，才能为自己的成长创造更为有利的条件。有些人认为：企业给我多少钱，我就干多少活。表面上看，这是一种等价交换。实际上，持有这种观念的人，不仅仅工作难以有所成就，更重要的是错失了锻炼的机会，使自己的潜力在岁月蹉跎中消耗殆尽。刚毕业的大学生正值人生最宝贵的时期，应集中精力去干好工作，少讲索取，多讲奉献，丰富和完善自身，相信一定会创造出一片艳阳天。

3. 能够学以致用

不是所有的大学毕业生都能将自己学校里学到的东西发挥在自己以后的工作中。能够学以致用必须符合几个条件：首先是工作本身与学业对口，其次是自己善于用学到的理论知识指导自己的实际工作，最后是肯钻研业务工作——学校学的和实际工作中遇到的基本上不是一回事，必须有从头学起的精神和思想准备。

4. 工作积极主动

其实"主动"也是一种需要"见风使舵""察言观色"的技能。部门工作很多，如果每样都要领导交办了才做，就如我们常说的算盘珠子拨一拨动一动，这样的人一般领导不会喜欢，而拨了还不动的，基本上就一点儿希望也没有了。很多刚踏上工作岗位的学生怕主动，顾虑在于一是生怕别人说自己爱出风头，二是怕领导怀疑自己"抢班夺权"，三是有多一事不如少一事得过且过的想法。

摒弃"怀才不遇"的想法

"怀才不遇"的人大有人在，这种人牢骚满腹，喜欢批评，一副抑郁不得志的样子。和这种人打交道，往往比较累，运气不好的时候，还会被他冷嘲热讽一顿。

在自命"怀才不遇"的人中，有的根本是自我膨胀的庸才，他之所以无法受到重用，是因为他的无能，而不是别人的嫉妒。但他并没有认识到这个事实，反而认为自己怀才不遇，到处发牢骚、吐苦水。他们并没有什么可骄傲的资本，只是想当然地高看自己一眼；或者用自己的长处跟别人的短处比，永远得不出客观的结论。

但是，也有一种人，真的有才干，但因为无法与客观环境配合，"英雄无用武之地"，但为了生活，又不得不屈就，所以痛苦不堪。

难道有才的人都会这样吗？并非如此，虽然有时千里马无缘见伯乐，但他们遭遇坎坷的原因主要是自己造成的。因为这种人常自视过高，看不起能力、学历比他低的人。可是社会上的事很复杂，并不是你有才就可得其所用，别人看不惯你的傲气，就会想办法修理你。至于上司，因为你的才干威胁到他的生存，如果你不适度收敛，那么你的上司绝对会打压你，不让你出头。人的斗争就是这么回事，于是你就变成"怀才不遇"的人啦！

不管有才或无才，经常抱怨"怀才不遇"的人，总是让人无法欣赏。因为你若一听他谈话，他就会批评同事、主管、老板，跟别人的观点唱反调，好像他自己有多了不起似的。结果呢？"怀才不遇"感觉越强烈的人，越把自己孤立在小圈圈里，无法参与其他人的圈子。每个人都怕惹麻烦而不敢跟这种人打交道，人人视之为"怪物"，敬而远之。除非他改变环境，否则在原有的生活圈子里，他将永远无法出头。

沈磊在南京市重点高中读书，并且考入南京一流学府的热门专业。在读书年代，沈磊可谓是一帆风顺，也得到同龄人和他们家长的美慕。但这些本该有的优势，却没有在择业时派上应有的用处。沈磊进的第一家公司是一家初创不久的IT企业，作为一名在研发上独具天赋的名校学子，在这样的企业势必不能得到更好的职业熏陶和技能栽培。当沈磊发觉公司的很多做法都不科学，人员水平普遍低下的时候，他便对这家公司再无好感，因为他学不到自己希望学到的东西。

在有了这样一个不成功的一年工作经验后，沈磊跳槽去了另一家IT企业，但是经过三个月的亲身经历，他发现这家公司在实质上跟上一家一模一样，而且似乎比那家更糟。屡受打击的沈磊到这时才发现自己真的掉入了一个怪圈之中。看着以往的同学在大企业中做得有模有样，拿着自己几倍的薪水不说，还有一个异常光明的前途，他觉得自己真是"怀才不遇"。

像沈磊这样的年轻人在现实生活中为数不少，时间长了，自己觉得干得也很无聊，因此有的在原岗位辞职了，干的还是小职员，有的则在原单位继续"怀才不遇"下去。

要想改变"怀才不遇"的现状，你可以尝试着从以下几个方面做起，相信事情会有所改变。

1.正确地评估自己的能力

先做自我能力评估，看是不是自己把自己估计得太高了。如果觉得自己评估自己不是很客观，可以找朋友和较熟的同事替你分析一下，如果别人的评估比你自我评估还要低，那么你要虚心接受。

2.分析"怀才不遇"的原因

分析自己的能力无法施展的原因何在，是一时没有恰当的机会还是受大环境的限制？有没有人为的阻碍？如果是机会问题，那只好继续等待。如果是大环境的缘故，那就要考虑改变一下现有的环境，寻求更好的发展空间。如果是人为因素，那么可诚恳沟通，并想想是否有得罪人之处，如果有就要想办法疏通、化解；如果你骨头硬，不肯服软，那当然就另当别论了。

3.营造良好的人际关系

在职场上，尽量不要让自己成为别人厌恶的对象，而要以你的才干积极地去协助其他同事出色地做好工作。但要记住，帮助别人切不可居功，否则会吓跑了你的同事。此外，谦虚、客气、广结善缘，这些都将会为你带来意想不到的收益。

总之，年轻人一定要摒弃"怀才不遇"的心理，因为这会成为你思想上的负担。谨慎地做你该做的事，就算是大材小用，也是快乐的。

年轻人要有担当

年轻人如果把自己比喻成一棵树苗，就要悉心照顾，浇水、施肥、松土，那么小树就会茁壮成长，终有一天会长成参天大树，结出丰硕的果实。如果没人去管它，任其在黑暗的环境下，得不到阳光的照耀，吸收不到营养，那只能是自生自灭，中途夭折或是藤枯树死。所以，每个年轻人都应该对自己的人生负责，让自己的生命之树常青。

有的年轻人胸无大志，终日无所事事，做一天和尚撞一天钟，这是对自己的极端不负责任。有的年轻人懒惰成性，好吃懒做，最终踏上了一条不归路，这也是对自己极端的不负责任。

一个有魅力的年轻人首先应该是一个对自己负责任的人，他表现为自信、自尊、自爱、自控。责任是一条无形的鞭子，少年时，也许我们在父母的保护下，不曾觉察到它的存在；但一到我们有了自立的能力，踏入社会，责任就一圈又一圈地裹缠在我们身上。为人子女时，我们只要念好书，考好学校，父母师长就对我们很满意；踏入社会后，为人夫或为人妻后，爱人仰望着我们，希望我们能够尽力营造好一个温馨的家。当然，除了为人子女、为人夫或为人妻之外，我们对亲友和社会，也有责任。

从前，一个人去找智者，寻求解脱之法。

智者给他一个篓子背在肩上，指着一条沙砾路说："你每走一步就捡一块石头放进去，看看有什么感觉。"

年轻人按照智者说的去做了。过了一会儿，年轻人走到了头，智者问他感觉怎么样。年轻人说："越来越沉重。"

智者说："这也就是你为什么感觉生活越来越沉重的道理。当我们来到这个世界上时，我们每人都背着一个空篓子，然而我们每走一步都要从这个世界上捡一样东西放进去，所以才有了越走越累的感觉。"

年轻人问："有什么办法可以减轻沉重吗？"

智者问他："那么你愿意把工作、爱情、家庭、友谊哪一样拿出来呢？"

年轻人不语，沉思片刻后，顿悟离去。

生活的担子越重，越能体会到生活的滋味。

年轻人已经是成年人，生活对于你，可以说是一系列的责任与承担这些责任的过程。自我、工作、家庭等，作为一个社会人，你能逃脱这些吗？就算可以逃脱，你有勇气放弃这一切吗？因为这就是精彩的人生，你为他们付出的同时，也从中得到了无限的乐趣。生活就是一个包袱，你只有不断地往里面放东西，它才会越来越充实。

责任就是在人生中勇敢担当，也是对生活的积极约束。责任还是对自己所负使命的忠诚和信服。一个充满责任感的人，一个勇于承担责任的人，会使他的生命更有力量，使他的人生更加充实和丰富。在这个世界上，每一个人都有不同的角色，每种角色都有不同的作用。在某种意义上说，扮演角色最大的成功是对责任的完成，正是责任让我们在困难当中能够坚持，在成功当中能够保持冷静，在懈怠的时候能够做到不放弃。

责任是一种动力，责任也是一种希望，责任能够创造更加幸福美好的人生，美好的人生就在实现责任的过程中得到。

很多年轻人在工作中往往有这样一种心态，自己不是领导者，因而只做与自己职责相关，并与自己所得薪水相称的那些工作，这样一种心态定位，使你只盯着自己分内的那些工作，而不想额外多干一点儿，甚至经常以老板苛刻为理由，连自己分内的工作都不努力去做，敷衍搪塞，偷懒混日，被动地应付上司分派下来的工作，结果几年过后，除了拿那点薪水，你毫无所获，甚至因态度不积极，自己的那份工作和薪水也保不住。

如果你以老板的心态来工作，那么，你就会以全局的角度来考虑你的这份工作，确定这份工作在整个工作链中处于什么位置，你就会从中找到做分内工作的最佳方法，会把工作做得更圆满、更出色。以这种心态进行工作，你就不会拒绝上司指派的你有时间和精力来承担的工作。

　　勇于负责是一个人的美德，也是一个人取得成就的前提。有责任感的人能够坦然地面对逆境，能够在各种各样的诱惑面前把持住自己，能够真正拥有正直自爱之心。

第三章

拼爹拼妈拼学历，不如好好拼能力

对每个人来说，人生拼什么很重要。出生上天注定，父母不可选择。有"拼爹"资本的毕竟是少数，对绝大多数人来说，"拼自己"才是最现实、最积极、最有前途的选择。无父辈的权势、财富、关系可拼，就不妨自己打起精神，鼓足干劲，拼体力，拼汗水，拼知识，拼智慧，拼吃苦耐劳，拼锲而不舍，就能拼出属于自己的那份人生辉煌与幸福。

依赖令你远离进步

对于成大事者而言，拒绝依赖他人是对自己能力的一大考验。就是说，依附于别人是肯定不行的，因为这是把命运交给别人，而失去做大事的主动权。

有些人遇到什么事、什么人，首先想到的是别人怎么看、怎么想，在做什么事的时候总是追随别人、求助别人，这就是对别人的依赖。别人说什么就是什么，别人做了以后自己才敢去做，凡事不相信自己，不能自作主张，不能自己决断，这也是对别人的依赖。这样的人，在家中依赖父母、兄弟、爱人，在外面依赖上司、同事，一天不依赖，他就一天也做不了人。要是没有人在他的身边，他会不知所措，变得紧张、慌乱，失去方向。这样的人，是人格没有成熟、没有健全的人，是身体懒惰和心理懒惰的人。

很多人都以为他们永远会从别人不断的帮助中获益，却不知一味地依赖他人只会导致懦弱。如果一个人总是依靠他人，将永远也坚强不起来，永远也不会有独创力。人生往往就是这样，要么独立自主，要么埋葬雄心壮志，一辈子老老实实做个普通人。

一个登山者一心一意想登上世界第一高峰。在经过多年的准备之后，他开始行动。但是，由于他希望完全由自己独得全部的荣耀，所以他决定独自出发。他开始向上攀爬，时间已经有些晚了，然而，他非但没有停下来准备露营的帐篷，反而继续向上攀登，直到四周变得非常黑暗。山上的夜晚显得格外的黑暗，这位登山者什么都看不见，到处都是黑漆漆的一片，能见度为零，因为月亮和星星又刚好被云层给遮住了。即便如此，这位登山者仍然继续向上攀爬着，就在离山顶只剩下几米的地方，他滑倒了，并且迅速地跌了下去。跌落的过程中，他仅仅能看见一些黑色的阴影，以及一种因为被地心引力吸住而快速向下坠落的恐怖感觉。

他下坠着，在这极其恐怖的时刻，他的一生，不论好与坏，都一幕幕地显现在他的脑海中。

当他一心一意地想着，此刻死亡正在如何快速地接近他的时候，突然间，他感到系在腰间的绳子重重地拉住了他。他整个人被吊在半空中，而那根绳子是唯一拉住他的东西。

在这种上不着天、下不着地、求助无门的境况中，他一点办法也没有，只好大声呼叫："上帝啊！救救我！"

突然间，天上有个低沉的声音回答他说："你要我做什么？"

"上帝！救救我！"

"你真的相信我可以救你吗？"

"我当然相信！"

"那就把系在你腰间的绳子割断。"

在短暂的寂静之后，登山者决定继续全力抓住那根救命的绳子。

第二天，搜救队找到了他的遗体，他的尸体已经冻得僵硬，挂在一根绳子上，他的手紧紧地抓着那根绳子——在距离地面仅仅 1 米的地方。

因为依赖这根"绳子"，登山者走向了死亡。如果放开依赖，登山者的

30

命运便可以改写。新生命的诞生是从剪断脐带开始的，生命所受到的最大束缚就来自它对"绳子"的依赖。人类注定只有靠自己才能获得自由，"你的命运藏在你自己的胸里"，如果你依恋那根"绳子"，你至死也不会明白为什么自己会那么卑贱地离开这个世界。

依赖他人，我们就会觉得总是会有人为我们做任何事，所以不必努力，结果只能导致人生走向失败。

有些人是在等着从父亲、富有的叔叔或是某个远亲那里弄到钱。有些人是在等那个被称为"运气""发迹"的神秘东西来帮他们一把。

从来没有某个等候帮助、等着别人拉扯一把、等着别人的钱财或是等着运气降临的人能够真正成就大事。生活中最大的危险，就是依赖他人来保障自己。如果一个人依赖他人，他将永远坚强不起来，也永远不会有独创力。雨果曾经写道："我宁愿靠自己的力量打开我的前途，而不愿企求有力者的垂青。"

只要一个人是活着的，他的前途就永远取决于自己，成功与失败都只系于自己身上。而依赖作为对生命的一种束缚，是一种寄生状态。英国历史学家弗劳德说："一棵树如果要结出果实，必须先在土壤里扎下根。同样，一个人首先需要学会依靠自己、尊重自己，不接受他人的施舍，不等待命运的馈赠。只有在这样的基础上，他才可能做出成就。"将希望寄托于他人的帮助，便会形成惰性，失去独立思考和行动的能力；将希望寄托于某种强大的外力上，意志力就会被无情地吞噬掉。

真实人生的风风雨雨，只有靠自己去体会、去感受，任何人都不能为你提供永远的荫庇。你应该掌握前进的方向，把握目标，让目标似灯塔般在高远处闪光；你应该独立思考，有自己的主见，你必须懂得自己解决问题。你不应相信有什么救世主，不该信奉什么神仙或皇帝，你的品格、你的作为，你所有的一切都是你自己行为的产物，并不能靠其他什么东西来改变。

你，就是自己人生的主宰。一个人，即使驾着的是一匹赢弱的老马，但只要马缰掌握在他的手中，他就不会陷入人生的泥潭。人只有依靠自己，才能配得上最高贵的东西。

人生中，任何人都不能为你提供永远的荫庇，只有你自己能主宰你命运的沉浮。祛除依赖心理，独立面对真实人生的风风雨雨，相信你定能奏响生命雄壮的乐章。

扔掉依赖的拐杖

比尔·盖茨说："依赖的习惯，是阻止人们走向成功的一个绊脚石，要想成大事，你必须把它一脚踢开。只有靠自己的力量取得的成功，才是真正的成功。"

香港巨富李嘉诚的两个儿子李泽钜和李泽楷从美国斯坦福大学毕业后，想在父亲的公司里干一番事业，但被李嘉诚果断地拒绝了："我的公司不需要你们！你们还是自己去打江山，让实践证明你们是否适合到我公司来任职。"

兄弟俩去了加拿大，一个搞地产开发，一个投资银行。他们克服了外人难以想象的困难，把公司和银行办得有声有色，成了商界出类拔萃的人物。

李嘉诚"冷酷无情"地把孩子逼上自立、自强之路，铸造了他们勇敢坚毅、不屈不挠的人格和品性。

很多有识之士认为，把孩子放在可以依靠父亲或是可以指望帮助的地方是非常危险的做法。在一个可以触到底的浅水处是无法学会游泳的。而在一个很深的水域里，孩子会学得更快更好。当他无后路可退时，他就会全力以赴使自己安全地抵达河岸。

坐在健身房里让别人替我们练习，是永远无法增强自己的肌肉力量的；越俎代庖地给孩子们创造一个优越的环境，好让他们不必艰苦奋斗，就永远无法让他们独立自主，成为一个真正的成功者。

爱默生说："坐在舒适软垫上的人容易睡去。"我们身边有不少人在观望等待，其中很多人不知道自己究竟在等什么，但他们依然盲目地在等某些东西。他们隐约觉得，会有什么东西降临，会有些好运气，或是会有什么机会发生，或是会有某个人帮他们，这样他们就可以在没受过教育、没有充足的准备和资金的情况下为自己获得一个开端，或是继续前进。

事实上，他们错了。只有自强、自立、自尊的人才能打开成功之门。

林肯有一个异姓兄弟名叫詹斯顿，他曾经是一个游手好闲、好吃懒做的人，经常写信向林肯借钱，林肯想了很多办法来教育他。下面是林肯写给詹斯顿的一封信：

亲爱的詹斯顿：

我想我现在不能答应你借钱的要求。每次我给你一点帮助，你就对我说："我们现在可以相处得很好了。"但过不多久，我发现你又没钱用了。你之所以这样，是因为你的行为上有缺点。这个缺点是什么，我想你是知道的。你不懒，但你毕竟是一个游手好闲的人。我怀疑自从上次见到你后，你没有好好地劳动过一整天。你并不完全讨厌劳动，但你不肯多做，这仅仅是因为你觉得从劳动中得不到什么东西。

这种无所事事浪费时间的习惯正是你的困难之所在。这对你是有害的，对你的孩子们也是不利的，你必须改掉这个习惯。以后他们还有更长的生活道路，养成良好习惯对他们很重要。

让他们从一开始就保持勤劳，这要比让他们从懒惰习惯中改正过来容易。

现在，你的生活需要用钱，我的建议是，你应该去劳动，全力以赴地以劳动赚取报酬。

让父亲和孩子们照管你家里的事——备种、耕作。你去做事，尽可能地多挣些钱，或者还清你欠的债。为了保证你的劳动有一个合理的优厚报酬，我答应从今天起到明年 5 月 1 日，你用自己的劳动每挣 1 元钱或抵消 1 元钱的债务，我愿另外给你 1 元。

这样，如果你每月做工挣10元，就可以从我这儿再得到10元，那么你做工一月就净挣20元了。你应该明白，我并不是要你到圣·路易斯或是到加利福尼亚的铅矿、金矿去；我是要你就在家乡卡斯镇附近做你能找到的有最优厚待遇的工作。

如果你愿意这样做，不久你就能还清债务，而且你会养成一个不再负债的好习惯，这岂不更好？反之，如果我现在帮你还清了债，你明年照旧背上一大笔债。你说你几乎可以为七八十元钱放弃你在天堂里的位置，那么你把你在天堂里的位置看得太不值钱了，因为我相信如果你接受我的建议，工作四五个星期就能得到七八十元。你说如果我把钱借给你，你就把地抵押给我；如果你还不了钱，就把土地的所有权交给我——简直是胡说！你现在有土地还活不下去，如果你没有土地又怎么过活呢？你一直对我很好，我也并不想对你刻薄。相反，如果你接受我的忠告，你会发现它对你比10个80元还有价值。

你的哥哥

林肯

1848 年 12 月 24 日

一个人应当学会在社会中自立，不能太依赖别人的帮助。依靠别人的帮助只能满足你的一时之需，要在社会中真正生存下去，还是要靠你自己的力量。

只会蜷伏在母亲翅膀下的雏鹰，充其量不过是只柔弱的"鸡"，它绝不会成为搏击万里云天、俯视苍茫大地的雄鹰。

人要勇于自强自立，不要仰仗父母的保护伞。要相信自己的能力，自己探出一条成才之路来。过多的依附、仰赖，只能造就平庸孱弱、无所作为的凡夫俗子；过分的温存、溺爱，只能消磨人的意志，磨平人的锐气，养育出娇嫩的花朵。

中国历史上也不乏鼓励子女自强自立的有识之士。清代画家郑板桥老年得子，却并不溺爱，而是力促他自立，要求他：

流自己的汗，

吃自己的饭，

自己的事自己干。

靠天靠人靠祖宗，

不算是好汉。

在传统的意识中，人们崇尚出身门第，欣羡继承权，自我创业的意识则非常淡薄。在当今的社会里，长辈们应提供给后代的是"工具箱"，而不是万贯家产。对于有志者来说，确立不依赖父母长辈，一切靠自己独立创业的自立意识，是明智的；若是一切都仰仗父母，做蜷伏在先辈羽翼下的小鸡，是最没出息的。

摆脱一份依赖，你就多了一份自主，也就向自由的生活前进了一些，向成功的目标迈近了一步。

一位教育家曾为青少年摆脱依赖心理提出了以下几点建议：

（1）依赖自己，而不是依赖别人、依赖组织、依赖亲人。一切都靠自己去奋斗、去争取。只有一切依靠自己，才能获得真正的成功。

（2）消除身上的惰性。依赖心理产生的源泉，在于人的惰性。要消除依赖心理，先要消除人身上的惰性。要消除惰性，就得锻炼自己的意志。处理事情的时候，要果敢上前，说做就做，该出手时就出手；还得有灵活的头脑，要善于思考、勤于思考。

（3）要有独立意识，要自己替自己做主。只有自己劳动所得的成果，才是真正属于自己的；只有享受自己的成果，才会有真正的快乐。

（4）要从小事做起，每天都应认真反省，一步一个脚印地去做。任何事情都不可能一下子就做成，都需要慢慢地起步，一步步地积累。这就像是跳高，总需要先慢慢跑几步，然后再快速跑，最后才起跳。

控制了依赖心理之后，一个人才会找到自己的生活目标，找到生活的方向，最终靠自己获得事业的成功。

而只有靠自己取得的成功，才是真正的成功。

自食其力才能赢得尊严

有这样一则故事：

从前，老虎并不像现在这样威风，相反，他是所有动物中最弱小的一个。因为捕捉不到动物，常常是饥一顿，饱一顿。

于是，狮王把所有的小动物都召集起来说："老虎是我们中的一员，我们不能眼睁睁地看着他饿肚子而不管不问。我建议，大家都伸出友谊之手，拉他一把，帮他渡过难关。"

于是，动物们都给老虎送去了好吃的东西，唯有猫什么东西也没有送。

狮王不高兴地对猫说："大家都为老虎送了东西，你怎么什么都不送呢？"

猫说："你们送给他的东西虽然很多，但总有一天会吃完的，我要送给他一件永远吃不完的礼物。"

狮王不屑地说："算了吧，你除了能送几只老鼠外，还能送什么呢？"

猫回答说："以后你会看到的。"

几个月以后，狮王又来到老虎家。好家伙！老虎家里里外外到处都挂着好吃的东西。

狮王问："这些东西都是猫送的？"

"不，"老虎说，"他送的礼物要比这些东西贵重千万倍！"

狮王好奇地问："那究竟是什么东西？"

老虎说："他教我练壮了身体，又教我学会了捕食的本领。"

"噢！"狮王从头到尾把老虎打量了一番说，"难怪你那么崇拜他呢，连衣服也和他穿得一模一样！"

再多的好东西都比不上一身本领。要想在社会上立足，就要摆脱依赖他人的想法，不断提高自身的能力，练就一身谋生的好本领。只有这样，才能为自己赢得尊严。

一年冬天，美国加州的一个小镇上来了一群逃难的流亡者。长途的奔波使他们一个个满脸风尘，疲惫不堪。善良好客的当地人家家生火做饭，款待这群逃难者。镇长约翰给一批又一批的流亡者送去粥食。这些流亡者显然已好多天没有吃到这么好的食物了，他们接到东西，个个狼吞虎咽，连一句感谢的话也来不及说。

只有一个年轻人例外，当约翰镇长把食物送到他面前时，这个骨瘦如柴、饥肠辘辘的年轻人问："先生，吃您这么多东西，您有什么活儿需要我干吗？"约翰镇长想，给一个流亡者一顿果腹的饭食，每一个善良的人都会这么做。于是，他说："不，我没有什么活儿需要你来做。"

这个年轻人听了约翰镇长的话之后显得很失望，他说："先生，那我便不能随便吃您的东西，我不能没有经过劳动，便平白得到这些东西。"约翰镇长想了想又说："我想起来了，我家确实有一些活儿需要你帮忙。等你吃过饭后，我就给你派活儿。"

"不，我现在就做活儿，等做完您的活儿，我再吃这些东西。"那个青年站起来。约翰镇长十分赞赏地望着这个年轻人，但这个年轻人已经两天没有吃东西了，又走了这么远的路，已经疲惫不堪，可是不给他做些活儿，他是不会吃下这些东西的。约翰镇长思忖片刻说："小伙子，你愿意为我捶背吗？"那个年轻人便十分认真地给他捶背。捶了几分钟后，约翰镇长便站起来说："好了，小伙子，你捶得棒极了。"说完就将食物递给年轻人，年轻人这才狼吞虎咽地吃起来。约翰镇长微笑地注视着那个青年说："小伙子，我的庄园很需要人手，如果你愿意留下来的话，那我就太高兴了。"

那个年轻人留了下来，并很快成为约翰镇长庄园的一把好手。两年后，约翰镇长把自己的女儿詹妮许配给了他，并且对女儿说："别看他现在一无所有，将来他100%是个富翁，因为他有尊严！"

果然不出所料，二十多年后，那个年轻人真的成为亿万富翁了，他就是赫赫有名的美国石油大王哈默。哈默穷困潦倒之际仍然自尊、自立的精神，赢得了别人的尊敬和欣赏，也为自己带来了好运。

靠别人的施舍或者资助而生活的人，无法赢得别人的尊重，而他本人也体会不到劳动的价值和快乐。一个人只有自食其力，才能够为自己赢得尊严。因此，我们要摆脱依赖他人的想法，用自己的双手来养活自己。

一个人只有自立才能为自己赢得尊严。一个在穷困中仍然能够保持自立精神，不依靠别人的施舍生活的人，最终必将获得人生的成功。

用自己的脚走自己的路

一位父亲和他的儿子出征打仗。父亲已做了将军，儿子还只是马前卒。又一阵号角吹响，战鼓擂响了，父亲庄严地托起一个箭囊，其中插着一支箭，他郑重地对儿子说："这是家传宝箭，佩戴在身边，你将力量无穷，但千万不可抽出来。"

那是一个极其精美的箭囊，厚牛皮打制，镶着幽幽泛光的铜边儿，再看露出的箭尾，一眼便能认定是用上等的孔雀羽毛制作的。儿子喜上眉梢，贪婪地推想箭杆、箭头的模样，耳旁仿佛有嗖嗖的箭声掠过，他想象着敌方的主帅应声落马而毙的场景。

果然，佩带宝剑的儿子英勇非凡，所向披靡。当鸣金收兵的号角吹响时，儿子再也禁不住得胜的豪气，完全忘记了父亲的叮嘱，强烈的欲望驱赶着他"呼"的一声就拔出宝箭，试图看个究竟。骤然间他惊呆了——一支断箭，箭囊里装着一支折断的箭。

"我一直带着断箭打仗呢！"儿子吓出了一身冷汗，必胜的信念仿佛顷刻间失去支柱的房子，轰然坍塌了。

结果不言自明，儿子惨死于乱军之中。

拂开蒙蒙的硝烟，父亲捡起那支断箭，沉重地说道："不相信自己的意志，永远也做不成将军。"

那个儿子的悲哀就在于他将自己的性命系于外物，想依赖父亲的宝箭来寻找一种安全感。这种用依赖得来的信念十分脆弱，当依赖的人或物消失时，他的信念就会破灭，他就会走向必然的失败。

对我们来说，生活中最大的危险，就是依赖他人来保障自己。"让你依赖，让你靠"，就如同伊甸园中的蛇，总在你准备赤膊努力一番时引诱你。它会对你说："不用了，你根本不需要。看看，这么多的金钱，这么多好玩、好吃的东西，你享受都来不及呢……"这些话，足以抹杀一个人意欲前进的雄心和勇气，阻止一个人利用自身的资本去换取成功的快乐，让你日复一日地在原地踏步，止水一般停滞不前，以至于你到了垂暮之年，终日为一生无为而悔恨不已。

而且，这种错误的心理还会剥夺一个人本身具有的独立的能力，使其依赖成性，只能靠拐杖而不想自己一个人走。有了依赖，就不想独立，其结果是给自己的未来挖下失败的陷阱。而摆脱依赖的方法其实很简单，就是要学会自己走路，走自己的路。

走自己的路就意味着我们遇事要学会自己拿主意，要敢于坚持自己的想法，而不是总让别人替自己出主意或者是受别人言论的影响。明朝名人吕坤特别反对这种没有主见的毛病。他说，如果做事先怕人议论，做到中间一有人提出反对意见，就不敢再做下去了，这不仅说明这个人没有"定力"，也说明其没有"定见"。没有定见和定力，就不是一个独立自主的人。吕坤说，做人做事，首先要能独立思考，明辨是非，选择正确的立场观点。吕坤进一步说，每个人的想法都不会完全一致，我们不能要求人人的看法都与自己相同。因此我们做事要看我们想达到的目标和效果，而不要过于顾虑事前一些人的议论；等你把事情做好了，那些议论自然也停止了。即使事情没做成，但只要是正确的，就是应当做的，论不得成败。

意大利著名女影星索菲亚·罗兰就是一个能够坚持自己的想法、很有主见的人。她16岁时来到罗马，要圆她的演员梦。但她从一开始就听到了许多不利的意见。用她自己的话说，就是她个子太高，臀部太宽，鼻子太长，嘴太大，下巴太小，根本不像电影演员，更不像一个意大利式的演员。制片商卡洛看中了她，带她去试了许多次镜头，但摄影师们都抱怨无法把她拍得美艳动人，因为她的鼻子太长、臀部太"发达"。卡洛于是对索菲亚说，如果你真想干这一行，就得把鼻子和臀部"动一动"。索菲亚可不是个没主见的人，她断然拒绝了卡洛的要求。她说："我为什么非要长得和别人一样呢？我知道，鼻子是脸庞的中心，它赋予脸庞以性格，我就喜欢我的鼻子和脸保持它的原状。至于我的臀部，那是我的一部分，我只想保持我现在的样子。"她决定不靠外貌而是靠自己内在的气质和精湛的演技来取胜，她没有因为别人的议论而停下自己奋斗的脚步。她成功了，那些有关她"鼻子长、嘴巴大、臀部宽"等议论都消失了，这些特征反倒成了美女的标准。索菲亚在 20 世纪即将结束时，被评为这个世纪"最美丽的女性"之一。

索菲亚·罗兰在她的自传《爱情与生活》中这样写道："自我开始从影起，我就出于自然的本能，知道什么样的化妆、发型、衣服和保健最适合我。我谁也不模仿。我从不像奴隶似的跟着时尚走。我只要求看上去就像我自己，非我莫属……衣服的原理亦然，我不认为你选这个式样，只是因为伊夫·圣罗郎或第奥尔告诉你，该选这个式样。如果它合身，那很好。但如果还有疑问，那还是尊重你自己的鉴别力，拒绝它为好……衣服方面的高级趣味反映了一个人健全的自我洞察力，以及从新式样选出最符合个人特点的式样的能力……你唯一能依靠的真正实在的东西……就是你和你周围环境之间的关系，你对自己的估计，以及你愿意成为哪一类人的估计。"

索菲亚·罗兰谈的是化妆和穿衣一类的事，但她却深刻地触到了做人的一个原则，就是凡事要有自己的主见，要学会自己拿主意，而"不像奴隶似的"盲从别人。

心理学家认为，一个具有健康人格的人是自由的人，而自由主要体现在这个人能够自主地、有选择地支配自己的行为。这种自主感不是凭空产生的，其中很大一部分来自其少年期对自由支配时间的体验。创造自己的自主空间，可以从下面几方面做起：

（1）遇事先自己拿主意。遇事先想该怎么办，自己做主，然后再听取他人的意见，从中学到解决问题的经验和技巧，这样才能使智力有所增长，从而培养自主的能力。

（2）尝试着培养独立思考的能力。允许自己独自在一定的限度内犯错误，甚至允许自己做错。

（3）当你充满信心去实践自己的主张时，不要太依赖外部的帮助。当你遇到困难时，不要轻易向别人求援或接受他们的帮助。随着你的成长和成熟，你既要培养自己的责任心，又要有越来越多的独立性。你可以逐渐减少对他人的依赖和对他们的约束和服从，你可以有更多的自由去管理自己的事情。

（4）学会从小自己做决定。一旦做出决定，你就必须意识到要对选择的后果负责任。比如，一个人如果在他得到一星期的零花钱的第一天就把它花光了，那么他就必须尝尝那个星期其余几天没有钱的滋味。自主能力往往都是在几次成功与失败的过程中树立起来的，不要太在意失败。

我们的成功之路，是用自己的双脚走出来的；我们的人生舞台，是用自己的行动表现出来的。

能够充分发展一个人的潜能的，不是外援，而是自助；不是依赖，而是自立。如果你总是让其他力量推着才能前行，那么，你的生命意义将归于零。

只有坚持自我的独立，用自己的脚走自己的路，才能走出一条属于自己的独特的成功之路。

提高自己，你也可以成为封面人物

在现在主流的期刊、杂志的封面上，我们能见到的已经不仅仅是娱乐明星，马云、史玉柱、李彦宏、俞敏洪、任正非、李开复、王石……这些商业成功人士也都成了期刊杂志的封面人物。他们为什么成为封面人物？原因只有一个，那就是因为他们的能力以及他们在事业上取得的成就。

二十几岁的我们可能一无所有，但这并不代表我们没有赢的可能，提高自己的能力，让自己变得有价值，成功自然会找上你。《论语》云："不患人之不己知，患其不能也。"意思是说，不担心别人不了解我，只是担心自己没有那个能力。要成为万人关注的焦点，就必须先让自己拥有踏上红地毯的能力。

古代历史书上有这样一个故事：

齐国有个名叫冯谖的人，生活贫困不能自给，于是投奔到孟尝君的门下做食客。孟尝君问他有何爱好，冯谖回答说没有什么爱好；孟尝君又问他有何才干，他回答说没什么才干。不过孟尝君见他回答得如此直爽，于是收留他在门下寄食。

一开始的时候，孟尝君并不怎么在意冯谖，他门下其他的食客也瞧不上冯谖，所以只给他粗茶淡饭吃。没几日，冯谖靠着柱子，用手指弹着他的佩剑唱道："长剑啊，咱们还是回去吧，这儿没有鱼吃！"孟尝君知道了，就安排下人像对待一般食客那样对待他。

又过了没多久，冯谖靠着柱子唱道："长剑啊，咱们还是回去吧，这儿出门时连车都没有！"左右的人都笑他，孟尝君知道了这件事情，也给他安排了车，冯谖就坐着车子去拜访他的朋友。又过了些时候，冯谖又弹剑唱："长剑啊，咱们还是回去吧，在这儿无法养家。"左右的人都认为他不知道满足，很讨厌他。孟尝君知道后，就安排人给冯谖的母亲送去了衣物。

后来，孟尝君需要请人帮忙整理账务，冯谖毛遂自荐，让孟尝君另眼相看。冯谖这个人还是颇有头脑的，当孟尝君请他去"采购"自己府上缺少的东西时，他将孟尝君放的债务凭据全部烧掉，给孟尝君换回来了"仁义"。孟尝君后来落难，幸好有冯谖在民间购买的"仁义"在，才不至于失去民心。

著名的"狡兔三窟"的故事，说的也是冯谖给孟尝君设计的护身符，让孟尝君当了几十年齐国国相，而可以高枕无忧。

冯谖寄人篱下还能如此高调，就是凭着自己出众的能力。如果不是拥有一个聪明的头脑，那么冯谖也就休想在孟尝君的心中占有一席之地了。当然，最重要的还是他通过事实证明了自己值得器重。能力就像是"藏锥怀中"，总是要露出锋芒来的，或者说它是一家永远也不能取尽的"银行"，不但可以随身携带，而且不会被别人抢走。

今天最热门的词是"竞争"，而比"竞争"更加热门的词则是"人才"。虽然出现了万人争抢一个职位的情况，但是有能力的人还是众多企业竞相聘请的对象。我们在听到年轻人抱怨工作不好找的时候，也听到很多公司的高层抱怨招不到人，因为，他们发现有真才实学的人太少了。

1972年，卡塞尔移居德国，受聘于奥格斯堡啤酒厂。他果然不负厚望，别出心裁地开发了美容啤酒和浴用啤酒，从而使奥格斯堡啤酒厂的营业利润迅猛增长，一跃成为全世界啤酒销量最大的啤酒厂。

1990年，卡塞尔以德国政府顾问的身份主持拆除柏林墙。拆墙也就是推土机一推的事情，派卡塞尔主持似乎有点兴师动众了。让独具匠心的卡塞尔主持被证明是非常明智的，这一次，卡塞尔使柏林墙的每一块砖都以收藏品的形式进入了世界200多万个公司和家庭，创造了城墙砖售价的世界之最。

1998年，卡塞尔返回美国。他下飞机的时候，美国赌城拉斯维加斯正上演一场重量级拳王争霸赛，但这场极有来头的比赛最终以闹剧收场：泰森咬掉了霍利菲尔德的半只耳朵。在旁人看来，这场闹剧是人们茶余饭后非常有趣的谈资，也就是一笑而过的事情。但卡塞尔的脑袋里总有很多让人为之一振的创举，于是让所有人感到有趣的是：第二天，在欧洲和美国的超市里赫然出现了大量"霍氏耳朵"巧克力，其生产厂家正是卡塞尔所属的特尔尼公司。这一次，卡塞尔虽然因为霍利菲尔德的起诉输掉了盈利额的80%，然而，他对商业天才般的洞察力却为他赢得了年薪3000万美元的身价。

想一想，有了这样的能力，无论你是去从商，还是去投资，或者是去发展仕途，或者是去做慈善，还有什么是不能成功的吗？

所以，当我们随手拿起一本杂志，看到那些熟悉的面孔的时候，请不要再"熟视无睹"。提高自己的能力，也许有一天登上封面的人物就是你。

给自己找一个"偶像"，学习并超越他

姚明的偶像是奥拉朱旺，他追寻着偶像的脚步也成了 NBA 最好的中锋之一；而跨栏王子刘翔，追赶着阿兰·约翰逊的速度，最终在奥运会上超越了自己的偶像。

偶像让我们看到希望和可能性，让我们觉得自己也可以达到他的那个位置，让我们与目标变得更近。在学习偶像的过程中，我们会去理解他们的人生目标、规划、精神、胆识、性格、品格与外在的社会时代环境、机遇等，有助于我们自我认知、自我导航，进而自我超越。

很多年轻人都有自己的偶像，他们疯狂地"追星"，但为何自己的人生不能像偶像那样精彩呢？究其原因，还是没有"追"到"星"的本质。

有这样两个年轻人，他们喜欢同一个明星，并且要去看他的演唱会。其中一个花去了自己一个月的生活费买了一张最前排的票。那天晚上他拿着自己偶像的照片和签名兴奋得一夜没有合眼。可是第二天，他却开始为自己的肚子四处借钱，整整一个学期，他都在为还账而苦恼着。在毕业前夕，很多同学都有了自己理想的工作，而他还在为挂科和学分苦苦挣扎。另一位是个会弹钢琴的男生，同样去听了那场演唱会，不同的是他只花了80元钱，买的是最后排的票。从演唱会回来，同学们问他看到了什么，他说他感受到了自己喜欢的音乐。毕业后他去了北京，并在一家唱片公司做后期工作，已经写了几首口碑不错的歌。

偶像是我们一生中指引方向的指向标，就如同在我们迷路的时候，为我们指明方向的北斗星一样，指引着我们前进的方向。因此，喜欢偶像，还要学习他们光彩的外表之下的精神。

其实，不仅我们个人有自己的偶像，公司也有公司的偶像。很多小企业最终成为大公司，也是从模仿偶像、研究偶像，最终超越偶像开始的。

著名的超市品牌"沃尔玛"，就曾以"凯·马特"连锁商店为自己的偶像。凯·马特是连锁超市的鼻祖，当沃尔玛有229个零售商店的时候，凯·马特已经拥有了1891家零售店，而且每家店的平均收入都是同等规模的沃尔玛超市的两倍。

沃尔玛的创始人山姆想要达到偶像企业那样的水准，显然并不容易。他积极地学习凯·马特超市的做法，并且研究一些更加适合自己的经营方式。例如，沃尔玛85%的商品都是依靠自己的仓储运输系统配送，而凯·马特公司只有50%商品能够依靠自身的配送系统配送。

便利店的店址和方便的时间、最优惠价格的产品、新货不断补充等等，超市经营的方式都是从凯·马特开始的，但是沃尔玛做得更好。正是靠着这种"扬长避短"的学习思路，沃尔玛超市成为名副其实的全球品牌。在它的成长之路上，幸好有偶像的陪伴。

为自己定一个偶像，就像是给自己找一个朋友，一个在内心世界随时陪伴左右的导师。当遇到困难的时候，问一问自己，倘若是我的偶像面对这样的问题，他会怎么去解决，也许你会在不知不觉中找到方向，这就是偶像的作用。

偶像不一定是那些非常有名望的成功人士，也可以是你身边的普通人，比如你的长辈、亲友、老师。二十几岁的年轻人应该要有一个自己的偶像，并将他放在心中向他学习并最终超越他。

开启"按钮"，运用你的特殊才能

不知不觉二十几年已经过去，告别了校园的懵懂，踏上社会信心十足地准备大干一番的你，是否总是被现实捶打得垂头丧气，认为自己一无是处？

其实不是，每个人都具有某种特殊的才能，只是许多人并没有意识到这些特殊才能会对以后的工作有所帮助，或者并不知道如何运用这项才能，以至于将属于自己的这项才能白白浪费了。

每个二十多岁的年轻人都应该学会在各方面尽量灵活运用自己的特殊才能。事实上，有很多人以为自己所具有的这项才能，只是一些不登大雅之堂的"小玩意儿"，根本不曾想过利用这项"小玩意儿"来提高身价。正因为我们怠于思考自己所拥有的才能，所以也很难灵活地运用自己的才能。

下面是某广告公司总经理当年初入广告界的经过。

在 20 岁以前，他渴望成为一名技师。在学校时，他很努力地充实自己有关这方面的知识。有一次，他想卖掉手边的一架唱机和唱片，于是选出了几位对这方面有兴趣的朋友，分别写信问他们，看谁愿意买。其中一位朋友看了信之后非常愿意购买，于是立刻回信，在这封回函里，这位朋友不断地夸赞他文笔流畅，颇具说服力，因此建议他，既然能写出这么有魅力的推销信函，为什么不投入广告界从事撰写广告的工作呢？

朋友的这封信，就像一粒小石头丢入水中激起了阵阵涟漪，"投入广告界做个出色的广告人"的思想就此整日萦绕在他脑中。如果我们从另一个角度来看，当他立志要在广告界一展身手时，事实上，他已经成功了。

有个人，参加同学聚会时，突然被要求谈一些有关最近盛行的海外旅游话题。由于这是他头一次在众人面前讲话，所以话中常有断断续续的情况出现。但是同学聚会结束后，有一位老同学跑来跟他说："你所讲的内容非常有趣，希望今后有机会能再听你演讲。"在被这位老同学恭维之前，他从未想过尝试在公众面前讲话。于是他开始觉得自己并不是那么差劲，对自己的演讲才能又多了一份信心。现在，这个人已经成为企业经营问题的专门演说家了。

一个人不论目前身价如何，工作如何，只要有心改变，都能将其独具的"特殊才能"发挥出来。

　　有位人寿保险公司的业务员，过着极为平凡的生活。他一直努力工作，每个月访问 100 位客人，每个月里也总有一两次的机会接触到大人物——大多是公司总经理级人物。虽然他每次在拜访这些大人物前，多少有些紧张，然而当他和这些大人物会面时，他觉得这些大人物往往比那些微不足道的小客户更易沟通。更令人惊奇的是，每次访问这些大人物之后，缔结契约率总是比那些小客户的缔约率要高得多。

　　究其原因，原来每当他和大人物见面交谈时，他精神紧张的毛病立刻消失，而且总是尽量投其所好，寻找对方有兴趣的话题，大人物们最讨厌那种阿谀奉承的人，而这位业务员绝对避免如此，因此谈话始终轻松愉快。尽管他有能力说服这些大人物购买他的保险，但由于他并不常拜访这种大人物级的客户，所以一年内只有两三笔大生意而已。

　　实际上，他的"才能"都被隐藏起来了，"就在这里"的信号一直在他脑中闪个不停，但是他从不曾注意到，更不用说活用这项才能了。因此，纵使他具有富如金矿的特殊才能，也只是空有财富罢了。

　　日子就这样一天天过去，数年之后，他的上司换了。新上任的业务经理知道他具有开发大客户市场的能力，更想了解为什么他不能好好利用这项潜在的能力呢。经过一番会谈，他告诉业务经理："我每次想要拜访大人物时，精神总是非常紧张，所以我并不真的很想去拜访他们。"业务经理听完他的话后分析，如果感觉到自己具有一种和大人物交谈时会产生积极作用的能力，神经紧张马上就会消失。于是业务经理就对他说："所谓自信，其实就是觉得自己有能力去完成该完成的事。"

　　又过了数年，这个业务员已成为保险界数一数二的业务高手了。

　　不论是何种才能，一旦你开始运用，就会如同启动开关按钮般，立刻在心底涌起某方面的自信。因为自信，大部分都是在觉得自己拥有某种特殊才能后才产生的。

　　为烦恼的人打气是一种特殊本领，能够强记数字也是一种特殊才能。所以从现在起，不要丢弃那些曾经以为是无聊的小玩意儿，不妨试着思索出如何运用这些小玩意儿来提升自己的身价，开启那个主宰我们人生命运的"按钮"。

能力才是年轻人的铁饭碗

一个刚刚毕业还没有开始尝试各种生活就安于一个"铁饭碗"的位置并别无所求的人，谈不上幸福或幸运，因为他错过了很多次发展自己的机会。一个人拥有了实力，就不愁没有用武之地，因为一个真正的成功者，他本身就是一个"铁饭碗"。

在《穷爸爸，富爸爸》一书中，一个年轻人从美国商业海洋学院毕业以后，他受过良好教育的爸爸十分高兴，因为加州标准石油公司录用他为运油船队工作。年轻人在此是一位三副，比起他的同班同学，他的工资不算很高，但他觉得这是离开大学之后的第一份真正的工作，也还算不错。他的起始工资是一年 4.2 万美元，包括加班费。而且他一年只需工作 7 个月，余下的 5 个月是假期。如果他愿意的话，可不休那 5 个月的假期而去一家附属船舶运输公司工作，这样做能使年收入翻一番。

当他放弃在标准石油公司收入丰厚的工作后，他受过良好教育的爸爸和他进行了推心置腹的交流。爸爸非常吃惊和不理解他为什么要辞去这样一份工作——收入高，福利待遇好，闲暇时间长，还有升迁的机会。爸爸一晚上都在问他："你为什么要放弃呢？"他没法向爸爸解释清楚。他的逻辑和富爸爸的逻辑是一致的，而与受过良好教育的爸爸却不相同。

对于受过良好教育的爸爸来说，稳定的工作就是一切；而对于富爸爸来说，不断学习才是一切。

1973 年从越南回国后，年轻人离开了军队，尽管他仍然热爱飞行，但他在军队中学习的目标已经达到。他在施乐公司找了一份工作，他加盟施乐公司是有目的的，不过不是为了物质利益。他是一个腼腆的人，对他而言营销是世界上最令人害怕的课程，而施乐公司拥有在美国最好的营销培训项目。

他在施乐公司工作了 4 年，直到他不再为吃闭门羹而发怵。当他稳居销售业绩榜前 5 名时，他再次辞去了工作，放弃了又一份不错的职业和一家优秀的公司。

1977 年，他组建了自己的第一家公司。富爸爸培养过他怎样管理公司，现在他就得学着应用这些知识了。他的第一种产品是尼龙做的带褡裢的钱包，在远东生产，然后装船运到纽约的仓库里。他的正式教育已经完成，现在是他单飞的时候了。如果他失败了，他将会破产。富爸爸认为破产最好是在 30 岁以前，富爸爸的看法是"这样你还有时间东山再起"。就在他 30 岁生日前夜，富爸爸的货物第一次装船驶离韩国前往纽约。

直到今天，富爸爸仍然在做国际贸易，就像富爸爸鼓励他去做那样，富爸爸一直在寻找新兴国家的商机。现在他的投资公司在南美、亚洲、北欧等地都拥有投资。

那些接受过正规教育的人的想法虽然很保守而且稳妥，但是他们很难帮助你找到自己真正擅长的领域。一个人在年轻的时候最重要的不是拿到多少工资，而是学到多少东西。这样，当你依靠的那棵大树在某一天倒下的时候，你依然可以挺立。即使你不存在"失去靠山"之忧，你也将会更加认识到自己的优势，过一种真正自由的生活。

对年轻人来说，自由、宽裕是一种很好的状态。就像很多三四十岁的封面人物看起来的那种状态。但现在你要明白，让他们看起来很棒的不是那些服装和排场，而是他们身上的能力。有了这种能力，不论他们被挑战多少次，他们都会走到成功的那一步。史玉柱就是一个证明。

1989 年初，史玉柱下海创业。初夏，他承包下没有一台电脑的"天津大学深圳电脑部"，仅有一张营业执照。当时深圳最便宜的电脑也要 8500 元，他没有那么多钱，便要求迟付款半个月，他可以多给 1000 元。就这样，他赊得一台电脑，注册了"巨人"公司，开始了自己的产品推广。

4 年过去之后，史玉柱的巨人成为中国第二大民营高科技企业。取得这样傲人的成绩之后，史玉柱又开始了保健品市场的开发。于是就有了脑黄金、脑白金这样的保健品。作为老板，他积极下市场，和老人们聊天，看他们喜欢怎样的保健品。正是因为这样的精神，他才能够对准市场，使他的保健品一直居于市场领先地位。

但在1997年初，建至地面三层的巨人大厦停工，巨人集团名存实亡，史玉柱欠下了两亿元巨款，成为"中国最穷的人"。"当我感到一切都无力挽回的时候，反而轻松了。"常见到有人因为追债被迫自杀，但史玉柱反而觉得，已经这样了，还能更糟吗？

他继续在保健品上做文章，资金也渐渐回笼。2005年，他开始了游戏《征途》的研发和试用。也许史玉柱就有一种做什么红什么的能力，《征途》成为世界上第三个同时在线超过100万玩家的游戏，但是它的游戏模式却遭到教育界和社会的谴责，史玉柱成为众矢之的，网友们纷纷声讨他，但他没有退缩，坚持研发自己的游戏。

2007年11月1日，巨人网络集团有限公司成功登陆美国纽约证券交易所，穿一身白色运动服的史玉柱敲响了巨人网络上市的钟声。他的公司成为在美国发行规模最大的中国民营企业，史玉柱的身价突破500亿元。

看看史玉柱的人生经历，从创业的顶峰到负债的低谷，起起伏伏，却没改变他好胜的性格，哪怕他被打倒100次，他依然还会东山再起，这就是他的精彩之处。

我们常说"是金子就会发光"，"酒香不怕巷子深"，我们也崇拜那些靠自己的能力走上成功之路的人，比如史玉柱、马云等。二十几岁的年轻人，不做"攀援的凌霄花"，这才是真正的有能力的人。

第四章

今天工作不努力，明天努力找工作

"对薪水不满意"，"工作环境很奇怪"，"同事们没有我期待中的好"……二十几岁的年轻人最擅长的就是为自己的问题找借口。表面上看去好像年轻人就是要折腾，在工作上就是应该有自己的追求和原则。但是跳来跳去，几年过去，你还是一个"新人"，什么都没有学到的时候，才会明白一份工作的最大意义，不是那些你每天处理的事情，而是要懂得从工作中学会坚持、忍耐和不断地学习。

任正非给新员工的一封信

华为技术有限公司总裁任正非先生曾经给新员工写了一封公开信，这封信可以代表大多数优秀的企业家对年轻人的期待和担忧，也凝结着很多过来人的智慧，值得一读：

您有幸进入了华为公司。

我们也有幸获得了与您的合作。

我们将在共同信任和相互理解的基础上，共同度过您在公司的岁月。这种理解和信任是我们愉快奋斗的桥梁和纽带。华为公司是一个以高技术为起点，着眼于大市场、大系统、大结构的新兴的高科技技术企业。公司要求每一位员工，要热爱自己的祖国，任何时候、任何地点都不要做对不起祖国、对不起民族的事情。

相信我们将跨入世界优秀企业的行列，会在世界通信舞台上，占据一个重要的位置。我们的历史使命是要求所有的员工必须坚持团结协作，走集体奋斗的道路。没有这种平台，您的聪明才智是很难发挥并有所成就的。因此，没有责任心，不善于合作，不能集体奋斗的人，等于丧失了在华为进步的机会。那样您会空耗宝贵的光阴，还不如在试用期中，重新决定您的选择。

进入华为并不就意味着高待遇，公司是以贡献定报酬，凭责任定待遇的，对新来员工，因为没有记录，晋升较慢，为此，我们深表歉意。但如果您是一个开放系统，善于吸取别人经验，善于与人合作，借别人提供的基础，可能进步就会很快。如果封闭自己，总是担心淹没自己的成果，就会延误很长时间，也许到那时，你的工作成果已没有什么意义了。

机遇总是偏向于踏踏实实的工作者。您想做专家吗？一律从工人做起，进入公司一周以后，博士、硕士、学士，以及在公司取得的地位均已消失，一切凭实际才干定位，这在公司已经深入人心，为绝大多数人所接受。您就需要从基层做起，在基层工作中打好基础、展示才干。公司永远不会提拔一个没有基层经验的人来做高级领导工作。遵照循环渐进的原则，每一个环节、每一级台阶对您的人生都有巨大的意义。不要蹉跎了岁月。

希望您丢掉速成的幻想，学习日本人的踏踏实实、德国人的一丝不苟的敬业精神。您想提高效益、待遇，只有把精力集中在一个有限的工作面上，才能熟能生巧，取得成功。现代社会，科学技术迅猛发展，真正精通某一项技术就已经很难了，您什么都想会、什么都想做，就意味着什么都不精通。您要十分认真地对待现在手中的任何一件工作，努力钻进去，兴趣自然在。逐渐积累您的记录。有系统、有分析地提出您的建议和观点。草率的提议，对您是不负责任，也浪费了别人的时间，特别是新来的员工，不要下车伊始，就哇啦哇啦。要深入具体地分析实际情况，发现了几个环节的问题，找到解决的办法。踏踏实实、一点一滴地去做，不要哗众取宠。

实践改造了人，也造就了一代华为人，它充分地检验了您的才干和知识水平。只有不足之处不断暴露出来，您才会有进步。实践再实践，对青年学生尤其重要。唯有实践后用理论去归纳总结，我们才会有飞跃有提高，才能造就一批业精于勤，行成于思，有真正动手能力、管理能力的干部。有一句名言：没有记录的公司，迟早要垮掉的，就个人而言，何尝不是如此？

公司采取各部门总经理为首的首长负责制，它隶属于各个以民主集中制建立起来的专业协调委员会。各专业委员会委员来自相关的部门，按照少数服从多数、民主集中制的原则，集中了集体智慧，避免了一人治众的片面性。自强、自律，这也是公司6年来没有摔大跟头的大民主、大集中的管理，还需要长期探索、不断完善，希望您成为其中一员。

您有时可能会感到公司没有真正的公平与公正。绝对的公平是没有的，您不能对这方面期望值太高。但在努力者的面前，机会总是均等的，只要您努力，您的主管会了解您的。要承受得起做好事反受委屈的考验。接受命运的挑战，不屈不挠地前进。没有一定的承受能力，不经几番磨难，何以成为栋梁之材。一个人的命运，毕竟掌握在自己手上。生活的评价会有误差，但决不至于黑白颠倒，差之千里。您有可能不理解公司而暂时地离开，我们欢迎您回来，只是您更要增加心理承受能力，连续工龄没有了，与同期伙伴的位置拉大了。我们相信您会加步赶上，但时间对任何人都是一样长的。

公司的各项制度与管理，有些可能还存在一定程度的不合理，我们也会不断地进行修正，使之日趋合理、完善，但在正式修改之前，您必须严格遵守。要尊重您的现行领导，尽管您可能有能力，甚至更强，否则将来您的部下也不尊重您。长江后浪推前浪，青出于蓝而胜于蓝，永远是后面的人更有水平。不贪污、不腐化，严于律己，宽以待人。坚持真理，善于利用批评和自我批评，提高自己，帮助别人。作为一个普通员工要学会做事，作为一个中高级干部还要学会做人，做一个有高度责任心的真正的人。

在公司的进步主要取决于您的工作业绩，也是与您的技术水平紧密相连的。一个高科技产业，没有高素质的员工是不可想象的。公司会有计划地安排各项教育与培训活动，希望能对您的自我提高、自我完善有所帮助。

业余时间可安排一些休闲，但还是要有计划地读书学习。不要搞不正当的娱乐活动，绝对禁止打麻将之类的消磨意志的活动。公司也为您提供了一些基本生活服务，可能还不够细致，达不到您的要求，对此我们表示歉意。同时还希望您能珍惜资源，养成节约的良好习惯。为了使您成为一个高尚的人，受人尊重的人，望您自律。

……

发展是生存的永恒主题。我们将在公司持之以恒地反对高中层干部的腐化，反对工作人员的懈怠。不消除这些弊端，您在公司难以得到充分的发展；不消除这些沉淀，公司发展也将会停顿。

公司在飞速地发展，迫切地需要干部，希望您加快吸收国内外先进的技术和卓越的管理经验，加速磨炼，不断与我们一同去托起明天的太阳。

读完这封信，你对新工作的期待是否有所改变？你对第一份工作的意义是否有了新的领会？好好地品味一下任正非这封信的用意，也许，你会发现虽然没有在华为那样的大企业中工作，但是已经拥有了大企业员工的素质，符合那个标准。或者你的工作比华为的工作更好，但是你发现原来自己还没有达到那种工作与做人结合的境界。不管是怎样的情况，你都可以庆幸，自己读到了这样一封真诚而严厉的信。

干一行爱一行，努力工作不抱怨

"工作就是为了养家糊口，无所谓喜欢不喜欢。"一般带着这种思想工作的人，在工作中是不会有很出色的成绩的，而且经常会让自己感到忧虑，对工作充满抱怨。确实，每天花 1/3 的时间去做自己不太喜欢的工作确实是一件痛苦的事情。

卡耐基指出，正确的思想，会使任何工作都不再那么厌烦。老板要你对工作感兴趣，他才好赚更多的钱。但是我们何不忘掉老板想要什么，而只是想着：爱上自己的工作，对自己有好处。提醒自己，这样可能使自己从工作中获得快乐，因为你醒着的时候，约有一半时间要花在工作上，要是在工作中找不到快乐，就绝不可能再在任何地方找到它。不断提醒自己，爱上自己的工作，而不是抱怨，可以将你的思想从忧虑上移开，而最后，还可能带来晋升和加薪。即使不这样，也可以把疲乏减至最少，并帮助你享受自己的闲暇时光。

有一天，美国著名职业演说家桑布恩乔迁至新居不久，就有一位邮差来敲他的房门。"上午好！桑布恩先生！我叫弗雷德，是这里的邮差。我顺道来看看，并向您表示欢迎，同时也希望对您有所了解。"他说起话来总是表现出兴高采烈的神情，他的真诚和热情始终溢于言表，并且他的这种真诚和热情让桑布恩先生既惊讶又温暖，因为桑布恩从来没有遇到过如此热情的邮差。

他告诉弗雷德，自己是一位职业演说家。"既然是职业演说家，那您一定经常出差旅行了？"弗雷德微笑着继续说，"既然如此，那您出差不在家的时候，我可以把您的信件和报纸刊物代为保管，打包放好。等您在家的时候，我再送过来。"这简直太让人难以置信了，不过桑布恩说："那样太麻烦了，把信放进邮箱里就行了，我回来时取也一样的。"弗雷德解释说："桑布恩先生，窃贼会经常窥视住户的邮箱，如果发现是满的，就表明主人不在家，那您可能就要深受其害了。"

桑布恩先生心里想，弗雷德比我还关心我的邮箱呢，不过，毕竟这方面他才是专家。弗雷德继续说："我看不如这样，只要邮箱的盖子还能盖上，我就把信件和报刊放到里面，别人就不会看出您不在家。塞不进邮箱的邮件，我就搁在您房门和屏栅门之间，从外面看不见。如果那里也放满了，我就把其他的留着，等您回来。"弗雷德的这种工作热情以及这种认真负责的态度着实让桑布恩先生感动，他甚至怀疑弗雷德究竟是不是美国邮政的员工。但是，无论怎样，弗雷德的建议完美无缺，没有理由让人拒绝。

两周后，桑布恩先生出差回来刚到家门，突然发现门口的擦鞋垫跑到门廊的角落里了，下面还遮着什么东西。原来事情是在桑布恩先生出差的时候，联邦快运公司把他的一个包裹送错了地方，幸运的是弗雷德把它捡起来，放到桑布恩的住处藏好，还在上面留了张纸条，解释了一下事情的经过，这让桑布恩先生非常感动。弗雷德是一个普通的美国人，从事着普通的职业，然而他对工作的热情成为一时佳话。

工作的有趣与否，不在于工作本身是否有趣，而在于你有没有热诚勤奋地去做你的工作。再枯燥无味的工作，努力去做，也会变得有趣。

爱上自己的工作，除了不断地提醒自己，更要用热情去积极面对工作，只要用真诚的热情对待工作，你会发现工作有很大乐趣。大发明家爱迪生说："在我的一生中，从未感觉是在工作，一切都是对我的安慰……"爱上工作，不仅能在工作中得到安慰与快乐，而且工作的同时也会给你带来回报。

有一位父亲告诫他的孩子说："无论未来从事什么样的职业，如果你能够对自己的工作充满热情，而不是抱怨，那么，你就不用为自己的前途担心了。因为，在这个世界上散漫粗心的人到处都有，而对自己的工作善始善终、充满激情的人却很少。"

美国著名人寿保险推销员弗兰克·帕克就是凭借着对工作的热情，创造了一个又一个的奇迹。起初弗兰克·帕克想当个职业棒球员，可加入球队不久就遭受了一次很大的打击，他被球队开除了，原因是动作无力、没有激情，是对工作缺乏热情的缘故。球队经理对帕克说："你这样对职业没有热情，不配做一名职业棒球运动员。无论你到哪里做任何事情，若不能打起精神来，对工作付出热情，你永远都不可能有出路。"

后来，帕克的一个朋友给他介绍了一个新的球队。在加入新球队的第一天，帕克做出了一生中最重大的转变，他没有抱怨以前的经历，而是决定要做美国最有热情的职业棒球运动员，帕克也一直身体力行。结果证明，他的转变对他具有决定性的意义。帕克在球场上，就像身上装了马达一样，强力地击出高球，接球手的手臂都被震麻木了。

有一次，帕克像坦克一样高速冲入三垒，对方的三垒手被帕克的气势给镇住了，竟然忘记了去接球，帕克轻松赢得了胜利。热情给帕克带来了意想不到的结果，他的球技好得出乎所有人的意料。更重要的是，由于帕克的热情感染了其他的队员，大家也变得激情四溢。最终，球队取得了前所未有的佳绩。当地的报纸对帕克大加赞扬："那位新加入进来的球员，无疑是一个霹雳球手，全队的人受到他的影响，都充满了活力，他们不但赢了，而且他们的比赛成为本赛季最精彩的一场比赛。"而帕克呢？由于对工作和球队的激情，他的薪水由刚入队的 500 美元提高到约 5000 美元，是原来的 10 倍。在以后的几年里，凭着这一股热情，帕克的薪水又提高了约50 倍。

你一定会为帕克的热情所折服，但故事到此并没有结束。后来由于手臂受伤，帕克离开了心爱的棒球队，来到一家著名的人寿保险公司当保险助理，但整整一年都没有一点业绩。帕克还是没有抱怨，而是又迸发了像当年打棒球一样的工作热情，很快他就成了人寿保险界的推销至尊。他深有感触地说："我从事推销工作 30 年了，见到过许多人，由于对工作始终充满激情，他们的收效成倍地增加；我也见过另一些人，由于缺乏激情而走投无路。我深信在工作中投入热情是成功推销的最重要因素。"

任何工作、任何事情，需要的不是抱怨，而是需要你投入极大的热情，有了对工作的热情不仅能发挥自己的创造力，同时也能影响身边的同事甚至是整个团队。一个充满热情、充满创造力的员工和团队才会造就辉煌。对工作缺乏热情，在哪里都不会走远的。所以想在工作中有一个好的发展，必须干一行爱一行，努力工作不抱怨。

今日敬业，明日才敢谈创业

有敬业精神，带着使命感去工作，不仅是对工作的负责，更是对自己的投资。

日本有一项国家级的奖项，叫"终身成就奖"。无数的社会精英一辈子努力奋斗的目标，就是为了能够最终获得这项大奖。但其中有一届的"终身成就奖"，颁给了一个"小人物"——清水龟之助。他原来是一名橡胶厂工人，后来转行做了邮差。在最初的日子里，他没有尝到多少工作的乐趣和甜头，于是在做满一年以后，觉得很厌倦，便心生退意。这天，他看到自己的自行车信袋里只剩下一封信还没有送出去时，他便想到：我把这最后的一封信送完，就马上去递交辞呈。然而这封信由于被雨水打湿而地址模糊不清，清水花费了好几个小时的时间，还是没有把信送到收信人的手中。由于这将是他邮差生涯送出的最后一封信，所以清水发誓无论如何也要把这封信送到收信人的手中。他耐心地穿越大街小巷，东打听西询问，好不容易才在黄昏的时候把信送到了目的地。原来这是一封录取通知书，被录取的年轻人已经焦急地等待好多天了。当他终于拿到通知书的那一刻，他激动地和父母亲拥抱在了一起。看到这感人的一幕，清水深深地体会到了邮差这份工作的意义所在。"因为即使是简单的几行字，也可能给收信人带来莫大的安慰和喜悦。这是多么有意义的一份工作啊！我怎么能够辞职呢？"在这以后，清水更多地体会了工作的意义，他不再觉得乏味与厌倦，他深深地领悟了职业的价值和尊严，他一干就是25年。从30岁当邮差到55岁，清水创下了25年全勤的空前纪录。他在得到人们普遍的尊重的同时，也于1963年得到了日本天皇的召见和嘉奖。

"我们不能把工作看作是为了五斗米折腰的事情，我们必须从工作中获得更多的意义才行。"我们不要简单地认为我们工作只是为了安身立命，而是应该找出自己职业的意义所在并且尊重它。

几年前，哈佛大学的罗宾斯博士去巴黎参加研讨会，开会的地点不在他下榻的饭店。他仔细地看了一遍地图，发觉自己仍然不知道该如何前往会场所在的五星级旅馆，于是他走到大厅的服务台，请教当班的服务人员。

这位身穿燕尾服、头戴高帽的服务人员，是位五六十岁的老先生，脸上有着法国人少见的灿烂笑容。他仪态优雅地摊开地图，仔细地写下路径指示，并带罗宾斯博士走到门口，对着马路仔细讲解前往会场的方向。

他的热忱及笑容让人如沐春风，他的服务态度彻底改变了罗宾斯博士原来觉得"法式服务"冷漠的看法。在致谢道别之际，老先生微笑有礼地回应："不客气，祝你顺利地找到会场。"接着老先生补了一句，"我相信你一定会很满意那家饭店的服务，因为那儿的服务员是我的徒弟！""太棒了！"罗宾斯博士笑了起来，"没想到你还有徒弟！"老先生脸上的笑容更灿烂了，说道："是啊，25年了，我在这个岗位上已经工作了25年，培养出无数的徒弟，而且我敢保证我的每一个徒弟都是最优秀的服务员。"他的言语流露出发自内心的骄傲。罗宾斯博士看着他，心里有一种很奇怪的感觉。"什么？都25年了，你一直站在旅馆的大厅啊？"罗宾斯博士不禁停下脚步，向他请教乐此不疲的秘密。

老先生回答说："我总认为，能在别人生命中发挥正面影响力，是件很过瘾的事情。你想想看，每年有多少外地旅客来到巴黎观光，如果我的服务能帮助他们减少'人生地不熟'的胆怯，而让大家感觉像在家里一样，因此有个很愉快的假期的话，这不是很令人开心吗？这让我感觉到自己成为每个人假期中的一部分，好像自己也跟着大家度假一样愉快。"老先生接着说，"我的工作是如此重要，许多外国观光客就因为我而对巴黎有了好感。所以我私下里认为，自己真正的职业，其实是'巴黎市地下公关部长'！"他眨了眨眼，神情得意。罗宾斯博士被老人的回答深深地震撼了，他从老人朴实的言语中感受到了一种不同寻常的力量。

老人并不单纯地认为只是一个普通的酒店大厅服务员，他知道这里经常有世界各地的人士来巴黎，因此自己的形象会影响到巴黎的形象，于是老人就有了"巴黎市地下公关部长"一般的使命感，并乐此不疲。

认清工作的意义是焕发一个人内心工作热情的前提，一个人只有充分认识到自己工作的价值，才能够拥有使命感，才能够体会到工作最深层次的乐趣。此外，我们还要兢兢业业、脚踏实地地工作。

2002年10月，一家公司的营销部经理带领一支队伍参加某国际产品展示会。在开展之前，有很多事情要做，包括展位设计和布置、产品组装、资料整理和分装等，需要加班加点地工作。可营销部经理带去的那一帮安装工人中的大多数人，却和平日在公司时一样，不肯多干一分钟，一到下班时间，就溜回宾馆去了，或者逛大街去了。经理要求他们干活，他们竟然说："没加班工资，凭什么干啊。"更有甚者还说："你也是打工的，不过职位比我们高一点而已，何必那么卖命呢？"

在开展的前一天晚上，公司老板亲自来到展场，检查展场的准备情况。到达展场，已经是凌晨1点，让老板感动的是，营销部经理和一个安装工人正挥汗如雨地趴在地上，细心地擦着装修时粘在地板上的涂料。而让老板吃惊的是，其他人一个也见不到。见到老板，营销部经理站起来对老总说："我失职了，我没能够让所有工人都来参加工作。"老板拍拍他的肩膀，没有责怪他，而指着那个工人问："他是在你的要求下才留下来工作的吗？"经理把情况说了一遍，这个工人是主动留下来工作的，在他留下来时，其他工人还一个劲地嘲笑他是傻瓜："你卖什么命啊，老板不在这里，你累死老板也不会看到啊！还不如回宾馆美美地睡上一觉！"老板听了，没有做出任何表示，只是招呼他的秘书和其他几名随行人员加入到工作中去。参展结束，一回到公司，老板就开除了那天晚上没有参加劳动的所有工人和工作人员，同时，将与营销部经理一同打扫卫生的那名普通工人提拔为安装分厂的厂长。

那一帮被开除的人很不服气，找到人力资源总监理论："我们不就是多睡了几个小时的觉吗，凭什么处罚这么重？而他不过是多干了几个小时的活，凭什么当厂长？"他们说的"他"就是那个被提拔的工人。人力资源总监对他们说："用前途去换取几个小时的懒觉，是你们的主动行为，没有人逼迫你们那么做，怪不得谁。而且，我可以通过这件事情推断，你们在平时的工作中偷了很多懒。他虽然只是多干了几个小时的活，但据我们考察，他一直都是一个敬业的人，他在平日里默默地奉献了许多，比你们多干了许多活，提拔他，是对他过去默默工作的回报！"

我们不仅要对工作有这样的觉悟，而且要兢兢业业、踏踏实实地对待工作，这才是一个敬业者所应具备的。

跳槽创业，需有充分的准备

二十几岁以后，或许是自己的事业发展步入了"瓶颈期"，或许是自己的能力在现在的公司无法发挥，或许是自己在公司和领导或员工之间闹矛盾、出了差错……总之，我们急需要换一个工作环境，想要通过跳槽创业以改变自己的现状。可以说创业是每个想要大显身手的年轻人藏在心里的一个梦。他们积极进取，斗志昂扬，指点江山，愿意在商业的战场上大展宏图。对他们来说创业好比一次朝圣，途中会经历高山大川、沼泽沙漠，要想到达目的地，必须历经磨难，必须有充分的准备。

有一个人和几个朋友去海滨旅行，行程中有钓鱼这项安排，于是几个朋友一起去购买钓具。商场里，这个人坚持要买一根重型的渔竿和线轴。朋友们开玩笑地说道："你是打算钓一条鲸鱼吧？"

他笑一笑，并不理会这些打击他信心的玩笑。

他们来到了海滨，一个朋友的渔线被挣断了，那人抱怨自己没有准备重一些的钓具。很快，这个人的线被拉紧了，是一条大鱼！半个小时后，他把战利品——一条30千克重的大家伙拖上了船！

人们都很佩服他，因为他向他们演示了一个道理：如果你想钓一条大鱼，那你要先准备好钓大鱼的工具。

只有准备好，才能钓到大鱼。跳槽创业也是如此，必须做好充分的准备。

有一些年轻人，他们对创业充满了幻想，认为创业是件容易的事情，以至于毅然辞去从事的工作，投入到创业的浪潮中，由于没有足够的准备，最后自己空手而归。创业需要充分的准备，贸然辞职创业只会以失败告终。

创业之初，要将困难估计得多一些。只有看清楚创业之路上的种种困难，才能做到战无不胜。要做好准备，就必须意识到以下两点：

1. 创业是个持久的过程，不可能一蹴而就

我们知道一个胎儿要在母体中待 10 个月才能出生，一本书要经历无数环节才能出版。创业也是这个道理，创业就像是马拉松，是一个持久漫长的过程，任何想速战速决的想法都是不切实际的。

2. 创业初期是艰辛的，我们必须清楚地意识到这一点

陈金飞的第一间办公室在京郊某乡。当时，他们把大通装饰厂建在那儿，是听说周围有大约 20 万块砖埋在地下。房子盖得很随意，根本没有设计图纸。就这样他们盖起了车间和办公室。办公桌是一个捡来的 40 厘米高的圆台，他们又找了一块木头钉了 6 个离地面只有 20 厘米高的小板凳，最奢侈的家具是一把捡来的老式竹椅。在这里他们接待了工商局的同志、税务局的同志和对他们企业感兴趣的许多客人，其中包括外商。

没钱买设备，他们就买钢材，边学边干，做出了台板印花机。创业初期，一切都是他们用自己的双手做出来的。

厂房设备有了，最大的问题是没有生意，他和工人都处于集体失业状态。当时陈金飞心里很着急，天天骑着自行车到处找活儿。那时可没少受委屈，很多客户一看他们都是年轻人，又是私营，客气的人不理你，不客气的人干脆把你轰出来。那种屈辱的感觉不亲身经历是无法知道的。但他们已经做好了心理准备，所以他们很快调整了心态并坚持下来。终于他们拿到了第一笔生意并取得了成功。

试想一下，如果陈金飞创业前没有做好创业是艰辛的心理准备，那么他们在遇到困难时能很快调整自己的心态，进入到下一个阶段中去吗？

跳槽创业是艰难的，创业初期更是如此，从决定跳槽自主创业的那天起，就要有充分的准备。

你在为自己的未来工作

一个人庸庸碌碌，在任何职位上都不会有所成就。如果你热爱自己的工作，认真对待自己所从事的岗位，对自己的工作认识明确，在工作中积极主动、最大限度地发挥自己的聪明才智，不管做什么工作都会取得成就。

谁也不想在得过且过、碌碌无为中度过自己的一生。如果想要达到自己希望的高度，就要从现在开始为自己的未来铺路，因为成功不是一蹴而就的，成长是靠一点点的努力积累起来的。从现在开始努力工作，为自己的未来工作，在你的工作岗位上不断积累，不断成长。

要实现心中的理想，就应该脚踏实地地工作，让自己在工作中慢慢成长，才是我们真正要走的道路。如果想"一步登天"，那只能是"痴人说梦"，而理想也就只会是梦想，永远不会变成现实，只有不断地在工作中学习、成长，才能丰满自己的羽翼，让自己飞得更高。

有的人会说，我对未来没有什么大的追求，也不想成就什么伟业。这样你就可以懈怠自己，对工作不认真了吗？不，你可以没有远大的目标，但是每个人都需要成长。谁也不想十几年后的自己回头看看走过的人生之路，都是在重复、原地踏步，成长才是最重要的。

任何一个优秀的员工都是从开始工作一点点成长起来的，不断朝着自己的理想努力，并逐步向更高更长远的目标前进，这样在工作中才会让自己充满活力。

在工作中成长才是最重要的，真正认识到自己是在为自己的未来工作的人，看重的是自己从工作中得到的收获，在工作中学到的知识和积累的经验，因为他们清楚这些都是自己事业大厦不可缺少的基石。

要想在工作中得到成长，首先要树立正确的观念——工作是为了自己的未来，成长才是最重要的。工作也是人生的存在形式，不管你在哪里工作、为谁工作，你首先是"工作"，把自己应该做的事情做好，然后才是为谁而工作的问题。其次要有正确的心态——为自己的未来工作而不是为老板工作的正确心态。

聪明的员工明白是在为自己工作，更是为自己的未来工作，因为成长才是最重要的。脚踏实地的耕耘者在平凡的工作中学到了知识，增长了能力，让自己逐步成长，最终实现了自己的梦想；而一心为他人工作的人，只能活在每天的迷茫和痛苦中，度过不愉快的一生。

吉姆在一家五金商店做售货员，最初时每周只能赚两美元。他刚开始工作时，老板就对他说："你必须掌握这个生意的所有细节，这样你才能成为一个对我们有用的人。"

"一周两美元的工作，还值得认真去做？"与吉姆一同进公司的年轻同事不屑地说。

对于这个简单得不能再简单的工作，吉姆却干得非常用心。

经过几个星期的仔细观察，年轻的吉姆注意到，每次老板总要认真检查那些进口的外国商品的账单。由于那些账单使用的都是法文和德文，于是，他开始学习法文和德文，并开始仔细研究那些账单。一天，老板在检查账单时突然觉得特别劳累和厌倦，看到这种情况后，吉姆主动要求帮助老板检查账单。由于他干得非常出色，以后的账单自然就由吉姆接管了。

一个月后的一天，他被叫到一间办公室。老板对他说："吉姆，公司打算让你来主管外贸。这是一个相当重要的职位，我们需要能胜任的人来主持这项工作。目前，在我们公司有20名与你年龄相当的年轻人，只有你工作踏实、认真、一丝不苟。我在这一行已经干了40年，你是我亲眼见过的3位真正对工作认真负责的年轻人之一。其他两个人，现在都已经拥有了自己的公司，并且小有建树。"

吉姆的薪水很快就涨到每周10美元，一年后，他的薪水达到了每周180美元，并经常被派驻法国、德国。他的老板评价说："吉姆很有可能在30岁之前成为我们公司的股东。他已经在工作中经过一步步的努力，积累了大量的知识，并以自己的实力得到可以升迁的机会。"

员工为老板打工，老板必须付给员工报酬，这是员工价值的一种体现。但是，除了工资之外，工作中还蕴含着许多对个人有用的知识。我们在工作中获得的报酬除金钱外，最大的收获就是经验，还有就是良好的培训、职业技能的提高和个人品德的完善。这些东西，如果我们在企业里工作时能很好地获得，让自己在获取知识、运用知识中成长，将会受益一生。这些无形的东西，都是为自己的未来做准备的，再多的金钱都买不来。

一位成功学专家曾经说过，一个人应该永远同时从事两种工作：一件是目前所从事的工作，另一件则是真正想做的工作。如果你能将该做的工作做得和想做的工作一样认真，那么你一定会成功，因为你正在为未来做准备，正在学习一些足以超越目前职位甚至成为老板的技巧。

当你拥有了为自己未来工作的心态时，你就会离自己的期望目标越来越近。

成功的关键不在学历，也不在出身和地位，就在我们从事的工作中。如果我们能够像吉姆那样，树立起为自己的未来打工的理念，在工作中不断学习和提升自己的业务素质，那么无论从事什么工作，我们都能找到让自己成功的机会。

二十几岁初出茅庐的年轻人多数找不到别人看上去很神气的职位，那么就不如安下心来，踏踏实实地从低职位做起。不要瞧不起低职位，没有低水平的工作，只有低水平的人。无论多么平凡的小事、多么平凡的职位，只要从头至尾认真对待，便是大事，便是成功。

做事情要拿出信心

很多年轻人刚工作不到 3 个月就会换工作，因为"我觉得自己做不好""这个工作和我当初想的不一样""我觉得工作的内容与我的专业无关"……一大堆的借口，本质上都是在掩饰自己的信心不足。信心就是力量。"信心"在人们的眼中也许还是一个老生常谈的词，人们习惯于在面试之前、求婚之前、面对没有把握的事情之前，拿出这两个字来给自己加油打气；在参加演讲之前、领奖之前、踌躇满志的时候，为自己呐喊助威；在挫折和失败面前，面对令人沮丧的现实，让自己拥有一根精神杠杆。

我们习惯了被"信心"鼓动，乐于接受它输送给我们的瞬间力量，却常常忽视了它的本义——错误地以为"信心"是一个随叫随到的朋友，而不是每时每刻自然而然地焕发，是扎根在内心深处的认知和能量。

不得不承认，大多数时候，是"信心"这两个字给了我们力量，而不是信心本身。缺乏信心的人太多太多，并不特指我们身边极少数内向、害羞、胆小的人，那些表面看上去强悍、镇定、春风得意的人，未必是自信的人。

在判定自己是否有信心之前，人们至少先要反思下面的问题：

你的目光是否经常闪烁不定？

你与别人握手的时候是否坚定有力，让对方感到被尊重？

你对于外界评价的重视程度是否在合理的范围之内？

你怀疑自己将梦想变成现实的能力吗？

你是否对别人的冒犯反应过激？

你能不能接受与他人的差距，能不能接受别人在某方面比自己好？

对于自己能力范围之外的事，你能否坦然处之？

对于自己的缺点，能否对你最重视的人承认？

在婚姻爱情方面，你害怕失去吗？

信心是无处不在的，信心是广义的，它不只与成功挂钩，人生的所有方面都与信心有关。而工作尤其如此。当你面临挑战的时候，信心会让你坦然地去接受挑战，而不是一味地退缩。

信心就像食物中的盐，只靠吃盐不能维持生命，但是如果没了盐，所有的菜都没有味道，人体会因缺碘而生病。如果没有信心，能力就会大打折扣；如果没有信心，美貌就会暗淡无光；如果没有信心，勇士也会畏缩不前；如果没有信心，行动就会游移不定；如果没有信心，爱情会变成折磨捆绑；如果没有信心，成功后面只是新一轮的迷惘恐慌……

信心不是无所不能的，但是没有信心，所有的好事都无法提高人的幸福感，所有的坏事都会变得更糟糕。

拿破仑在一次与敌军作战时，遭遇顽强的抵抗，队伍损失惨重，形势非常严峻。而他也因一时不慎掉入泥潭，弄得满身是泥，狼狈不堪。可此时的拿破仑却浑然不顾，内心只有一个信念，那就是无论如何也要打赢这场战斗。只听他大吼一声："冲啊！"

他手下的士兵见他那副滑稽模样，忍不住都哈哈大笑，但同时也被拿破仑的乐观自信所鼓舞。一时间，战士们群情激扬，奋勇当先，终于取得了战斗的最后胜利。

危急的困境没有变，人员和军备没有变，只因为有了乐观积极的心态，因为相信自己的力量，拿破仑带领的军队扭转了战局。

古人说："吾心信其可行，则移山填海如反掌折枝那么容易；吾心信其不可行，反掌折枝就难如登天。"有了信心，就有力量，信心的力量真是不可思议！

现代企业尤其需要自信，小到公司业务员外出签单、推销产品，再到公司老板接见权势人物，大到整个企业做大做强、上市集团化、实现成为500强企业的梦想，都需要坚定的信心来支撑。如果没有信心，公司业务员到市场中就很难签到单回来；如果没有信心，公司老板见到权势人物时就会底气不足、公关受挫；如果没有信心，企业就永远不会发展壮大，在市场经济的风浪中最终败下阵来，归于消亡。

一位哲人说得好："谁拥有了自信，谁就成功了一半。"高尔基也指出："只有满怀自信的人，才能在任何地方都把自信沉浸在生活中，并实现自己的理想。"古往今来，成功人士虽然从事不同的职业，具有不同的经历，但有一点是共同的：他们对自己都充满自信，由此激励自己自爱、自强、自主、自立。有了自信，就有了成功的希望。

从小插座到商业帝国的距离

松下幸之助是日本著名的企业家，被誉为"经营之神"，他创造的一套经营管理制度风靡全世界，有专家称赞松下幸之助是世界级的管理天才。由最初的只有3个人的小作坊开始，经历几十年的努力拼搏，发展成为现今享誉全球的松下电器公司，白手起家的松下幸之助创造了一个传奇。

松下幸之助第一份与电器有关的工作是在一家电灯公司当内线员见习生，做屋内配线员的助手。因为松下幸之助聪明勤奋，3个月后，年仅16岁的他就转为正式工。

在电灯公司做技术工时，松下就着手研究电灯插座的改良设计。最终的试验成品花费了松下的大量心血，但是却没有得到主任的肯定。这让松下非常沮丧，但松下也因此下定决心，必须研究出成功的产品。就在这时，松下被提拔为检察员，所以插座的事情也就搁在一边。检察员的工作非常轻松，但松下却无法忍受这种日子，因为他是上进心比别人强过几倍的热血青年。

在这种情况下，雄心勃勃的松下选择了辞职，决定另立门户，着手做自己充满信心的革新插座。但这并不是一件容易的事情，松下首先面临的就是资金问题。当时只有100元的松下连一台机器或者一套模具都买不起；第二个难题就是人手问题，最初他们只有5个人，松下夫妇和松下的内弟以及松下的两位同事；第三个难题便是场地；但创业中最大的问题是松下他们很少考虑的技术问题。松下虽然醉心于设计改良，但他一向所从事的还仅仅是修理和装配方面的工作，和制造没有多大的关系。他的两位同事也并不比他高明多少，至于妻子和内弟，就更是彻头彻尾的门外汉了。

这些困难都不是松下放弃创业的理由，凭着对技术革新的兴趣以及对未来事业的期待，同时也迫于资金、人手等条件的局限和压力，他们不得不亲自动手，开源节流，倒也克服了一些困难。

在革新的过程中，最难解决的便是插座外壳的材料问题。松下等人都知道那是一种合成材料，其成分大概是沥青、石棉、滑石粉一类的东西，但究竟是何比例、怎样合成，却毫无头绪。今天，这类的合成品随处可见，其配方和合成技术也大多进入了公用领域。可在当时，那是一种新型行业，不用说许多技术工艺还处在摸索阶段，就是已有的资料也被发明者视为绝对机密的技术资料。

但松下没有退却，他认为"不懂有不懂的好处"。因为，不那么了解当然也就没有什么顾忌，敢于试验，敢于往前闯。松下和他的几个合作者反复实验，找回一些生产此产品的厂家的材料加以分析，但进展还是特别缓慢。

就在为此一筹莫展之际，松下辗转得到一个消息，过去的一个同事正在研究这类合成品。于是松下立即前去请教，同事告诉他说：自己本来也准备搞电料制造一类的事情，可进行得很不顺利，合成的事情倒是知道一些。他把自己的研究心得很快就告诉了松下，并给予了详尽的讲解。这时候，松下才知道，自己的方法和正确的工艺相当接近，只差一点诀窍而已。经过进一步摸索，虽然技术还欠缺一点火候，但已经八九不离十了。

材料的合成技术得以解决，剩下的金属片等问题也就迎刃而解。两个月之后，第一批改良插座制造出来了。一直充满自信的松下此时也不免犯难起来，因为他们不仅是技术门外汉，对于销售也是一无所知。给插座定价成了第一个问题，他们商量带着样品找电器行老板看看，然后再做决定。

销售的结果令松下他们非常沮丧，但他们不愿就此放弃。在以后的十几天内，他们带着插座几乎跑遍了整个大阪市的大街小巷，总算卖掉了100多个，收入只有10元。在这种情况下，大家知道，这种新插座并不符合市场要求，只能放弃了。要想继续维持下去，只能以新产品代替这种插座。但新产品的开发谈何容易，看来只能在已有的基础上，再对插座进行改良。但要进行改良，必须要有资金投入。可一提出这个问题，大家都不免有些尴尬。花了近4个月的时间，收入不过10元钱，连本钱都没有捞回来。

这种情况下，不要说无法筹集重新设计制作的资金，就是大家的生计也都成了问题。因为大家毕竟都是拖家带口的人，薪水多少倒不要紧，可是总得有饭吃呀。而且，新插座能否成功，还是个未知数，这样的改良不能不让人担心。没有具体计划，没有资金，也没有薪水的保证，松下的两个同事深感为难，便退出了。这样一来，就只有松下的妻子、内弟和松下3个人坚持经营下去。

松下认为，他们辛辛苦苦走到这一步，不能半途而废，他深信这项工作的前景无限光明，所以他们咬着牙一路坚持下去。在创业的艰难过程中，松下便把自己和妻子的衣服首饰等物送进当铺来维持生计。

55年后的一天，已功成名就的松下偶然从住宅的仓库里保存的一包旧文书中发现一本年轻时典当衣物的账册，依据账面上的记载，从1917年4月13日到1918年8月止，他共有十几次将他夫人的衣服、首饰等物送进当铺。这一本账册，把松下当时生活之困窘、事业之艰难，生动地记录了下来。

松下说："经营事业，不论遭逢何种困难，都要如俗语所说：'忍耐吧！忍耐吧！'如果一个人能忍耐到底，即使他的计划不能成功，但随着周围情势的转变，也会有新的出路；或者别人看到他坚毅的精神，使他们内心感动，从而向他伸出援助之手。此时，纵使事情未能照他的计划进行，也仍然能够达到预期的目的。"基于这样的人生哲学，松下一直坚持着。

松下经过苦苦的忍耐，事情的转机终于出现了。先前他们卖出的100余个插座出现了一些电器商的货架上，一家制造电风扇的公司在商店见到后，对它的外壳合成材料表示很感兴趣，并向松下订购1000个用这种合成材料制造的电风扇底盘。订货商对松下说："你的这种材料，看来比较适用于做电风扇的底盘。我们先订1000个，请尽快送样品过来。如果好的话，以后每年两三万个订货不成问题。"这张订单对处在困境中的松下来说，简直是恩赐。因为时间紧迫，他便放下了插座的改良，专心做电风扇底盘，以便能在对方要求的时间内交货。

为了抓住这个机会，他们拼命地工作，做好的样品也让对方感到满意。当时他们干活的人只有3个，设备也只有模压成型机和加热原料用的锅。妻子做一些后勤工作，内弟井植帮忙做磨光等杂务，压型则主要由松下来完成。他们每天做100个左右，终于如期地把1000件订货交齐了。他们因此得到了160元的货款，扣除成本，净剩80元左右，这是松下创业以来的第一笔收入，其欣喜之情溢于言表。

电风扇厂商经过使用后，得出的结论是："合成材料的底盘和其他部分配合，情况良好，形成定案，继续订购。"接着他们又向松下交付了 2000 个的订单，松下的经营状况逐渐转好。1917 年 7 月，松下创办了自己的工厂，到年底，有了初步的收获，由此奠定了事业的基础。

松下创业之初，资金短缺、人手不够、不懂技术、不会销售等，一路磕磕绊绊，曾一度深陷困境的谷底。但是他并没有失去信念，而是用排除万难的勇气和魄力坚持了下来，一路披荆斩棘，终于获得了成功。

第五章

二十几岁你不理财，三十几岁财不理你

普通收入的你，到退休也能攒100万！"我的工资这么低，怎么理财都不可能成为富翁。""我还年轻，30岁之后再考虑理财也不晚。""为了多赚钱，我必须努力搞副业、做兼职。""为了增长500元的工资，我决定跳槽。""只要投资就能成为有钱人。"二十几岁的你，将这些"理所当然"的想法从头脑中删除吧，它们会啃噬掉你的美好未来。

人喜欢与喜欢自己的人在一起，钱也一样

法国著名的思想家罗曼·罗兰曾说："人不能光靠感情生活，人还靠钱生活。"金钱使人成为人，没有钱，你将会失去做人的基本自由。

美国著名作家泰勒·希克斯在其所著的《职业外创收技巧》中指出，金钱可以使我们在12个方面生活得更美好：物质财富，娱乐，教育，旅游，医疗，退休后经济保障，朋友，更强的信心，更充分地享受生活，更自由地表达自我，激发你取得更大成就，提供从事公益事业的机会。

事实上，人类社会发展的历史也已经说明：金钱对任何社会、任何人都是重要的。随着现代社会的不断发展，人对物质享受的要求不断提高，在现实生活中，我们每个人都得承认，金钱不是万能的，但没有钱却又是万万不能的。

再没有比腰包鼓鼓更能使人放心的了。或者银行里有存款，或者保险框里存放着热门股票，无论那些对富人持批评态度的人怎样辩解，金钱的

确能增强凭正当手段来赚钱的人的自信心。成功学大师拿破仑·希尔曾说："口袋里有钱，银行里有存款，会使你更轻松自在，你不必为别人怎么看你而过多忧虑。如果有人不喜欢你，没关系，你可以找到新的朋友。你不必为几百块钱的开销而操心，你可以潇洒地逛商品市场，自由地出入大酒店。"

通常在年轻人的聚会上，一旦有人说爱钱，其他人会鄙视其为俗人，甚至还不忘记加上一句："钱这东西生不带来，死不带去，你要那么多钱干吗？真俗！"可是，几年过去了，这些所谓的"雅人"依然和父母住在一起，为每个月的生活费发愁，为孩子上学的学费发愁。而那些"俗人"却已经开上了自己的车，住上了自己买的房。看到这些，那些自诩为"雅人"的人还会说人家俗吗？

金钱是我们生存的保障，同时也代表着我们的自信和尊严，那么我们可以大胆地撕下一切伪装，毫不掩饰自己对它的热望。及早认识这一点，可以最大限度地调动一个人的聪明才智。"贫穷最高"尚这种思想观念，只是在特殊条件下，人无法走向富足的一种安慰剂，随着时代的发展已失去了它存在的价值。

美国钢铁大王卡内基曾经说过："贫穷是无能的表现。"此话也许显得有些绝对，但现实生活就是随着年龄的增长，结婚置业、赡养父母和抚养后代的责任会随之而来，钱在生活中越来越不可或缺。对于二十几岁的年轻人来说，要想赚大钱，第一步就是先改变思想，尤其是思想中对金钱的负面联想必须先消除，要建立对金钱的正面联想，这是每一个有钱人都做得到的事。像有钱人一样思考，才会有和他们一样的结果。

人喜欢与接受他的人在一起，钱也是一样，你不断地想它不好、排斥它，它就不会来找你。而如果你热爱钱，也非常珍惜钱，就能保留自己已获取的财富，通过正确的理财方式，自然会成功地致富。

"月光族"看似潇洒，其实并不光彩

随着生活水平的改善，琳琅满目的商品和光怪陆离的各种消费场所诱惑着都市中一颗颗年轻的心，从而催生了很多都市"月光族"。什么是月光族呢？月光族指将每月赚的钱都用光、花光的人，所谓"洗光、吃光，身体健康"。同时，也用来形容赚钱不多，每月收入仅可以维持每月基本开销的一类人。"月光族"是相对于努力攒点钱的储蓄族而言的。月光族的口号是挣多少花多少。

"月光族"一般都是二十几岁的年轻人，他们与父辈勤俭节约的消费观念不同，喜欢追逐新潮，追求名牌服饰，只要吃得开心，穿得漂亮，想买就买，根本不在乎钱财。

小赵大学毕业两年，月收入4000元，吃饭、谈恋爱、租房子七七八八算下来，月月库存为零。经济学专业毕业的小赵空有一肚子理论，但无奈"巧妇难为无米之炊"，"没财可理！"小赵说。两年下来，虽然日日朝九晚五、辛苦打拼，但小赵仍然是个身无分文的月光族。

小赵的同学小王工作第一年，月收入3000元，每月按时在银行存上500元，一年下来，小王存款6000元。"6000元有什么用？"小赵很不以为然。然而到了第二年，当小赵还在抱怨身无分文时，小王的存款已经过万。由于手中握着上万元资金，小王感到"钱生钱"有了可能，开始留意着怎样让自己的资产增值。

像小赵这样的年轻人随意花钱的做法，看似潇洒实则既不利于个人事业的发展，也不利于今后家庭生活的美满。因此，养成良好的花钱习惯是十分必要的。在这里提几点建议，以供参考。

1.计划经济

对每月的薪水应该好好计划，哪些地方需要支出，哪些地方需要节省，每月做到把工资的三分之一或四分之一固定纳入个人储蓄计划，最好办理零存整取。储额虽占工资的小部分，但从长远来计算，一年下来就有不小的一笔资金。储金不但可以用来添置一些大件物品如电脑等，也可作为个人"充电"学习及旅游等支出。另外，每月可给自己做一份"个人财务明细表"，对于大额支出，超支的部分看看是否合理，如不合理，在下月的支出中可做调整。

2. 自我克制

年轻人大都喜欢逛街购物，往往一逛街便很难控制住自己的消费欲望。因此在逛街前要先想好这次主要购买什么和大概的花费，现金不要多带，也不要随意用卡消费。做到心中有数，不要盲目购物，买些不实用或暂时用不上的东西，造成闲置。

3. 投资基金

"月光族"们现在还年轻，可是终究要面临养老的问题，所以应该未雨绸缪，为养老做准备。将每月的结余用来投资基金是最好的选择。一方面，基金滚雪球式的复利增长能给其带来丰厚的回报，让其摆脱"负利率"时代通货膨胀对资金的蚕食；另一方面，投资基金比做股票等风险投资要稳妥，因为基金采取的投资组合方式可以规避股票市场的风险，使其养老金不会因为股价的大幅下跌而打水漂。此外，基金由专家操作，投资者可以不用花费太多的精力。

4. 强制储蓄

根据惯例，"月光族"每月至少应该将收入的三分之一用来储蓄。虽然储蓄的收益低，但必须有一笔机动款项来应付个人的日常开支。这笔钱可以分成两份：一部分存成半年期定期储蓄，一部分存成活期储蓄。这样，既不影响日常开销，又会最大限度地增加利息收益。假定某人年收入为9万元，如果从中拿出三分之一储蓄，一年就能储蓄3万元，加上利息收入，可以达到3万余元，如果连续坚持5年，就可以攒足15万元以上的资金。

5. 坚持记账

很多人认为"钱是挣出来的，不是攒出来的"，这似乎是很有道理的话，但只说对了一半。"不积细流无以成江海。"广开财源自然是好事，但能够节流可以更主动地把握住今天有限的资源。而要想控制住自己的消费，达到节流的目的，记账就是最基本最有效的方法。通过记账的方法，你就能知道自己每个月的钱到底都用到什么地方去了，什么是应该花的，什么是可花可不花的，而不用像以前那样每个月钱花光了也不知道是怎么花了的。此外，采用记账的方法可以时刻提醒你已经花了多少了，至少不会入不敷出。也许刚开始你也不会有多少节余，但只要你能够坚持，你会发现钱慢慢地花得少了，节余也自然而然地多了起来。

理财趁年轻，早理财早受益

年轻人一般工作时间不久，刚开始踏上工作岗位，大多数人的收入都比较低。由于年轻人活泼好动，难免经常和同学、友人聚会玩乐，或者开始恋爱。因此，花销较大就不可避免了。

也就是说，一个人从踏上工作岗位起，就应当学会理财了。正如理财专家所提示的，年轻人理财一开始并非是以投资获利为重点，而要以积累资金及经验为主导。

其实，理财的过程，也就是我们每个人把那些金融工具以及相关技术串联起来，参与、实践和完成财富积累的过程。

在年轻人当中，不乏这样的一群人，他们学历高，专业热门，毕业后找到了好工作，每个月工资至少万儿八千。所以他们觉得没必要理财，节流不如开源。

其实，这种随性对待自己钱财的态度看似自在潇洒，实际上还是因为没有遇到不可预期的风险。一旦遇到了问题，他们就会发现，目前的这种理财观念是行不通的，它会让你在缺乏有效防御的前提下，将自己暴露在风险之中，遭受挫折或损失。

学会理财，总有一天你会收到意外之喜，或者庆幸自己当初的明智之举。刚刚有收入的年轻人，一定要培养自己的理财意识，收入高的多做一些安全的投资，收入不理想，就少做一点儿，但不能不做。

人生中，永远存在着各种风险。而长期理财的好处，就是未雨绸缪，积极地防御，就是制订合理健康的财务规划，把风险控制到可以接受的程度。

即使在目前，你的工资已经远远高出同龄人，暂时不必担心生计问题。但是要知道，随着时间的推移，你可能会面临买房、结婚的事情甚至以后养育子女的问题，面对这一大笔即将到来的支出，如果不及早做打算，到用钱时怎么办？其实，所有这一切不可预期的意外，只要你在平时有足够的风险意识，未雨绸缪，遇到问题时可能就会是另一种结果。

邢欣刚毕业就进入一家大型广告公司，拿的薪水和福利待遇是让同龄人都羡慕不已的。邢欣花钱大手大脚，从来没有理财的概念，所有存下来的钱，一概扔在工资卡里就不闻不问了。邢欣眼看着工资卡上的钱越来越多，就觉得这样处理钱就已经很安全了。至于那些股票、基金之类的东西，在邢欣看来都是不实用的，说不定还会有什么风险把原有的积蓄给搭进去，哪有老老实实放在银行里安全。

时间很快就过去了，几年后，许多投资理财的同事在新一轮的牛市中，理财收益都在10%以上，加上他们原有的存款，可以让他们轻轻松松地交付房子的首付款。所以很多人都纷纷开始计划着购房置业，而邢欣的存款却只能保证他在几年之内衣食无忧而已，直到这时邢欣才发现，自己和其他人相比，已然输在了起点上。

理财的最佳方式并不只是追求高超的金融投资技巧，更重要的是要掌握正确的理财观念，尽早开始，并且持之以恒。

我们一直在强调一个观点，就是理财一定要尽早开始。许多年轻人有可能会觉得由于刚刚步入社会，用钱的地方很多，存钱理财有难度，还不如等将来工作比较稳定时再开始。这种想法是不正确的。

小王和小李两个人都是每月存1500元，只是小王比小李早存了一年。那么在20年后，如果以5%的投资回报计算，小王可以拿到大概616550

元；而小李因为晚做了一年，只可以拿到 569020 元。他们回报的差额是多少呢？ 47530 元。这已经远远高于两个人相差一年的投资额 18000 元，这就是复利的魔力，每次投资的收益都可以作为下次投资的本金，年限越长，收益率越高，复利的效果就越明显，两者的差异会更大。

早些行动是最佳之计，再说年轻时的储蓄能力其实并不会低于年长时，毕竟没有太多的负担，主要是看自己如何规划。要知道，拖延时间就是拖延累积财富。

别拿钱不够花当不理财的理由

许多年轻人在谈到理财的问题时，经常会说："我没财可理。"尤其是刚毕业参加工作不久的年轻人更是如此。他们经常会说："等我有了钱以后再去考虑投资的事吧，我现在可没有那么多闲钱。""等我有了 10 万元再去投资也不迟，现在多多赚钱才是最重要的。"

对于这样的见解，理财专家们相当不以为然。他们的理由是，虽然青年人投资理财的资金不足，但是却有充裕的时间和学习的能力，股市有一句话叫"以时间换空间"，越早进入投资领域，个人资产增值的空间也就越大。所以千万别拿钱不够花当不理财的理由。

目前收入还不算太丰厚的年轻白领，偏偏又是有最多的物质需求的一群。买房子、买汽车、买时装，以及每年的出外旅游度假对他们都有极大的吸引力。这样算下来原本还不算少的收入就显得太不够用了。就像我们常说的那样，他们"挣得多，花得更多"。

这些年轻人对自己的经济状况总是怀着这样的错误认识，"等我升职做了××，我就会有钱了"，"等我月收入到了××元，我就有钱了"。但是，实际情况却是，随着工资的增加，他们的消费水准也在不断地攀升，储蓄没增加多少，各种负担却增加了。

二十几岁的小王本科毕业，工作刚满半年，月收入是 2400 元；25 岁的小刘专科毕业，工作三年，月收入 1500 元。按常理小王每月收入比小刘多，他应该比小刘"更具备理财的条件"。事实真是这样的吗？他们两个人均是每月月初单位开支，结果半年后，小刘存下了 3300 元，小王只存下了不到 600 元。

小王在衣食住行上的开销都要高出小刘，除去这些基本消费，在旅行、健身、购置自己喜爱的电子产品方面还有一大笔支出，粗略算下来，基本消费加上娱乐消费，小王的 2400 元月收入所剩无几。而小刘虽月收入不高，但一切从简，基本消费只有 800 元，又没有抽烟、喝酒等其他嗜好，喜欢看书，每月花 100 元左右买书。这样算下来，小刘每月的开销大概在 900 元，半年能节余 3600 元，除去一些别的开销，小刘半年下来存了 3300 元，之后他又把其中的 3000 元转成了一年期定期存款。

其实比小王收入低得多的大有人在，一样能理财。千万不要告诉自己"我没财可理"，要告诉自己"我要从现在开始理财"。只要你有收入就应尝试理财，这样才能给自己的财富大厦添砖加瓦。

李涵大学毕业一年多了，在一家汽车零部件公司上班，月薪 3500 元，不算多也不算少。自从他工作后，虽然没有再问向家里要过钱，但是也从没给家里寄过钱。银行卡里常常是一分不剩，典型的月光族。一年下来，他连买个新手机的钱也拿不出来。后来，他去工厂时了解到，厂里不少工人每个月 1000 多元的工资，每年都能存下几千块钱，多的还有上万元的。

李涵自叹工资不高："就这么点钱，又不是有钱人，需要理什么财啊。每个月底都用光了，哪里有钱再去投资什么呢。"那么，是不是没钱就不要理财了呢？错！有钱人要理财，没钱的人更要理财。

刚毕业的年轻人，大多数人的工资的确都不算太高，能够不依靠父母，自食其力就已经相当不错了，要是再从本来就捉襟见肘的那点可怜的工资中拿出一部分来用作理财的话，听上去确实有些勉为其难。

但是，理财在很大程度上和整理房间有异曲同工之处，一间大屋子，自然需要收拾整理，而如果屋子的空间狭小，则更需要收拾整齐了，才能有足够的空间容纳物件。我们的人均空间越是少，房间就越需要整理和安排，否则会凌乱不堪。同样，我们也可以把这个观念运用到个人理财的层面，当我们可支配的钱财越少时，就越需要我们把有限的钱财运用好。

不要说，理财是有钱人的事；也不要说，理财是高学历、商人的事；更不要说，理财是中老年人的事。其实，理财面前人人平等。

年轻人由于经济和阅历等方面的原因，大可不必像中年人那样，一定要靠理财达到一个很高的财务预期。但是，作为来日方长的年轻一代，最起码的理财意识是一定要有的。尤其是刚步入社会的时候，培养正确而有效的理财意识会让自己终身受益。

别让自己掉进信用卡透支的陷阱里

作为追求享受的年轻一代，在消费中难免有捉襟见肘的时候，支取以前的定期存款会造成利息损失，开口向朋友借又不好意思，这个时候如果有一张可以透支的信用卡，便可以解燃眉之急。

但是不是信用卡透支额越高越好呢？答案是否定的，高透支额不利于风险控制。信用卡透支的额度越高，持卡人面临的风险往往就越大，所以，在申请透支额度时，应根据自己的情况申请，够用即可，切莫盲目求多。

大一的时候，王琳拥有了自己的第一张信用卡。那是一张可以透支200块钱的信用卡，因为透支额度不大，所以她从没用过这张卡透支。到大二的时候，王琳在学校里看到了另一家银行设立的办卡点，正在以免费赠送礼物的形式推销信用卡。看到礼物很精美，王琳又办了一张卡。因为这张卡能透支1000元，喜欢逛街的王琳就开始刷卡购买一些小东西。那时候她还没有后来那么"大手大脚"，只是购买些化妆品、服装。最困难的时候，也就是每月还银行100来块钱。真正成为"卡奴"是在大三下学期。

那一年，王琳打算买台电脑，正好看到一家银行的宣传资料，称办卡可以分期付款购买电脑，她就又办了一张。"当时我觉得一个月还的钱不多，就办了一张卡，接着就去辽宁路买了一台电脑。"王琳说。这台电脑让她每个月背上228块钱的"卡债"，分24个月还清。除了分期购买电脑，刷顺了手的王琳已习惯了透支购买其他用品，现在，王琳平均每月要还将近400块钱的债，成了众多"卡奴"中的一员。

时下，各家银行均在大力推广信用卡业务，并且竞相推出各种优惠举措。很多年轻的上班族认为信用卡和无息贷款一样，于是争相办理，甚至还以多开收入证明的方式来增大自己的信用透支额度，认为透支额度越高，使用才越方便，才越显示其身份。其实，这些观点都是很危险的，信用卡的透支额度并非越高越好，有专家指出，使用信用卡应注意以下几个问题。

1. 不要通过信用卡透支进行风险投资

很多年轻的持卡族，用信用卡透支或通过消费方式套取现金，然后进行炒股、买股票基金等风险性投资。这些投资往往风险较大，投资界有句老话叫"不要借钱炒股"。因为用自己的钱炒股，最多把本钱输掉，而透支"借来"的钱不但可能赚不到钱，还有可能背上一身债务，风险实在太大了。

2. 信用卡不是借贷专用工具

信用卡只是作为一种临时消费的借贷资金，为持卡人提供透支功能，以解决持卡人的燃眉之急，并非鼓励持卡人把信用卡当成贷款。持卡人如果需要信贷资金，可以直接向银行申请信用贷款或抵押贷款，这样可以享受国家的标准利率。

3. 不要用信用卡存钱

有些年轻人觉得每月还款麻烦，或怕到期忘记，索性提前打入一笔大款项，让银行慢慢扣款。这是一个认识上误区。除非即将发生的消费大于透支限额，否则最好不要在信用卡里存放资金。按照银行的规定，信用卡账户内的存款是没有任何利息的。信用卡提取存款时需要支付提现手续费，境内提现手续费为取现金额的 1% ~ 3% 不等，最低 2 元，最高 50 元。因此，持信用卡取款时，应坚持"用多少取多少"的原则，如果持卡人透支取现，不仅要支付提现手续费，而且还需要每天 5 ‰的透支利息。

4. 不要办理多张信用卡

很多年轻人办一大堆信用卡，享受提前消费的快感，却不知道"一人多卡"可能带来的风险。首先，银行对透支的利息定得很高，并且是按日计算，用卡人一旦透支过多，无力偿还，就将面临"利滚利"的窘境。其次，信用记录是带"污点"的。每张信用卡的还款期不同，如何牢记信用卡还款日及时还款，成为许多持卡人头疼的一件事。拖欠信用卡透支款会给自己留下不良的信用记录，给今后的生活带来不利影响。再者，每张信用卡必须使用到一定次数才可免交年费，持卡人手中的卡越多，就越难管理，其中一些卡可能从来都用不着，成为"睡眠卡"。

不要花明天的钱做今天的事

年轻人消费观念越来越超前，胆子也越来越大。据一项对都市青年的调查显示，有 57% 的人表示"敢花明天的钱"。这些乐于负债消费的"负翁"都有着共同的特点：年轻、学历高、收入稳定，并且对未来有着较高的预期。

步入"负翁"一族的年轻人，尽管提前享受到了拥有丰富物质的幸福生活，但同时贷款压身的巨大压力也接踵而至。一些人甚至表示，为了不出现债务危机，他们所有的精力都必须放在赚钱上，个人的自由、劳动、时间都受到了束缚，成为负债消费的奴隶。

每个月领薪水的日子是上班族们最期盼的日子。这些年轻的白领盼星星盼月亮，终于盼到了有钱用，自然是非常高兴。

他们经常是发完工资没几天就又盼着发下个月的工资了，因为薪水发了没几天就用光了，严重的甚至入不敷出，有的甚至还要大借外债。今天的钱不知道怎么就花没了，居然要花明天的钱来填补这个巨大的无底洞。

月初领薪水时，钱就像过节似的大肆挥霍，月末时再苦叽叽地一边缩衣节食，一边盼望下个月的领薪日快点到，这是许多上班族的写照。

面对这个消费的社会，物欲横流，要想拒绝外物的诱惑当然不是那么容易，但年轻人一定要对自己辛苦赚来的每一分钱负责。要具有完全的掌控权，要先从改变这些理财的不良习惯下手。以下是几点建议：

1. 制定出适合自己的预算

首先，把你这一年里固定的开销列出来——房租、食物预算、利息、水电费、保险金。然后计划你其他的必要开销——衣服、医药费、教育费、交通费、交际费等。拟订计划需要决心、家庭合作，有时候还需要严谨的自制力。我们必须决定什么东西对我们最重要，而牺牲掉最不重要的东西。为了拥有一个舒适的家，你可能得放弃买昂贵的衣服，但为了一套你必须拥有的衣服，你可能就得牺牲你的空调了。每个人的情况都不相同，所以这必须由你和你的家人来做决定。

2. 学会积累

工资一发下来，首先不要想怎样花掉它，而要想办法储蓄。每个人都知道，小钱可以攒成大钱。但要实行，就有困难了，这需要持久的毅力和不变的决心。如果你把每年收入的 10% 储蓄起来，虽然物价高昂，或在经济不景气的年头，不到几年你就可以获得经济上的舒适。请注意，即使当你非常需要钱用的时候，也尽量不要动用储蓄的钱，这对于你长期维持储蓄的计划十分重要。

3. 留一笔紧急备用的资金

每个人、每个家庭都会遇到紧急的事件，这些事件又往往需要一大笔钱。大部分的预算专家都劝告每一个家庭，至少要存下 1 ~ 3 个月的收入，用于紧急事件。不要试着存太多的钱，不然你将难以保持，结果是根本就存不了钱。不如固定地存上一点儿，效果会更好。

如果你从没有做过预算，就应该马上开始学习如何处理家庭财务的预算问题。"金钱并非万能"，这句话可真不错。但是，如果知道如何聪明地处理你的金钱，就可以给你的事业和家庭带来更多的心境上的安宁、幸福与利益。

年轻人经常是固定的收入不多，但花起钱来每个人都有"大腕"气势：身穿名牌服饰，皮夹里现金不能少，信用卡也有厚厚一叠，随便一张都可以刷，获得的虚荣心的满足胜于消费时的快乐。

要改变"今天花明天的钱"的不良习惯，首先要有理财的意识。要了解理财，明白理财的重要性，要认识到自己之所以寅吃卯粮，是因为没有树立起理财的观念，没有适时消费、为以后的生活做准备的意识，一切都是走到哪儿看到哪儿，有一天的钱花一天的钱，甚至是今天花明天的钱，这种混乱的生活方式和态度决定了你的财务状况一团糟。

理财最打动年轻人的地方，是它可以让人合理、长远地规划自己的人生，将财富与理想结合起来，让自己的人生更加稳定和健康。树立理财意识，财神就降临在日常生活中，因为理财是规划你的财务甚至你整个生活的一种观念、一种技巧、一门学问，甚至还是一门艺术。有了理财的观念，养成理财的好习惯，就不用在钱的问题上焦头烂额，甚至可以试试当债主的感觉，当然这是后话。

坚决不做"啃老族"

"啃老族"已经不是一个新鲜名词了，引起了整个社会的关注，也已经引起过很多网友的讨论和探索。"啃老族"也叫"吃老族"或"傍老族"。他们并非找不到工作，而是主动放弃了就业的机会，赋闲在家，不仅衣食住行全靠父母，而且花销往往不菲。"啃老族"是年龄都在 23 ~ 30 岁之间，并有谋生能力，却仍未"断奶"，得靠父母供养的年轻人。社会学家称之为"新失业群体"。

曾有一谜语形象生动地刻画出这帮"啃老族"的生活状态，说的是"一直无业，二老啃光，三餐饱食，四肢无力，五官端正，六亲不认，七分任性，八方逍遥，九（久）坐不动，十分无用"，而谜底就是"啃老族"。

据有关专家统计，在城市里，有 30% 的年轻人靠啃老过活，65% 的家庭存在啃老问题。"啃老族"很可能成为影响未来家庭生活的"第一杀手"。

小周是 2005 年毕业的，他毕业的时候，当过一段时间"啃老族"。因为他不是找不到工作，而是不愿意工作，嫌工作压力大，就辞职了。在家里当起了"啃老族"，啃他老爸和老妈的那点工资。其实，小周的家境并不好，但是，小周觉得自己还没长大，不愿意一毕业就离开那个给他无私支援的家。

虽然小周的爸爸妈妈认为，这是周瑜打黄盖——一个愿打，一个愿挨，但是刚开始闲着在家那段时间，小周的心理压力很大。因为在外人看来，毕业了有工作不工作，还去啃老爸老妈的那点工资，实在是不像话。小周也试图出去找工作，但他要求月薪必须在 4000 元以上，低于这个工资他都不愿意干。但是他找了一段时间后，却发现用人单位开出的工资都没有他期望的高，于是，他干脆放弃了找工作，心安理得地当起了"啃老族"。

当了 4 年的"啃老族"，小周的爸爸妈妈也觉得经济压力太大，就劝小周去找工作。小周却似乎已经习惯了啃老的日子，常常以金融危机影响，工作不好找为借口，继续心安理得地依靠父母生活。

养儿防老，是我国的传统家庭价值观。从某种程度上来说，父母对孩子的养育是一种投资，到达一定阶段后就可以收到回报。但随着就业压力的增大，以及独生子女逐渐成年，"啃老族"的队伍在扩大。"啃老族"们应该意识到，给父母造成了极大经济压力的同时，长期的失业，将离社会就业群体越来越远。只怕等到父母有心无力，"啃老族"不得不面对现实之时，悔之已晚。

所以，作为"啃老族"的年轻人，应该认清自己的状态，多为父母着想，为自己未来的生活好好打算一下，务实地找到自己的位置，真正实现自身的价值。逐步脱离"啃老族"，开始崭新的生活。

第六章

跟自己竞争，与别人合作

如果你初入社会，声称自己厌恶尔虞我诈的竞争，想要找一处世外桃源修身养性，那么你实在是犯了一个巨大的错误。因为，竞争就是成年人成长的课堂，在竞争中你会更加了解自己，更加知道自己的本性和能力。一个没有真正投入到战争中的人，没有评价战争的资格；同样，一个没有经历过竞争洗礼的人，永远也不要对竞争的社会妄做评价。

畏惧竞争等于拒绝成功

挪威人非常爱吃沙丁鱼，渔民们如能将活的沙丁鱼带到市场，不仅能吸引人们竞相购买，而且还可卖出高价。为此，渔民们想尽办法延长沙丁鱼的生存时间，却总收不到显著效果。然而有一艘渔船却让沙丁鱼成功地活了下来，由于该船长对此秘而不宣，外人一直不知其做法。直到他死后，秘密才被揭开，原来他在鱼槽里放了一条大过沙丁鱼几倍的鲇鱼，沙丁鱼放入鱼槽后，发现了鲇鱼，非常紧张，于是左冲右突，跳跃不停，这么一来，沙丁鱼活蹦乱跳地被运回了渔港。

这位船长的秘密就是将沙丁鱼置于危险的环境中，让它们产生压迫感，有了压迫感就有了活力。人类也一样，需要有危机意识，有了紧迫感才有动力。因此我们应该把自己投入到竞争中去，在竞争中追求进步。

社会心理学家曾经做过一个关于骑自行车的有趣的实验，得到了这样的实验结果：单独一个人骑车时，平均时速为 25 千米；有人跑步伴随时，平均时速为 31 千米；和其他人骑车竞赛时，时速为 32.5 千米。心理学家认为，造成这种巨大差距的原因，就是他人的存在导致了竞争，因竞争而提高了效率。

竞争可以激发一个人的潜能和创造力。

海湾战争之后，美国军方提出了战争状态下士兵的生存能力比作战能力更为重要的全新理念。于是一种被称为"艾布拉姆"式的 M1A2 型坦克开始陆续装备美陆军，这种坦克的防护装甲在当时被称为是世界上最坚固的装置，它可以承受时速超过 4500 千米、单位破坏力超过 1.35 万千克的打击力量，而这种力量被美方武器专家形容为"可以轻易地将一只球捧送上月球"。那么，M1A2 型坦克这种品质优异的防护装甲是如何研制出来的呢？

乔治·巴顿中校是美国陆军中最优秀的坦克防护装甲专家之一，他接受研制 M1A2 型坦克装甲的任务后，立即找来了一位他的"冤家"搭档——毕业于麻省理工学院的著名破坏力专家迈克·马茨工程师。两人各带领一个研究小组开始工作，所不同的是，巴顿带领的是研制小组，负责研制坚固的防护装甲；迈克·马茨带领的则是破坏小组，专门负责摧毁巴顿已研制出来的防护装甲。一场破坏与反破坏的竞争就此开始了。

刚开始的时候，马茨带领的小组总是能轻而易举地将巴顿小组研制的新型装甲炸得粉碎，失败后的巴顿小组接受教训后进行改善。如此反复多次，随着时间的推移，一次一次地更换材料、设计方案，终于有一天，马茨破坏小组使尽浑身解数也未能奏效。于是，世界上最坚固的坦克在这种近乎疯狂的"破坏"与"反破坏"试验中诞生了，巴顿与马茨这两个技术上的"冤家"也因此而同时荣获了紫心勋章。巴顿中校事后说："事实上问题是不可怕的，可怕的是不知道问题出在哪里，于是我们英明地决定'请'马茨做欢喜冤家，尽可能地用激将法迫使他帮我们找到问题，从而更好地解决问题，这方面他真的是非常棒，帮了我们大忙。"

巴顿无疑是英明的，他将自己置于竞争的环境当中，让竞争来激发自已的潜能和创造力。如果没有破坏力专家马茨的压迫，可能巴顿也研制不出 M1A2 这种在当时被称为世界上最坚固的防护装甲。

竞争有利于我们激发精神力量，所以我们应该培养一种竞争意识，用积极的心态去面对竞争。

1860 年，林肯当选为美国总统。有一天，银行家巴恩到林肯的总统官邸拜访，正巧看见参议员萨蒙·蔡思从林肯的办公室走出来。于是，巴恩对林肯说："如果您要组阁的话，千万不要将此人选入您的内阁。"林肯奇怪地问："为什么？"巴恩说："因为他是个自大成性的家伙，他甚至认为自己比您伟大得多。"林肯笑了："哦，除了他以外，您还知道有谁认为自己比我伟大得多？""不知道，"巴恩答道，"不过，您为什么要这样问呢？"林肯说："因为我想把他们全部选入我的内阁。"

事实证明，巴恩的话是对的。蔡思果然是个狂态十足、极其自大，而且妒忌心极重的家伙。他狂热地追求最高领导权，本想入主白宫，不料落败于林肯，于是只好退而求其次，想当国务卿，可是林肯却任命了西华德为国务卿。无奈，蔡思只好当了林肯政府的财政部长。为此，蔡思一直怀恨在心，激愤不已。不过，这个家伙确实是个大能人，在财政预算与宏观调控方面很有一套。林肯一直十分器重他，并通过各种手段尽量减少与他的冲突。

后来，目睹过蔡思的种种作为，并收集了很多资料的《纽约时报》主编亨利·雷蒙顿拜访林肯的时候，特地告诉他蔡思正在狂热地上蹿下跳，谋求总统职位。林肯以他一贯特有的幽默对雷蒙顿说："亨利，你不是在农村长大的吗？那你一定知道什么是马蝇了。有一次，我和我兄弟在肯塔基州老家的农场里耕地。我吆马，他扶犁。偏偏那匹马很懒，老是磨洋工，可有一段时间它却在地里跑得飞快，我们差点都跟不上它了。到了地头，我才发现，有一只很大的马蝇叮在了它的身上，于是我把马蝇打落在地。我的兄弟问我为什么要打掉它，我告诉他，不忍心让马被咬。我的兄弟说：'哎呀，就是因为有那家伙，这匹马才跑得那么快。'"然后，林肯意味深长地对雷蒙顿说："现在正好有一只名叫'总统欲'的马蝇叮着蔡思先生，那么，只要它能使蔡思那个部门不停地跑，我还不想打落它。"

林肯明白有一只叫"总统欲"的马蝇叮着蔡思，蔡思就会拼尽全力将自己的工作做好。同样，蔡思这只"马蝇"也在叮咬林肯自己，所以林肯自己也会感到压迫而激发动力。因此这种良性竞争再好不过了，何必将此只"马蝇"打掉呢！

竞争在很多方面都是有益的，市场经济的核心内容就是竞争，这是世人皆知的道理。世界级的大企业家，无一不具有强烈的竞争意识。比尔·盖茨具有赛车手的竞争心态，新闻电视网之父特纳是一个"百折不挠的竞争者"。索尼公司的创始人盛田昭夫说："尽管竞争有一些较为黑暗的东西，但在我看来，它是工业和工业技术发展的关键。"可见，竞争意识是成功人士的特质之一，也是创业者应必备的素质之一。天才人物不是天生的强者，他们的竞争意识并非与生俱来，而是在后天的奋斗中逐渐形成的。通过学习，你也能有胆有识，敢于竞争。有时候，向任何人学习都不如向对手学习更有效，也更有益。

在我们的工作和生活中，当我们为了某一项事业而拼搏的时候，一定会遇到各种各样的竞争。对于竞争，虽然有其残酷的一面，但我们更应该看到它积极的一面，将竞争化为动力。列宁曾经这样评价竞争的积极面："在相当广阔的范围内，竞争可以培植人的进取心、毅力、大胆和首创精神。"一份研究资料表明，一年中不患一次感冒的人，得癌症的概率是经常患感冒者的 6 倍。一粒沙子嵌入蚌的体内后，它将分泌出一种物质来疗伤，时间长了，便会逐渐长成一颗晶莹的珍珠。

因此我们实在没有理由拒绝竞争，而应该昂首相迎，即便是在没有竞争的环境下也要为自己找出几个对手，让竞争激发自己不断前进。

年轻人不拼不会赢

　　一次拍卖会上，有大批的脚踏车出售。当第一辆脚踏车开始竞拍时，站在最前面的一个不到12岁的男孩抢先出价："5块钱。"可惜，这辆车被出价更高的人买走了。稍后，另一辆脚踏车开拍。这位小男孩又出价5块钱。接下来，他每次都出这个价，而且不再加价。不过，5块钱的确太少了。那些脚踏车都卖到35或40块钱，有的甚至卖到100块以上。暂停休息时，拍卖员问小男孩为什么不出较高价竞争。小男孩说，他只有5块钱。拍卖继续，小男孩还是给每辆脚踏车出5块钱。他的这一举动引起了在场所有人的注意。人们交头接耳地议论着这个小男孩。经过漫长的一个半小时后，拍卖快要结束了，只剩下最后一辆脚踏车，而且是非常棒的一辆，车身光鲜亮丽，令小男孩怦然心动。拍卖员问："有谁出价吗？"这时，小男孩依然抢先出价说："5块钱。"拍卖员停止唱价，静静地站在那里。观众也默不作声，没有人举手喊价。静待片刻后，拍卖员高兴地说："成交！5块钱卖给那个穿短裤白球鞋的小男孩。"观众纷纷鼓掌。小男孩脸上洋溢着幸福的笑容，拿出握在汗湿的手心里揉皱了的5块钱，买下了那辆无疑是世界上最漂亮的脚踏车。

　　在场所有的人一致认为，这辆车无疑属于这位小男孩。小男孩以其执着的精神，积极地争取，终于如愿以偿。人生正是如此，只要我们不断地积极争取，成功离我们也就不远了。

　　创维集团有限公司是以香港创维数码控股有限公司为龙头，跨越粤港两地，生产消费类电子的大型高科技上市公司，是中国三大彩电龙头企业之一。对于这样一个在中国电子行业有巨大影响力的大型集团公司，黄心仲——一个大学毕业没多久的年轻人，却在短短的5年之内从一个一度打退堂鼓的普通销售员迅速升任为创维闽浙分部的总经理，靠的就是不断争取、不断拼搏的精神。

2000 年，黄心仲从湘潭大学毕业后进入了创维公司。黄心仲在学校学的是工科，按经济学"路径原理"，他本应该到软件公司发展，这样才能充分显示其专业的优势。因此，当创维让他到广州分公司做销售时，黄心仲的心里产生了很大的抵触情绪，他认为自己并不适合做销售工作。由于这种心态，再加上他所接手的业务区域没有得到办事处的重视，因此，刚开始黄心仲在工作上很消极，大部分时间都在睡懒觉中度过。时间一长，黄心仲感到了空虚和压抑，他对自己的前途产生了迷茫，甚至有了辞职的打算。就在黄心仲的意志有所动摇时，分公司的领导及时找到了他，并与他进行了全面的沟通，黄心仲的心这才稳定下来。

2001 年 7 月，分公司的周总让黄心仲接手主力卖场"黄歧广客隆"。当黄心仲充满信心地第一次参加商场举行的供应商会议时，却被安排在了倒数第二的位置。千万不要不在意这种排名，里面藏有玄机，会议的座次与产品的销售排名有着直接的关系：销售第一名的就坐第一个位子，而黄心仲被安排坐在倒数第二的位置，这就说明创维彩电在该商场的销售量是倒数第二。满怀信心的黄心仲坐在这样的一个位置上，内心受到了极大的刺激，他暗暗告诉自己："我要奋力拼搏了！下次一定要坐到第一的位置！"

供应商会议开完后，黄心仲立即赶到了销售现场。他穿上工作服，立即和商场的推销员一起卖起了彩电。但黄心仲毕竟是一个刚刚大学毕业、毫无销售经验的新人，站在商场里，他总是放不开脸面，总感觉自己一个堂堂的大学生站在商场卖货，太难为情了。看着商场里川流不息的顾客，黄心仲一直踌躇不前，他不知道自己该上前对顾客说些什么。在供应商会议上刚被刺激起来的一腔激情此时已被现实的困境冲得一干二净，但黄心仲并没有放弃。他决定今天什么都不说，就站在这里学习向顾客推销的技巧。他认真观看和倾听其他导购是如何向顾客推销彩电的，并默默在心里打腹稿。一天的时间很快就过去了。第二天早上 8 点，商场刚开门，黄心仲就早早地来了。虽然昨天已打好了腹稿，但一面临实战，他仍然无法摆脱害羞的学生气，犹犹豫豫地不知道如何向顾客说出第一句话。这样，10

点钟的时候，过去将近两个小时了，他还没有说出第一句话。黄心仲的心里有些着急，就在这时，一个看上去很和蔼的大叔进入了他的视线。这个大叔来到创维的柜台前，左看看右看看，黄心仲看出这个大叔确实想买彩电，于是就鼓起勇气上前招呼道："大叔，买彩电吗？""对，想换一台大一点的。""我们创维的质量挺不错的，您想买多大的？""29 英寸的。""这个是 29 英寸的，您看看。"黄心仲热心地将大叔领到一台大电视机前，坦诚地说道："大叔，不瞒您说，我是今年刚毕业的大学生，到公司几天，还没有卖出一台彩电，您就买一台吧！您放心，如果产品质量有什么问题，您可以来找我，我自己掏钱赔您。"为了让这位大叔相信自己，黄心仲还拿出了纸笔，将自己的姓名和联系方式写下来，交给了对方："这是我的姓名、住址和手机号码，如果产品质量有问题，您可以直接打电话来找我。"这位大叔接过纸条，看了看说道："我还是头一次遇到你这样的销售员，看你这么坦诚，我就相信你一次，买一台吧！""真的？谢谢您，大叔！"听到大叔的回答，黄心仲兴奋得差点跳了起来。他高兴地给大叔开了票，礼貌地将其送走。

卖出了第一台彩电，黄心仲的心情很激动，但更重要的是增加了他的自信心。从此，黄心仲的拼搏之路正式拉开了序幕，而拼搏正是商海里所向披靡的利剑！从商场早上 8 点开门到晚上 9 点关门，黄心仲每天都泡在卖场和促销员一起销售、抬机器、做促销活动、试机等。有时一天销售上百台，一天下来，回到宿舍全身酸疼，衣服脏得颜色都已分辨不清，后来黄心仲就干脆直接穿黑衣服站柜台。虽然每天都累得疲惫不堪，但黄心仲却变得越来越有自信。随着彩电的销量一天天地增加，他每天都在进步。在黄心仲不懈的努力下，一个月后，在广客隆商场创维彩电的销量上升到了第一名。

几天后，商场再次召开了供应商会议。这次参加会议，黄心仲的座次有了很大的变化，他的座次被排在了第一位，黄心仲毫不客气地坐到了这个位置上。2002 年 6 月，凭着优异的销售业绩，黄心仲被调到东莞办事处当主任。2004 年 3 月，黄心仲调到创维浙江分部任总经理，2006 年又被调任闽浙分部当总经理。在短短 5 年时间内，黄心仲一升再升。而能够在如此短的时间之内取得这么大的成就，黄心仲靠的是什么呢？那就是一种永不服输的精神——不断拼搏！

在工作中，我们都会遇到很多的不如意，职位太低，认为成功遥遥无期。事实上，成功是靠我们自己争取的，放开手脚，爱拼才会赢。

激情是事业成功和生活幸福的源泉

二十几岁以后，你对刚刚开始的工作拥有激情吗？你重视你的工作吗？如果你不关心你的工作，老板也不会关心你；你自己垂头丧气，老板自然对你丧失信心。一旦你成为企业里可有可无的人，你也就等于放弃了自己继续从事这份工作的权力。

而那些对工作充满激情的人，不但可以提升自己的工作业绩，而且还可以为自己带来许多意想不到的成果。美国哲学家、散文家及诗人拉尔夫·沃尔德·爱默生说过："没有激情，任何伟大的事业都不可能成功。"对成功不利的所有因素，如迷惑、失望、恐惧、消极、颓废、猜忌、犹豫等都是由缺少激情引起的，这些因素的存在使我们未老先衰、止步不前；而由激情带来的希望、果断、积极、主动、兴奋等，则可以使我们获得与困难搏斗的勇气和向目标迈进的力量。

激情是我们事业成功和生活幸福的源泉。

激情给我们以智慧，比尔·盖茨说："每天早晨醒来，一想到所从事的工作和所开发的技术将会给人类生活带来巨大的影响和变化，我就会无比兴奋和激动。"

激情给我们以灵感，牛顿从司空见惯的苹果落地现象发现了万有引力定律。

激情给我们以力量，贝多芬在耳朵失聪的情况下奏响了美妙的乐章。

激情能使我们更加努力、更加快乐地去工作，享受工作的乐趣！

每个人内心深处都有像火一样的激情，却很少有人能将自己的激情释放出来，大部分人都习惯于将自己的激情埋藏在内心深处。

如果不能使自己的全部身心都投入到工作中去，那么你无论做什么工作，都只能沦为平庸之辈，做事马马虎虎，只得在平平淡淡中了却此生。如果是这样，你的人生结局将和千百万的平庸之辈一样。

第二次世界大战期间，与法西斯主义势不两立的美国女记者多萝西·汤普森将她的报纸专栏作为打击希特勒政权的武器。她的专栏文章由报业辛迪加向 150 家报纸发稿，那些富有洞察力又注入了丰富感情的政治评论，使得同行们充满理性的专栏文章黯然失色。1940 年，她的读者高达700 万人。

满怀激情的工作成就了汤普森。在职场上，这种激情创造成功的范例还有很多很多。我们的生命，一半是给工作的，如果我们缺乏对工作的激情，工作就会变成无休止的苦役，这是一件非常可怕的事情。正如加缪描写的古希腊神话中的西西弗斯的境遇：他不停地把一块巨石推上山顶，而石头由于自身的重量又滚下山去，再也没有比进行这种无效无望的劳动更严厉的惩罚了。然而，倘若我们真的处在这样的命运之中，尽管可以找到怨天尤人的理由，但是，有一点必须点破的是，我们自己应对困境负主要的责任。我们往往把工作当成赚钱的手段，很少把它与实现快乐的途径联系在一起，因而对待工作的态度也常常以金钱的多少为转移。

露西大学毕业后到一家创办不久的文化公司从事展销业务，本来展览经济是一个新的增长点，在这一行里有许多美好前景可以开拓，但初创阶段的公司业务并不是很好，露西的工资要比一同毕业的同学少一半。收入上的差距使她心理不平衡了，她开始私下寻找跳槽的机会。结果，不仅跳槽不成，她在公司第二年的竞聘上岗中也落聘了。

这山望着那山高，露西的致命伤在于她丧失了上进的动力和兴趣，从而阻碍了自己的发展。其实工作的成就感绝不只是靠金钱得到的，把收入看淡一点，从工作中发现兴趣，远比盲目地另找一份工作要实际。

对自己的工作充满激情的人，不论工作有多么困难，或需要多大的努力，始终都用不急不躁的态度去对待，而且一定能够出色地完成任务。爱默生说过："有史以来，没有任何一件伟大的事业不是因为激情而成功的。"

同样一份工作，同样由你来干，有激情和没有激情，结果是截然不同的。前者使你变得有活力，把工作干得有声有色，创造出许多不凡的业绩，使老板对你刮目相看；而后者使你变得懒散，对工作冷漠处之，当然就不会有什么成绩，你的潜在能力也自然得不到施展。

比尔·盖茨认为：一个优秀的员工，他所具备的最重要的素质不是什么能力、责任及其他（虽然它们也不可或缺），而是对工作的激情！他的这种理念也早已深入人心。据微软亚洲研究院前任院长李开复回忆：一位微软的研究员经常周末开车出门，说去见"女朋友"。一次偶然的机会，李开复在办公室里看见他，问他："女朋友在哪里？"他笑着指着电脑说："就是她呀！"

如果不是激情，这个微软研究员怎么会天天去找"女朋友"？

二十多岁的年轻人，有人总是一副慵懒的模样，有人眼睛里却总是闪动着耀眼的光芒。如果是老板，你会喜欢哪种？如果是员工，你又会喜欢哪种？

激情的人任何时候都能充满力量，还能源源不断地辐射出力量。激情的人总能坚定地面对困难，奋力地向目标前行。试问：没有激情，你拿什么得到你想得到的东西？

对手是我们成长的有力推手

二十几岁以后，踏入社会的你也许在自己的工作岗位上遭遇了能力强劲的对手，你忿恨、不屑、嗤之以鼻，甚至嫉妒得抓狂。其实，对手所给予我们的，不仅仅是危机和斗争，同时还能激发我们求生和求胜之心的动力。

在秘鲁的国家级森林公园，生活着一只美洲虎。由于美洲虎是一种濒临灭绝的珍稀动物，全世界现在也很少，因此为了很好地保护这只美洲虎，秘鲁人在公园中专门辟出一块近20平方公里的森林作为虎园，还精心设计和建造了豪华的虎房，好让它自由自在地生活。

虎园里森林茂密，百草芳菲，沟壑纵横，流水潺潺，并有成群人工饲养的牛、羊、鹿、兔供老虎尽情享用。凡是到过虎园参观的游人都说："如此美妙的环境，真是美洲虎生活的天堂。"

然而，让人感到奇怪的是，美洲虎从不去捕捉那些专门为它预备的"活食"，也从没有人看见它王者之气十足地纵横于雄山大川，啸傲于莽莽丛林，只是耷拉着脑袋，吃了睡，睡了吃，一副无精打采的样子。有人说它可能是太孤独了，若是有个伴，兴许会好一些。于是，政府又通过外交途径，从哥伦比亚租来一只母虎与它做伴，但结果还是老样子。

一天，一位动物行为学家到森林公园参观，见到美洲虎那副懒洋洋的样子，便对管理员说："老虎是森林之王，在它所生活的环境中，不能只放上一群整天只知道吃草，不知道猎杀的动物。这么大的一片虎园，即使不放进去几只豹子，至少也应放上两只狼，否则，美洲虎无论如何也提不起精神。"

管理员们听从了动物行为学家的意见，不久便从别的动物园引进了几只狼投放进了虎园。这一招果然奏效，自从狼进了虎园的那天，这只美洲虎就再也躺不住了。它每天不是站在高高的山顶愤怒地咆哮，就是犹如飓风般俯冲下山冈，或者在丛林的边缘地带警觉地巡视和游荡。老虎那种刚烈威猛、霸气十足的本性被重新唤醒。它又成了一只真正的老虎，成了这片广阔的虎园里真正意义上的王者。

一种动物如果没有竞争对手，就会变得死气沉沉。同样，一个人如果没有对手，那他就会甘于平庸，养成惰性，最终庸碌无为。一个群体如果没有竞争对手，就会丧失活力，丧失生机。一个行业如果没有了对手，就会丧失进取的意志，就会因为安于现状而逐步走向衰亡。

美洲虎因为有了狼这样的对手，才重新找回了逝去的光荣。有了对手，才会有危机感，才会有竞争力。有了对手，你便不得不奋发图强，不得不革故鼎新，不得不锐意进取，否则，就只有被吞并，被替代，被淘汰。

请记住：对手所给予我们的，不仅仅是危机和斗争，同时还能激发我们求生和求胜之心的动力。所以，善待你的对手吧！因为他的存在，你才能永远做一只威风凛凛的"美洲虎"，你的生命也才会更精彩。

善待你的对手，千万别把他当成"敌人"，而应该把他当作你的一剂强心针，一部推进器，一个加力挡，一条警策鞭。对于在职场中奋斗的人来说，当你学会了感激、欣赏和帮助对手的时候，就是人格走向成熟的时候。欣赏、理解、包容自己的对手，看淡结果的得与失，那么你的心态也会平和、宁静和宽容。这样一来，在面对竞争对手的时候，你可以气定神闲地迎接挑战。胜利了，赢得辉煌；失败了，同样美丽。

康熙帝在位执政六十周年之际，特举行"千叟宴"以示庆贺。宴会上，康熙敬了三杯酒：第一杯敬孝庄太皇太后，感谢孝庄辅佐他登上皇位，一统江山；第二杯敬众位大臣及天下万民，感谢众臣齐心协力尽忠朝廷，万民俯首农桑，天下昌盛；当康熙端起第三杯酒时说："这杯酒敬给我的敌人，吴三桂、郑经、噶尔丹还有鳌拜。"众大臣目瞪口呆、困惑不已。看着众人的不解神情，康熙继而解释道："是他们逼着我建立了丰功伟绩，没有他们，就没有今天的我，因此我感谢他们。"

康熙8岁继承皇位，先后面对鳌拜、吴三桂、郑经、噶尔丹等对手的虎视狼眈，是这些对手让康熙逐渐变强，从而建立了这不朽功勋。是的，我们要感谢对手，因为对手是我们的老师，竞争对手是我们需要激励自己拼尽全力去超越的目标。正是对手的存在，才使得我们的事业步步上升，才使得我们的头脑由妄自尊大变得沉着冷静，才使我们在凌空虚蹈的瞬间如梦初醒。正视对手，我们能够不断地校正方向，我们能够不停地向前方奔跑，我们能够不悔地抵达美好的未来。

尊敬和感谢对手，是他们给了我们奋发向前的动力。在人生之路上，对手既是我们的同行者，也是挑战者。是对手的挑战唤起了我们战斗的勇气和信心；对手的存在能够让我们看到自己的不足，能够让我们清楚地认识自己的长处和短处，能够激励我们不断地完善自己、超越自己。

竞争必知的博弈策略

二十几岁以后，在生活中，理性重要还是感性重要？如何学会用自己的优势换取生存，跳出权钱交易的怪圈，游离于贪婪之外？处世中的博弈原则能够让我们直击对方心理，采取有利策略，在社会关系的驾驭中游刃有余。

博弈是经济学概念，而经济学的建立是以理性经济人假设为基础的。假如说每个人都是理性的，那么，当两人发生利益冲突时，是理性，还是非理性，就要看双方在博弈的过程中，理性所起的作用有多大。因为作为个体的人而言都是感性的，但分析事物时都是理性的，而当我们按理性思维去操作时，又难免流于感性，感性和理性往往同在。所以我们要根据理性和感性谁起的作用更大，来选择自己运用什么策略。

在东汉末年，曹操轻松地得到了刘表的荆州之后，却遭遇了赤壁之战的惨败，从此形成三分天下之势，曹操一统天下的战略功亏一篑。有人说，曹操的这次失败是偶然的，只是方针的制定上不够周全。

其实，对于曹操的这个战略，运用博弈论来解释，他的失败是必然，并不是偶然。这次失败不是战略的失败，也不是实力的失败，而是曹操在为人处世上的失败。

首先，在曹操的统一天下战略中，荆州并不是最重要的。但荆州却是东吴的要害，所谓敌之要地即我之要地，曹操和谋士们都有所疏忽，没有认识到巩固荆州的重要性。其次，曹操的谋士们多来自北方，他们熟悉、了解北方的情况，更了解曹操的北方对手，但是对南方的了解就相对不足，他们缺乏必要的"知彼"条件来做出正确的战略。

其实，在一定条件下，尤其是策略的选择，有时根据需要，非理性的选择也是博弈论中经常运用的重要抉择。

再比如，很久以前，在北美地区活跃着几支以狩猎为生的印第安人部落，经过长时间的生存拼搏之后，令人匪夷所思的是：在狩猎之前，请巫师作法，在仪式上焚烧鹿骨，然后根据鹿骨上的纹路确定出击方向的印第安人部落，成为唯一的幸存部落；而事先根据过去成功经验，选择最可能获取猎物方向出击的其他部落，却最终都销声匿迹了。

也许有人会感到不可思议，"科学预测"怎么会败给"巫师作法"呢？其实不然，仔细品味故事的来龙去脉，我们就会发现，问题的关键并不在于科学与迷信之间，根本原因就在于，几个部落的竞争战略有所不同。

依据经验进行预测并确定前进方向的部落，或许暂时能够获得足够的食物，但是，不久的将来，他们的路就会越走越窄。可以想象，随着时间的推移，那些"理性"的部落之间，势必产生相同的推测与判断，瞄准同一目标的部落越来越多，他们之间的竞争不断加剧，而他们每天的狩猎方向经过"科学分析"之后，变得日趋一致，而在原始的状态下，猎物不会迅速增多，最后，这些部落只好在同样的狩猎区域，你争我夺、你拦我抢，弄得鱼死网破，同"输"而归。显然在这场理性与非理性的较量中，非理性成了最后的胜者。

其实，现实生活中的企业界又何尝不是如此，某个领域的市场需求大了，十个、数十个甚至上百个企业因为对目标市场的共同期盼，纷纷杀将而来，结果呢？市场有效需求并没有因为他们的频频光顾而迅速增大，僧多粥少，就会有人挨饿，直至撤退和消亡。这样的例子不胜枚举。近几年来，我们就见证了彩电业界、VCD 业界、手机业界、PC 业界等的激烈竞争。

而按照巫师作法，焚烧鹿骨的那个印第安人部落，虽然在战术上出现了很明显的错误，明显有些盲从和随意，但是，基于他们当时的条件，从更宏观的角度来判断，我们不难发现，他们的核心因素——竞争战略，却要优于竞争对手，那就是他们在发现新市场或者说创造新需求，这样一来，无形之中，他们就避开了与其他部落之间在战术层面的相互厮杀，从而赢得了生存空间。

人类社会已迈入 21 世纪，信息化战争正在以咄咄逼人之势扑面而来。不可回避的是，随着时间的推移，在竞争将变得异常激烈之时，世界各国企业之间相互模仿的速度就会骤然加快，这必将导致一场印第安人部落生存式的"狩猎游戏"。

在企业经营中，学会如何"搭便车"是一个精明的企业管理人最基本的素质。

在小企业经营中，学会如何"搭便车"是一个精明的企业管理者最为基本的素质。在某些时候，如果能够注意等待，让其他大的企业首先开发市场，是一种明智的选择。比如，在某种新产品刚上市，其性能和功用还不为人所熟识的情况下，如果进行新产品生产的不仅仅只有一家小企业，而且还有其他生产能力和销售能力更强的企业，那么小企业完全没有必要首先去投入大量广告做产品宣传，以达到和其他企业品牌竞争并取得优势地位的目的，而可以选择坐等大企业将市场开发成熟后迅速跟进。

"搭便车"实际上是提供给企业管理者面对每一项花费的另一种选择，对它的关注和研究可以给企业节省很多不必要的费用，从而使企业的管理和发展走上一个新台阶。这种现象在经济生活中非常常见，却很少为小企业的经理人所熟识。

在市场中，这样的"搭便车"现象随处可见。对于小企业来说，在与大企业的竞争中，有许多工作（如开拓市场、保护市场等），只有大企业积极去做，才能使整个行业得利，小企业在这时静静等待不失为明智的选择。从短期来看，在商业竞争、市场营销和基础技术的研发方面，中小企业应该认清自己的地位，学会"搭便车"，争取获得更加有利的竞争地位。

最大的竞争对手永远是自己

在人一生的奋斗中，会遇到各种各样的对手：机智聪慧的、老谋深算的、心狠手辣的、厚颜无耻的……一个个非常棘手的狠角色，但毫无疑问，其中最难对付的一个就是自己。这个"对手"会用懦弱、懒惰、贪婪、恫吓、不思进取、悲观绝望、自命不凡等"武器"对你进行慢慢腐蚀或一举击溃，总之是软硬兼施、威逼利诱，而且这种威胁一直伴随到你生命的尽头。所以在与其他竞争对手进行搏斗时，别忘了时刻警惕自己，自己才是最大的竞争对手。

"并购了雅虎中国后，我们开始成为所有中国网络公司的竞争对手。"这是具有危机意识的马云在阿里巴巴并购雅虎之后说的话。这次成功并购雅虎中国使阿里巴巴迅速提升了自身实力，一举成为中国最具竞争力的网络公司之一，各路强劲的竞争对手和威胁接踵而至。"我们惊动了全世界最强大的竞争对手 eBay，国内的互联网公司新浪、搜狐、网易、腾讯也全部都把我们当成竞争对手。"马云对此表示有所担忧，但马云认为最大的威胁还是来自自己。"没有公司会对阿里巴巴构成威胁，真正的威胁来自我们自己。中国市场上也许会有 50 个和阿里巴巴相似的公司，但是只会有一个阿里巴巴。"马云就是这么自信，他的自信也有资本：创业 8 年，身价超过 50 亿。但是面对诸多成功和荣誉，他没有志得意满，他很冷静。"首先，荣誉是团队带来的，而不是我一个人的功劳。其次，对于阿里巴巴这么年轻，还处于创业阶段的公司来说，现在过多的荣誉是害处大于益处。"马云认为阿里巴巴还有许多隐患和风险，他要在成功的风口浪尖给自己泼一盆冷水，他担心的对手不是别人而是自己。"我认为真正的竞争对手是自己，所以我们不去研究竞争对手。为此，我花费了大量口舌来说服我的高层管理团队。在 100 米冲刺时，研究对手就是往后看。只有研究明天，研究自己，研究用户才是根本，才是往前看。别人不一定是对的，你老是研究别人，脚步就自然地跟过去了。"

在阿里巴巴已经是一家很成功的企业的时候，当各方好评如潮水般涌来的时候，马云看到的是危机。"阿里巴巴有没有危机？我觉得危机很大，要不我怎么可能这 5 年体重没长过一斤，而且现在越来越瘦。我以前也在想公司大点可能老板就轻松了，可现在发觉越大越累，CEO 天天想的就是危机在哪里。找出公司内部的问题是件好事，因为团队需要融洽，有些东西也许今天没用但是可能会成为癌症。作为 CEO 必须在公司内部不断关注癌细胞的癌变，这个很痛苦，你如果能够真的找得到癌细胞，你就是顶尖人物了。"

"最大的威胁还是来自我们自己"，这是马云经常说的一句话。他时刻警惕自己这个竞争对手不曾有过思想放松，所以时刻研究用户、研究自己，才有了阿里巴巴的日益强大。

2000 年，华为公司的年销售额达 220 亿元，获利 29 亿元人民币，位居全国电子百强首位，可就在这个时候，华为公司的总裁任正非却写出了《华为的冬天》一文，跟员工们大谈华为的危机："公司所有员工是否考虑过，如果有一天，公司销售额下滑、利润下滑甚至破产，我们怎么办？我们公司的太平时间太长了，在和平时期升的官太多了，这也许就是我们的灾难。泰坦尼克号也是在一片欢呼声中出的海。而且我相信，这一天一定会到来。面对这样的未来，我们怎样来处理，我们是否思考过……"

我们一旦战胜其他竞争对手，取得一点成绩以后就开始贪图享乐，作为对自己以往辛苦奋斗的慰劳。稍微犒劳自己一番，完全可以，但是我们绝对不能够麻痹大意、放松警惕，因为始终有一个强大的对手伴随着我们。

《围炉夜话》中说："事当难处之时，只让退一步，便容易处矣；功到将成之候，若放松一着，便不能成矣。"当事情难以办到时，只要能够忍让一步，问题就容易解决。事情将要成功的时候，如果稍有松懈就会功亏一篑，难以成功。

因此我们要时刻警惕，与自己竞争是一场苦战，更是一场持久战。

"个人英雄主义"不可取

我们每个人似乎都知道，在这个时代要独立地完成一件大事几乎是不可能的。然而现实中，真正做到与别人精诚合作的寥寥无几。或许是出于自负，又或许是出于自强，有的人总是固执地想以一个人的力量去做到，结果只能在困顿中艰难跋涉。

一个和谐的优秀团队中会出现互帮互助的情况，然而团队合作本身，算不上是什么美德，而是一种战略选择。因为一个精诚合作的团队是强大有力的，远远胜过于个人的单打独斗，这几乎也是所有人的共识。因此，在竞争异常激烈的当今社会，很多企业择人的重要指标之一就是是否具有合作精神。

有一家著名的公司招聘市场业务人员，有12名优秀应聘者过关斩将从众多应聘者中脱颖而出。经理看过这12个人的详细资料和初试成绩后，相当满意，但此次招聘只能录取4个人。所以最后又加了一个测试：经理把这12个人随机分成甲、乙、丙3个组，指定甲组的4个人去调查本市婴儿用品市场，乙组的4个人调查妇女用品市场，丙组的4个人调查老年人用品市场。经理解释说："为避免大家盲目开展调查，我已经叫秘书准备了一份相关行业的资料，走的时候自己到秘书那里去取！"

12个人、3个小组，按照经理的要求，分别采取行动。到了规定日期，12个人都把自己的市场分析报告送到了经理那里。经理看完后，站起身来，走向丙组的4个人，向他们祝贺道："恭喜4位，你们已经被本公司录取了！"众人有些迷惑，包括被录取的4个人。经理看着大家疑惑的表情，呵呵一笑，说："请大家打开我叫秘书给你们的资料，互相看看。"

原来，每个人得到的资料都不一样，甲组的4个人得到的分别是本市婴儿用品市场过去、现在、将来和总结性的分析，其他两组的也类似。经理说："丙组的4个人很聪明，互相借用了对方的资料，补全了自己的分析报告。而甲、乙两组的应聘者都分别行事，抛开队友，自己做自己的。我出这样一个题目，其实最主要的目的，是想看看大家的分工协作意识。甲、乙两组失败的原因在于，他们没有分工合作，忽视了队友的存在！"

我们需要合作，团队合作的力量是巨大的。我们提倡合作精神，但并不反对"英雄主义"，团队合作与"英雄主义"并不矛盾。任何时代都呼唤英雄，呼唤能为了完成重大意义的任务而表现出英勇、顽强和不怕牺牲的精神的英雄。团队合作也会遭遇举步维艰的境地，这时候也需要英雄出来拯救自己的团队。

在南极和北极，太阳一旦落下去，等它再升起来就需要至少好几个月的时间，这被称为极夜。一次，一支探险队没来得及在太阳落下之前离开南极，他们就被留在了无边的黑暗中。虽说有足够的食物与生活必需品，可整整好几个月，这儿将只有黑夜没有白昼，冰天雪地，生灵绝迹，与世隔绝，与光明隔绝。人，能挨得过去吗？

寂寞与枯燥终于让他们难以忍受，他们觉得自己都快发疯了。这时，真的就有一个人发疯了。他那抑郁的状态十分可怕，不吃不睡，整个人像南极的冰原一样被封冻、死寂。然后，无声地吞噬着周围的一切……

大家着急地围着劝慰他，你一言我一语。忽然发现，只要有人对他讲话，他的症状就会缓解一些，要是有人讲起一个好听的故事，他的表情就明显地生动起来。于是规定，每天有一个人，轮流为病人讲故事。

为了帮助同伴摆脱困厄，每个人都发挥了自己最大的想象力、创造力。那些故事非常精彩，而且，总是异想天开。接下去的事情就很容易想象了。在那么多美丽故事的治疗下，病人逐渐好转，他们终于相互搀扶着，熬过了漫漫极夜。

后来大家才发现，"发疯的"探险队员其实不是病人，他是一个医生。医生害怕大家熬不过去，决定自己想个办法。他就策划了一个"发疯"的表演，让大家在安慰别人时忽略了自己所受的精神折磨。这是一个医生在尽自己的职责。

并不是所有的英雄都叱咤风云，只要认认真真做好本职工作，奉献自己的力量、发挥"螺丝钉精神"的人，同样也是英雄。这种英雄主义是以团队为基础的，如果放弃整个团队，就容易形成独断自我的毛病，转变成"个人英雄主义"。他们过分夸大个人的作用而贬低和忽视团队的力量和智慧，这样往往损害整个团队的利益。

单丝不成线，独木不成林

当今时代要具备合作精神。通用电气公司前 CEO 杰克·韦尔奇曾说："在一个公司或一个办公室里，几乎没有一件工作是个人能独立完成的，大多数人只是在高度分工中担任部分工作。只有依靠部门中全体员工的互相合作、互补不足，工作才能顺利进行，才能成就一番事业。"一个人只能取得小成功，而一个优秀的团队的成功才是大成功。

合作不是简单的一加一等于二，如果人们能精诚协作，其产生的能量远远大于单个力量的总和。"二战"期间一次惊心动魄的"大逃亡"，可谓是协作的完美典范，此次活动时间之长、任务之艰巨、涉及范围之广，令人难以想象。

在德国柏林东南部有一座德国战俘营。为了逃脱纳粹的魔爪，被关在战俘营的 250 多名战俘准备越狱。在纳粹的严密控制之下，实施越狱计划几乎没有可能。但事实证明，这 250 多名战俘最大限度地精诚协作，从而成功逃脱。

在开始计划之前，他们明确地进行了分工。这是一个非常复杂的工程，首先要挖掘地道，而挖掘地道和隐藏地道则是极为困难的。战俘们一起设计地道，动工挖土，拆下床板木条支撑地道。处理新鲜泥土的方式更令人惊叹，他们用自制的风箱给地道通风吹干泥土。修建了在坑道运土的轨道，制作了手推车，在狭窄的坑道里铺上了照明电线。完成这些，他们所需的工具和材料之多令人难以置信，3000 张床板、1250 根木条、2100 个篮子、71 张长桌子、3180 把刀、60 把铁锹、700 米绳子、2000 米电线，还有许多其他的东西。为了寻找和搞到这些东西，他们费尽心思。除了这些工具，每个人还需要普通的衣服、纳粹通行证和身份证，以及地图、指南针和食品等一切可以用得上的东西。担任此项任务的战俘不断弄来任何可能有用的东西，其他人则有步骤、坚持不懈地贿赂甚至讹诈看守以得到东西。

250多名战俘每个人都有各自的分工，做裁缝、做铁匠、当扒手、伪造证件，他们月复一月地秘密工作，甚至组织了一些掩护队，以吸引德国哨兵的注意力。此外，他们还要负责"安全问题"，德国人雇用了许多秘密看守，混入战俘营，专门防止越狱，"安全"队监视每个秘密看守，一有看守接近，就悄悄地发信号给其他战俘、岗哨和工程队队员。这一切工作，由于众人的密切协作，在一年多的时间内竟然躲过了纳粹的严密监视，令人不可思议的是，他们成功地完成了这一切。

这250多名战俘是"能者尽其劳，智者尽其忧"，分工合作，将团队精神发挥到了极致，所迸发的力量巨大惊人。许多伟大而艰巨的任务，都是整个团体成员协作产生的成果。如此多的人在如此艰苦的条件下越狱，若是不能团结协作，是根本不可能的事。可见，认识到团队协作的力量是多么重要。

20世纪60年代中期，日本创造了经济腾飞的奇迹，一跃成为世界经济大国，竞争力也跃居世界前列，为世界瞩目。但其实日本的本土条件并不是非常好，一来国土狭小，二来物质资源也不丰富，能在短短的二三十年间就跻身世界第二大经济强国，着实让人觉得不可思议。为探求日本经济迅速提升的秘密，以美国为首的西方国家对日本企业展开了深入的研究。结果发现，如果以日本最优秀的员工与欧美最优秀的员工进行一比一的对抗赛，日本的员工多半比不上欧美的员工；但如果以班组和部门为单位进行比赛，日本总是会占上风。原因在于，欧美的企业是由少数人来主导的，工作由上级以命令的形式发布。

在个人主义盛行、鼓励个人奋斗的欧美社会，组织内经常会发生内耗，无法形成真正的团队竞争力。而在日本的企业中，员工有着强烈的归属感，故而工作勤奋认真，全身心地投入企业中，而企业则能充分发挥全体员工的智慧，注意调动每一位员工的能动性，培养协作精神，使员工结成坚强的团队，从而产生了巨大的竞争力。这一结果表明，团队能够使公司生产水平和利润增加，使公共部门的任务完成得更彻底、更有效率。这也就是团队盛行的原因所在。于是，他们得出一个结论：日本企业竞争力强大的根源，不在于其员工个人能力的卓越，而在于其员工团队合力的强大，其中起关键作用的就是那种无处不在的团队精神。

因为性格、学识、阅历等各方面的限制，都很难独立做成一件创造性的工作；没有团队精神的人在一起只会不利于甚至抑制各自优点的发挥。而良好的团队精神能将众人的长处集于一处，达到的效果自然比单打独斗和一群不会合作的人要好。

"单丝不成线，独木不成林。"一个人的能力是非常有限的，在这个竞争激烈的时代，仅凭一己之力是很难取得很大的成功的。我们通过与别人的合作，除了发挥各自的优势之外，还能因彼此思想的碰撞产生创造力的火花。

一个人靠一种精神力量生存和发展，因为他的理念决定他的生存状态。一项事业也是如此，如果无数人的个人精神融会成一种共同的团队精神，那么辉煌的事业就会从此开始。

第七章

宁可输给强大的敌人，不能输给
失控的自己

负面情绪是一座监狱，当你懂得控制情绪时，就得到了打开监狱大门的钥匙。正面情绪是你的命运开关，当你获得正能量时，幸运之门就会为你开启。二十几岁的年轻人要懂得管理自己的情绪，创造自己想要的生活。

要想成为世界的主人，先成为情绪的主人

哈佛学子约翰·肯尼迪曾说："一个连自己都控制不了的人，我们的民众会放心把国家都交给他吗？"

生活中，不好的情绪常常折磨我们的心灵，使我们做事出现种种偏差。因此，我们应尽量在情绪控制自己之前控制住情绪。那些能取得成就的人往往是能驾驭情绪的人，而失败得一塌糊涂的人通常是那些被情绪驾驭的人。

一名初入歌坛的歌手，满怀信心地把自制的录音带寄给某位知名制作人。然后，他就日夜守候在电话机旁等候回音。

第一天，他因为满怀期望，所以情绪极好，逢人就大谈抱负。第十七天，他因为情况不明，所以情绪起伏，胡乱骂人。第三十七天，他因为前

程未卜，所以情绪低落，闷不吭声。第五十七天，他因为期望落空，所以情绪坏透，拿起电话就骂人。没想到，电话正是那位知名制作人打来的，他为此而自断了前程。

实际上，我们自己不生气什么事情都没有了，生气都是自找的，在生气的时候我们要适当进行情绪转换，让自己不至于伤心难过。

在一生中，总会遇到不好的事情，有人会觉得自己倒霉透顶，于是，嘴里骂着，心里恨着。其实这样的生气是无谓的，根本不能改变现状，还不如利用这些时间想想如何变不利为有利，跨过艰难。

约翰尼·卡特很早就有一个梦想——当一名歌手。参军后，他买了自己有生以来的第一把吉他。他开始自学弹吉他，并练习唱歌，他甚至自己创作了一些歌曲。服役期满后，他开始努力工作以实现当一名歌手的愿望，可他没能马上成功。没人请他唱歌，他连电台唱片音乐节目广播员的职位也没能得到。他只得靠挨家挨户推销各种生活用品来维持生计，不过他还是坚持练唱。他组织了一个小型的歌唱小组，在各个教堂、小镇上巡回演出，为歌迷们演唱。最后，他制作的一张唱片奠定了他音乐工作的基础。他吸引了2万多名歌迷，金钱、荣誉、在全国电视屏幕上露面——所有这一切都属于他了。他对自己坚信不疑，这使他获得了成功。

然而，卡特接着又经受了第二次考验。经过几年的巡回演出，他被那些狂热的歌迷拖垮了，晚上必须服安眠药才能入睡，而且还要吃些"兴奋剂"才能维持第二天的精神状态。他开始染上一些恶习——酗酒、服用催眠镇静药和刺激兴奋性药物。他的恶习日渐严重，以致对自己失去了控制能力：他更多地出现在监狱里而不是舞台上。到了1967年，他每天必须吃100多片药。

一天早晨，当他从佐治亚州的一所监狱刑满出狱时，一位行政司法长官对他说："约翰尼·卡特，我今天要把你的钱和麻醉药都还给你，因为你比别人更明白，你能充分自由地选择自己想干的事。这就是你的钱和药片，你现在就把这些药片扔掉吧，否则，你就去麻醉自己，毁灭自己，你自己选择吧！"

卡特选择了生活。他又一次对自己的能力有了肯定，深信自己能再次成功。他回到纳什维利，并找到他的私人医生，开始戒毒瘾。尽管这在别人看来几乎不可能，因为戒毒瘾比找上帝还难。但他把自己锁在卧室闭门不出，一心一意就是要根绝毒瘾，为此他忍受了巨大的痛苦，经常做噩梦。后来，在回忆这段往事时，他说，那段时间总是感觉昏昏沉沉的，身体里好像有许多玻璃球在膨胀，突然一声爆响，只觉得全身布满了玻璃碎片。当9个星期以后，他又恢复到原来的样子，睡觉不再做噩梦。他努力实现自己的计划，几个月后，他重返舞台。经过不停息地奋斗，他终于又一次成为超级歌星。

一个人要想征服世界，首先要战胜自己。天底下最难的事莫过于驾驭自己，这正如一位作家所说："自己把自己说服了，是一种理智的胜利；自己被自己感动了，是一种心灵的升华；自己把自己征服了，是一种人生的成熟。大凡说服了、感动了、征服了自己的人，就有力量征服一切挫折、痛苦和不幸。"

控制自己不是一件非常容易的事情，因为我们每个人心中永远存在着理智与感情的斗争。二十几岁的年轻人应该有战胜自己的感情，控制自己命运的能力。如果任凭感情支配自己的行动，就会使自己成为感情的奴隶。

暴躁的性格是引发不幸的导火线

一个人性格暴躁的最直接表现就是非常容易愤怒，愤怒是一种很常见的情绪，特别是对二十几岁的年轻人。愤怒本身不是什么问题，但如何表达愤怒则是个问题。

脾气暴躁，经常发火，不仅是诱发心脏病的致病因素，而且会增加患其他病的可能性，它是一种典型的慢性自杀。因此为了确保自己的身心健康，必须学会控制自己，克服爱发脾气的坏毛病。

如何有效地抑制生气和愤怒的情绪呢？这主要在于自己的修养和来自亲人及朋友的帮助与劝慰。实验证明，在行为方式有改善的人群中，死亡率和心脏病复发率会大大下降。为了控制或减少发火的次数和强度，必须对自己进行意识控制。当愤愤不已的情绪即将爆发时，要用意识控制自己，提醒自己应当保持理性，还可进行自我暗示："别发火，发火会伤身体。"有涵养的人一般能控制住自己。同时，及时了解自己的情绪，还可向他人求得帮助，使自己遇事能够有效地克制愤怒。只要有决心和信心，再加上他人对你的支持、配合与监督，你的目的一定会达到。

一般来说，性格暴躁的人都有如下的一些表现：

（1）情绪不稳定。他们往往容易激动。别人有一点友好的表示，他们就会将其视为知己；如果话不投机，就会立即怒不可遏。

（2）自尊心脆弱，怕被否定，以愤怒作为保护自己的方式。有的人希望和别人交朋友，而别人让他失望了，他就给人家强烈的羞辱，以挽回自己的自尊心。这同时也就永远失去了和这个人亲近的机会。

（3）有不安全感，怕失去。

（4）多疑，不信任他人。暴躁的人往往很敏感，把别人无意识的动作，或轻微的失误，都看成是对他们极大的冒犯。

（5）将别处受到的挫折和不满情绪发泄在无辜的人身上。

应当说，脾气是一个人文化素养的体现。大凡有文化、有知识、有修养者，往往待人彬彬有礼，遇事深思熟虑，冷静处置，依法依规行事，不会轻易动肝火。而大发脾气者，大多是缺乏文化修养的人，他们干柴般的思想修养，遇火便着，任凭自己的脾气脱缰奔驰，直至撞墙碰壁，头破血流，惹出事端。

所以，容易情绪暴躁的人，提高自己的素质修养刻不容缓。下面的6条措施将帮助你完成改变暴躁性格这一心理、生理的转变过程，让你的性格臻于完善。

（1）承认自己存在的问题。请向你的配偶和亲朋好友承认，自己以往爱发脾气，决心今后加以改进，希望他们对你支持、配合和督促，这样有利于你逐步达到目的。

（2）保持清醒。当愤愤不已的情绪在你脑海中翻腾时，要立刻提醒自己保持理性，这样你才能避免愤怒情绪的爆发，才能恢复清醒和理性。

（3）反应得体。受到不公平对待时，任何正常的人都会怒火中烧。但是无论发生什么事，都不可放肆地出口大骂。而该心平气和、不抱成见地让对方明白，他的言行错在哪儿，为何错误。这种办法给对方提供了一个机会，在彼此不受伤害的情况下改弦更张。

（4）推己及人。把自己摆到别人的位置上，你也许就容易理解对方的观点与举动了。在大多数场合，一旦将心比心，你的满腔怒气就会烟消云散，至少觉得没有理由迁怒于人。

（5）诙谐自嘲。在那种很可能一触即发的危险关头，你还可以用自嘲解脱。"我怎么啦？像个3岁小孩，这么小肚鸡肠！"幽默是改掉发脾气的毛病的最好手段。

（6）贵在宽容。学会宽容，放弃怨恨和报复，你随后就会发现，把愤怒的包袱从双肩卸下来，显然会帮助你放弃错误的冲动。

一位哲人说："谁自诩为脾气暴躁，谁便承认了自己是一名言行粗野、不计后果者，亦是一名没有学识、缺乏修养之人。"细细品味，煞是有理。二十几岁的年轻人，愿我们都能远离暴躁脾气，做一个有知识、有文化、有修养的人。

因此，能够自我控制是人与动物最大的区别之一。脾气虽与生俱来，但可以调控。多学习，用知识武装头脑，是调节脾气的最佳途径。知识丰富了，修养提高了，法纪观念增强了，脾气这匹烈马就会被紧紧牵住，无法脱缰招惹是非，甚至刚刚露头，即被"后果不良"的意识制约，最终把上蹿的脾气压下，把不良后果消灭在萌芽状态。

自控，成熟比成功更重要

二十几岁的年轻人正处于青春年少、意气风发的年纪，总是缺少自控，很容易被自己的情绪掌控。但是，自我控制是一种重要的能力，也是人区别于动物的重要标志。人是有理性的，而非依赖感情行事。没有自制力的人终将一无所成，因为一点小刺激和小诱惑就抵制不了，继而深陷其中，最终害的还是自己。

有一个间谍，被敌军捉住了，他立刻装聋作哑，任凭对方用怎样的方法威逼利诱，他都不为所动。等到最后，审问的人故意和气地对他说："好吧，看起来我从你这里问不出任何东西，你可以走了。"你认为这个间谍会立刻转身走开吗？不会的！要是他真这样做，他就会当场被识破他的聋哑是假装的。这个聪明的间谍依旧毫无知觉似的呆立着不动，仿佛对于那个审问者的话完全不曾听见。

审问者是想用释放他的方法使他麻痹，来观察他的聋哑是否真实，因为一个人在获得自由的时候，常常会精神放松。但那个间谍听了依然毫无动静，仿佛审问还在进行，就不得不使审问者也相信他确实是个聋哑人了，只好说："这个人如果不是聋哑的残废者，那一定是个疯子！放他出去吧！"就这样，间谍保住了自己的性命。

很多人都惊叹于这个间谍的聪明。其实，与其说这个间谍聪明，还不如说是他超凡的情绪自控力在关键时刻拯救了他的性命，换回了他的自由。

情绪是人对事物的一种最浮浅、最直观、最不用脑的情感反应。它往往只从维护情感主体的自尊和利益出发，对事物没有复杂、深远和智谋的考虑，这样的后果，就是常使自己处在很不利的位置上或为他人所利用。本来，情感离智谋就已距离很远（人常常以情害事，为情役使，情令智昏），情绪更是情感最表面、最浮躁的部分，以情绪做事，焉有理智？不理智，能够有胜算吗？

113

但是很多人在工作、学习、待人接物时，却常常依从情绪的摆布，头脑一发热（情绪上来了），什么蠢事都愿意做，什么蠢事都做得出来。比如，因一句无甚利害的话，有人便可能与人打斗，甚至拼命（诗人莱蒙托夫、诗人普希金与人决斗死亡，便是此类情绪所致）；又如，有人因别人给他们一点小恩小惠，而心肠顿软，大犯根本性的错误（西楚霸王项羽在鸿门宴上耳软、心软，以致放走死敌刘邦，最终痛失天下，便是这种柔弱心肠的情绪所致）；还可以举出很多因情绪的浮躁、简单、不理智等犯的过错，大则失国失天下，小则误人误己误事。事后冷静下来，自己就会感到犯了错误。这都是因为情绪的躁动和亢奋，蒙蔽了人的心智导致的。

所以，给自己的情绪装一个自制的阀门吧，这样我们才能做到挥洒自如，才能赢得卓越的人生。

日常生活中，我们难免会有情绪不好的时候，这时候不妨试着用以下的方法来控制情绪：

1. 转移

当我们受到无法避免的痛苦打击时，可能会长期沉浸在痛苦之中，这样既于事无补、不能解决任何问题，又影响自己的工作、损害健康，所以我们应该尽快地把自己的注意力转移到那些有意义的事情上去，转移到最能使自己感到自信、愉快和充实的活动上去。这一方法的关键是尽量减少外界刺激，尽量减少它的影响和作用。

2. 解脱

解脱就是换一个角度来看待令人烦恼的问题。从更深、更高、更广、更长远的角度来看待问题，对它有新的理解，以求跳出原有的圈子，使自己的精神获得解脱，以便把精力全部集中到自己所追求的目标上。

3. 升华

升华就是利用强烈的情绪冲动，把它引向积极的、有益的方向，使之具有建设性的意义和价值。我们常说的"化悲痛为力量"就是指升华自己的悲痛情绪。其实不只是悲痛可以化为力量，其他的强烈情感也都可以化为力量。

4.利用

利用，就是我们常说的"坏事也能变成好事"。一种利用是对时机和客观条件的利用。一个能使我们苦恼的强制性要求，如果能巧妙地加以利用，就有可能首先在精神上感到自己由被动转化为主动，进而可以使烦恼变得怡然自得、乐在其中。

所以，二十几岁的年轻人，要想成功，自控是很重要的。

情绪不稳定时，学会"绕着房子跑三圈"

很久以前，有一个年轻人，每次生气和人起争执的时候，就以很快的速度跑回家去，绕着自己的房子和土地跑3圈，然后坐在田地边喘气。他工作得非常努力，他的房子越来越大，土地也越来越广，但不管自己多么富有，只要与人争论生气，他还是会绕着自己的房子和土地跑3圈。为什么他从来不暴跳如雷呢？大家都很奇怪。

许多年过去了，他已不再年轻。当心情不好的时候，他还是一如既往地拄着拐杖艰难地绕着土地、房子走完3圈。他的孙子在身边问他："爷爷，您年纪大了，这附近的人也没有谁的土地比您的更大，您何必这么辛苦呢？"

他笑了笑，终于说出隐藏在心中多年的秘密："年轻时，我生气时，就绕着房子和土地跑3圈，边跑边想，我的房子这么小，土地这么小，我哪有时间、哪有资格去跟人家生气？一想到这里，气就消了，于是就把所有的精力用来努力工作。可是现在，我一边走一边想，我的房子这么大，土地这么多，我又何必跟人计较？这样，我的心又平静下来。我从来不会浪费时间去愤怒，所以每一天都过得很快乐。"

这位老人深谙生活的智慧。人虽然是情绪动物，难免会有各种负面情绪滋生，如果任由恶劣情绪控制自己，人生将变得毫无乐趣。被愤怒控制，会因冲动铸成大错；被烦躁控制，会坐立不安、一事无成；被忧伤控制，会日渐消沉，看不到生活的希望。所以，一个人要想做成大事，必须要有稳定的情绪和成熟的心态。

缺乏对自己情绪的控制，是做事的大忌。试想，如果你一会儿心情忧郁，情绪一落千丈；一会儿又怒火冲天，使你的朋友们对你敬而远之；一会儿又情绪高昂，手舞足蹈，谁愿意与这种情绪不定的人交往合作？而且，情绪不稳定的人对于自己确立的目标也常常不能坚持到底，做事容易情绪化，朝三暮四，高兴了就做，不高兴就扔在一边，丝毫没有计划性和韧性，这样的人能成功吗？

艾森豪威尔说："能控制自己情绪的人，可以成就任何大业。"傅山说："愤怒达到沸腾点时，就很难克制住，除非'天下大勇者'，否则便不能做到。"中国古语云："小不忍则乱大谋。"如果你想和对方一样发怒，你就应想想这种爆发会发生什么后果。如果发怒会损害你的利益，那么你就应该约束自己、控制自己，无论这种自制如何困难。

汉初名臣张良在年少外出求学时，曾遇到过一件事。

有一天，他走到一座桥上，遇到一个老人穿着粗布衣服在那里坐着。见张良过来，他故意将鞋子扔到桥下，冲张良喊："小子，下去给我把鞋捡上来！"

张良听了一愣，本想发怒，但看到对方是个老人，就强忍着怒气到桥下把鞋子捡了上来。

老人说："给我把鞋穿上。"

张良想，既然已经捡了鞋，好事做到底吧，就跪下来给老人穿鞋。

老人穿上鞋后笑着离去了。他一会儿又返回来，对张良说："孺子可教也。"于是约张良再见面。这个老人后来向张良传授了《太公兵法》，使张良最终成了一代良臣。

老人考察张良，就是看他有没有遇辱能忍的自我克制的修养，有了这种修养，才能担当大任，处理多种复杂的人脉资源和困难的事情；才能遇事冷静，知道祸福所在，不意气用事。二十几岁的年轻人在平时要注意这种修养，克制、忍耐，处理好所遇到的人和事。

控制自己的情绪既然如此重要，那么二十几岁的年轻人，当你情绪不稳定时，不妨学着第一个例子的主人公绕着房子跑 3 圈。

情绪低落时不妨假装快乐

许多人都有这样的体会：当我们在做一些有兴趣也很令人兴奋的事情时，很少会感到疲劳。因此，克服疲劳和烦闷的一个重要方法就是假装自己已经很快乐。如果你假装对工作有兴趣，一点点假装就可以使你的兴趣成真，也可以减少你的疲劳、紧张和忧虑。

有天晚上，艾丽丝回到家里，觉得精疲力竭，一副疲倦不堪的样子。她觉得很累，甚至不想吃饭就要上床睡觉。可是，当她看到父母坐在饭桌前等她吃饭的样子，还有母亲暖暖的那句："很累吧！快过来吃饭吧！"心里顿时觉得暖暖的，挤出一个笑容，坐在了饭桌前。

她知道父母关心她，所以纵使情绪低落、工作上多累多不顺心，她也不想让父母担心，于是她就尽量表现出很开心的样子，让父母放心，有时候，她还真的觉得这样做能让自己轻松不少。

心理因素的影响，通常比肉体劳动更容易让人觉得疲劳，这已经是一个大家都知道的事实了。约瑟夫·巴马克博士曾在《心理学学报》上有一篇报告，谈到他的一些实验，证明了烦闷会产生疲劳。巴马克博士让一大群学生做了一连串的实验，他知道这些实验都是他们没有什么兴趣做的。其结果呢？所有的学生都觉得很疲倦、打瞌睡、头痛、眼睛疲劳、很容易发脾气，甚至还有几个人觉得胃很不舒服。所有这些是否都是"想象"来的呢？

不是的，这些学生做过新陈代谢的实验，由实验的结果知道，一个人感觉烦闷的时候，他身体的血压和氧化作用实际上真的会减低。而一旦这个人觉得他的工作有趣的时候，整个新陈代谢作用就会立刻加速。

心理学家布勒认为，造成一个人疲劳感的主要原因是心理上的烦恼。加拿大明尼那不列斯农工储蓄银行的总裁金曼先生对此深有体会。

1943 年 7 月，加拿大政府要求加拿大阿尔卑斯登山俱乐部协助威尔斯军团进行登山训练，金曼先生就是被选来训练这些士兵的教练之一。他和其他的教练——那些人从 42 岁到 59 岁不等——带着那些年轻的士兵，长途跋涉过很多的冰河和雪地，再用绳索和一些很小的登山设备爬上悬崖。他们在加拿大洛杉矶的小月河山谷里爬上米高峰、副总统峰和很多其他没有名字的山峰，经过 15 个小时的登山活动之后，那些非常健壮的年轻人，都完全精疲力竭了。

他们感到疲劳，是否因为他们军事训练时，肌肉没有训练得很结实呢？任何一个接受过严格军事训练的人对这种荒谬的问题都一定会嗤之以鼻。原来，他们之所以会这样精疲力竭，是因为他们觉得登山很烦。他们中很多人疲倦得不等到吃过晚饭就睡着了。可是那些教练——那些年岁比士兵要大两三倍的人——是否疲倦呢？不错，可是不会精疲力竭。那些教练吃过晚饭后，还坐在那里聊了几个钟点，谈他们这一天的事情。他们之所以不会疲倦到精疲力竭的地步，是因为他们对这件事情感兴趣。

耶鲁大学的杜拉克博士在主持一些有关疲劳的实验时，用那些年轻人经常保持感兴趣的方法，使他们维持清醒差不多达一星期之久。在经过很多次的调查之后，杜拉克博士表示"工作效能减低的唯一的真正原因就是烦闷"。

因此，经常保持内心愉悦是抵抗疲劳和忧虑的最佳良方。在这里，请记住布勒博士的话："保持轻松的心态，我们的疲劳通常不是由于工作，而是由于忧虑、紧张和不快。"

二十几岁的年轻人，如果你此刻不快乐，会导致身体更加疲劳，情绪也就更加低落，因此，不妨假装自己是快乐的，当你的心理产生快乐的愿望时，身体也会跟着调整到快乐时的状态，从而形成良性的循环。不信你就试试看。

用运动驱散心头的烦闷

卡耐基曾诙谐地说过："我若发现自己有了烦恼，或是精神上像埃及骆驼寻找水源那样猛绕着圈子不停打转，我就利用激烈的体能锻炼，来帮助我驱逐这些烦恼。"正如他所说的，烦恼、情绪低落时的最佳"解毒剂"就是运动。当你烦恼时，多用肌肉，少用脑筋，其结果将会令你非常惊讶。这种方法对每一个人都极为有效。

因此，二十几岁的年轻人，当你觉得情绪不佳时，不妨尝试去做一些运动，这些运动可以是跑步，或是徒步远足到乡下，或是打半小时的沙袋，或是到体育场打网球。不管是什么，体育活动总能使我们的精神为之一振。等到肉体疲倦了，精神也随之得到了休息，当我们再度回去工作时，我们就会觉得精神饱满，充满活力。事实证明，快乐的身体能够带动快乐的心。

有位专门研究快乐如何影响心理的科学家曾整理出了快乐的技巧，方法简单而且见效神速，能让人立刻就变得乐观起来，这就是运动。

首先，经常运动，抬头挺胸。我们在矫正头脑之前，要先校正身体。为什么呢？因为生理与心理是息息相关的。相信你也应该有过这样的体验，当心情处于低潮的时候，我们往往也是无精打采、垂头丧气；而心情快乐时，自然是抬头挺胸、昂首阔步了。

再从另一角度来看，当一个人抬头挺胸的时候，呼吸会比较顺畅，而深呼吸则是释放压力的妙方。所以当抬头挺胸时，我们会觉得比较能够应付压力，当然也就容易产生"这没什么大不了"的乐观态度。另外，与肌肉状态有关的信息也会通过神经系统传回大脑去。当我们抬头挺胸的时候，大脑会收到这样的信息，四肢自在，呼吸顺畅，看来是处于很轻松的状态，心情应该是不错的。在大脑也做出心情愉悦的判决后，自己的心情就更轻松了。因此，身体的状态和姿势的确会影响心情状态，要是垂头，就容易感到丧气，如果挺胸，则容易觉得有生气。

这个简单得令人难以置信的方法，可千万别小看它，下次若头脑中悲

119

观的念头再冒出来时，赶快调整一下姿势，抬头挺胸地带出乐观心境吧！

二十几岁的年轻人身处竞争激烈的社会，常常会有莫名的烦躁感，常会感到情绪压抑，这时不妨站起来运动运动，坏情绪自然会烟消云散。

别让浮躁毁掉你的前程

有一个人得了很重的病，给他看病的医生对他说："你必须多吃人参，你的病才会好！"这个人听了医生的话，果然就去买了一只人参来吃，吃了一只就不吃了。

后来医生见到这个病人就问他："你的病好了吗？"病人说："你叫我吃人参，我吃了一只人参，就没有再吃了，可我的病怎么还没有好？"医生说："你吃了第一只人参，怎么不接着吃呢？难道吃一只人参就指望把病治好吗？"

古代有一个年轻人想学剑法。于是，他就找到一位当时武术界最有名气的老者拜师学艺。老者把一套剑法传授与他，并叮嘱他要刻苦练习。一天，年轻人问老者："我照这样练习，需要多久才能够成功呢？"老者答："三个月。"年轻人又问："我晚上不去睡觉来练习，需要多久才能够成功？"老者答："三年。"年轻人吃了一惊，继续问道："如果我白天黑夜都用来练剑，吃饭走路也想着练剑，又需要多久才能成功？"老者微微笑道："三十年。"年轻人愕然……

古时候有兄弟二人，都很有孝心，每日上山砍柴卖钱为母亲治病。神仙为了帮助他们，便教他们二人，可用四月的小麦、八月的高粱、九月的稻、十月的豆、腊月的雪，放在千年泥做成的大缸内密封49天，待鸡叫三遍后取出，汁水可卖钱。兄弟二人各按神仙教的办法做了一缸。待到49天鸡叫二遍时，老大耐不住性子打开缸，一看里面是又臭又黑的水，便生气地洒在地上。老二坚持到鸡叫三遍后才揭开缸盖，里边是又香又醇的酒。

这三则寓言讲的都是人性中的浮躁。急于求成、急功近利是人的本性，做事情总是求快，往往是追求了速度，却忘记了质量。人只有沉下心来，一步一脚印，才能将该做的事情做好。生活中，无论是名不见经传的普通人，还是声名显赫的企业家，都很容易被暂时的胜利冲昏头脑，在浮躁的心理下半途而废。所以，我们一定要戒除浮躁心理，才能创造每个人自己的成就。

只有不浮躁，才不会因为各种各样的诱惑而迷失方向。只有不浮躁，才会有耐心与毅力一步一个脚印地向前迈进。

奥比太太在她的屋子后面种了一大片玉米。经过几个月的辛勤劳作，眼看就到收获的季节了。

一个籽粒饱满、裹着几层绿色外衣的玉米说道："收获那天，主人肯定先摘我，因为我是今年长得最好的玉米。"周围的玉米听了，也都随声附和地称赞着。

收获开始了，奥比太太虽然看了看那个最好的玉米，但并没有把它摘走。

"她眼力可能不太好，没注意到我，明天，明天，她一定会把我摘走的！"那个最好的玉米自我安慰着。

第二天，奥比太太又哼着欢快的歌儿收走了其他的玉米，可唯独没有摘这个最好的玉米。

"明天老婆婆一定会把我摘走的！"最好的玉米仍然自我安慰着。

第三天，第四天，从这以后的好多天，奥比太太再也没有来过，最好的玉米被摘走的希望越来越渺茫了。

直到一个漆黑的雨夜，最好的玉米才突然感悟到："我总以为自己是今年最好的玉米，但现在连奥比太太都不要我了。白天，我顶着烈日，原来饱满而又排列整齐的颗粒变得干瘪坚硬，整个身体像要炸裂一般。夜晚，我又要和风雨做斗争。也许她真的不需要我，也许我真的不是最好的！"

不知不觉，黑夜就过去了，清晨柔和的阳光照在玉米的脸上，它抬起头来，睁开眼睛的时候，一下就看到了站在自己面前的奥比太太。

奥比太太用一种柔和的目光看着它，轻声说道："这可是今年最好的玉米，它的种子明年一定比它今年长得还要好呦！"这时，最好的玉米才明白奥比太太不摘走它的原因。

正当它想着的时候，这个获此殊荣的玉米被奥比太太轻轻地摘了下来……

二十几岁的年轻人和这个玉米一样，被别人承认的欲望总在心底蠢蠢欲动。在向众人展示自己的同时，我们常因自己是最好的那一个而沉不住气，急于得到别人的称赞和肯定，却常常忽略心浮气躁的品性会给自己前进的道路带来不必要的障碍。要知道，最好的那一个总是在最后才被发掘和利用，千万不要因为自己的心浮气躁而毁掉自己的前程。要记住，心浮气躁难成大事，要做最好的就要沉得住气。

无尽的欲望会让你成为一口枯井

托尔斯泰说："欲望越小，人生就越幸福。"这句话蕴涵着深邃的人生哲理。这是针对欲望越大，人越贪婪，人生越易致祸而言的。古往今来，被难填的欲壑葬送的贪婪者，多得不可计数。

我们应该明白：即使拥有整个世界，我们一天也只能吃三餐，这是人生思悟后的一种清醒，谁真正懂得它的含义，谁就能活得轻松、过得自在，白天知足常乐，夜里睡得安宁，走路感觉踏实，蓦然回首时没有遗憾！

物欲太盛驱使灵魂变态，也就是永不知足，没有家产想家产，有了家产想当官，当了小官想大官，当了大官想成仙……精神上永无宁静，永无快乐。

物质上永不知足是一种病态，其病因多是权力、地位、金钱之类引发的。这种病态如果发展下去，就是贪得无厌，其结局是自我爆炸、自我毁灭。

欲望与生俱来，人人都有。世人如何不心安，只因放纵的欲望。明末清初有一本书叫《解人颐》，对欲望做了入木三分的描述："终日奔波只为饥，方才一饱又思衣。衣食两般皆俱足，又想娇容美貌妻。娶得美妻生下子，恨无田地少根基。买到田园多广阔，出入无船少马骑。槽头扣了骡和马，叹无官职被人欺。当了县令嫌官小，又要朝中挂紫衣。若要世人心满足，除是南柯一梦西。"可见"人心不足蛇吞象"，不是一句空言。做人如果不能控制自己的欲望，就会成为欲望的奴隶，最终丧失自我，为欲望所役。

面对诱惑，需要保持清醒的头脑，要勇于放弃。如果抓住不放、贪得无厌，就会带来无尽的压力、痛苦和不安，甚至毁灭自己。

晋代陆机《猛虎行》有云："渴不饮盗泉水，热不息恶木荫。"讲的就是在诱惑面前的一种放弃、一种清醒。

以虎门销烟闻名中外的清朝封疆大吏林则徐，便深谙放弃的道理。他以"无欲则刚"为座右铭，历官 40 年，在权力、金钱、美色面前做到了洁身自好。他教育两个儿子"切勿仰仗乃父之势力"，实则也是其本人处世的准则；他在《自定分析家产书》中说，"田地家产折价三百银有零"，"况目下均无现银可分"，其廉洁之状可见一斑；他终其一生，从来没有沾染拥姬纳妾之俗，在高官重臣之中恐怕也是少见的。

在现实生活中，我们需要有一种放弃欲望的清醒。其实，在物欲横流、灯红酒绿的今天，摆在每个人面前的诱惑都有许多。唯有保持一颗清凉心的人，才不会误入歧途。

无尽的欲望只会让二十几岁的年轻人成为一口枯井。贪婪是耗尽人的能量，却永不让人满足的地狱。所以，二十几岁的年轻人一定要锁住自己的欲望，不要让它破坏掉自己的幸福。

第八章

你可以和人比不过家底，但不能
比不过底气

　　一个人很有智慧，能够对事物洞悉入微，但是做起决断来却畏首畏尾、瞻前顾后，最终只会将机会拱手让人。在这个世界上，你做任何事情都不可能十拿九稳，任何不确定因素都可能影响成败。如果在看到时机出现之时，不敢拿出自信和勇气来放手一搏，那么一开始就输了。

挖掘自己的潜能

　　每个人都蕴藏着巨大的能量，有些人或许不相信。这种"自知之明"是非常不积极的，其实我们谁也没有真正了解我们究竟有多大的力量。为了证明这一点，我们引用一个实验来加以解释，使它听起来显得合理一些：

　　将一个普通人催眠，然后把他的头和脚搁在两只椅子的边上，让身体悬空。这时让六七个人站在他的身上，他竟然可以支持得住。后来在他的身上搁了一块木板，让一匹马站上去，他竟然还能支持得住。按照常理来说，一个普通人的体力决不能支持一千多磅的重量，但是在催眠状态下，他竟然毫发无损而且轻轻松松地做到了。

　　这力量不是凭空而来的，也完全没有借助外力或者兴奋剂之类的药品，是的的确确来自他的身体内部，这便是潜伏在他身体里面的巨大的潜能。

如果这个人在正常情况下，要承受这种力量，别说悬空，就算是平躺在地上恐怕也被压致重伤。人的身体就是一个宝藏库，在每个人的身体里面，都潜伏着巨大的能量。只要你能够发现并加以利用这种力量，便可以成就你所向往的一切东西。要打开这个宝库，先要相信有这么一个宝库。

　　著名心理学家罗森塔尔应邀到一所普通的学校听课。在看完班上所有学生的表现之后，班主任问罗森塔尔："先生，您能不能挑出班上最有前途的学生？""当然可以。"罗森塔尔爽快地答应了。话音刚落，罗森塔尔就毫不迟疑地用手指着一个学生说："这个最有前途的学生就是你！"被指到的学生眼睛一亮，顿时神采飞扬，兴奋之情溢于言表。放学后立刻飞奔回家告诉父母："爸爸妈妈，告诉你们一个好消息，心理学家说我是最有前途的学生！"母亲听完孩子的话后，欣喜若狂，仿佛孩子一下子变成了天才，更重要的是这位孩子自己也认为自己是天才。从此，这个孩子不断受到同学的羡慕、老师的关怀、家长的夸奖，他找到了天才的感觉，成绩不断提高，智力水平也有很大提高。一年后，罗森塔尔再次访问该校，问道："那个孩子的情况现在怎么样？"班主任回答："好极了！"接着她又向罗森塔尔请教："先生，我感到很惊讶，您来之前他只是一个普普通通的学生，可经您一说，马上就变了。请问您的眼力为什么这么厉害，能够判断得如此准确？"罗森塔尔微笑着说："因为每一个孩子都是天才，他们缺少的只是自信而已！"

　　是的，我们每个人身上都蕴藏着巨大的潜能，每个人都有成为天才的可能。有信心的人，可以化渺小为伟大，化平庸为神奇。但很可惜的是，我们很多人对自身的潜能置之不理，总是想借助外界的力量来完成自己的愿望。终日焚香祷告，祈求神灵，实在有些舍本逐末的意味。

　　"恃人不如自恃也"，依靠别人不如依靠自己。放着自己身上巨大的潜能不去挖掘使用是一种极大的损失。

　　大雨天，一个行路人在屋檐下避雨。这时候，他看见观音菩萨正打着雨伞从面前经过。于是向菩萨求道："大慈大悲、普度众生的观音菩萨，请带我一程吧，把我从淋雨之苦中解救出来。"观音菩萨回答说："我在雨里，你在屋檐下，屋檐下淋不到雨的你不需要在雨中的我解救。"于是路人跳出屋檐，站在雨中说："现在我也在雨中，请菩萨度度我吧。"观音菩萨回答说："你在雨中，我也在雨中。我没有淋雨是因为我有伞，你淋雨是因为你没有伞。所以不是我度的自己而是伞度的我，你要想从淋雨之苦中解救出来，那就去找把伞吧。"说完就消失在雨中了。

大慈大悲的观音菩萨当然不会吝啬在雨天带他一段路，主要是想要给这个路人一些启发，否则，神通广大、法力无边的观音菩萨也不会在雨天打把雨伞出门。

第二天，这个路人碰到了一件棘手的事情，很难完成，就去庙里求神问佛。一进庙里，发现庙里的观音神像前已经有一个祷告者在祷告，跟观音菩萨一个模样。路人上前问道："你是观音菩萨吗？"祷告者回答："正是。"路人有些丈二和尚摸不着头脑："那你为什么自己拜自己？"观音菩萨笑道："我也遇到了难事，但我知道，求人不如求己。"路人听罢，怅然若失。

美国学者詹姆斯根据其研究成果说："普通人只发展了他蕴藏能力的1/10。与应当取得的成就相比较，我们不过是在沉睡。我们只利用了我们身心资源的很小的一部分，甚至可以说一直在荒废。"我们很多人一遇到困难就去寻找外力的帮助，甚至是连寻求帮助也免了，直接就放弃。我们从来不相信自己有能力去做好它，从不想想自己拥有的潜在的力量，就这样一直荒废着。

试着相信自己，相信我们每个人的身体内蕴藏的巨大潜能等待着我们去发掘，一旦找到，它将成为我们无穷的信心能量。如果能够唤醒这种潜在的巨大力量，就往往会出现奇迹。世界上有无数平凡的人，但在这些人的体内同样有着巨大的潜能，只要能够激发他们体内的一小部分潜能，就可以成就他们伟大的、神奇的事业。

美国心理学家马斯洛指出："实际上绝大多数人都有可能比现实中的自己更伟大些，只是缺乏一种不懈努力的自信。"不懈努力的自信，是引爆自身强大潜能的导火线，可以促使我们创造更大的成就。

"能不能"在于你"信不信"

信仰使人拥有力量，信仰也使人失去力量。很多事情出现在我们面前，表现出一副高不可攀的模样，其实并不是我们力不能及的。有时候能不能做到，也就是一念之间的事情。不相信能做到，那么也只有被它嘲弄懦弱无能的份；而你相信能做到的话，问题就会迎刃而解。

1796年的德国哥廷根大学，有一个很有数学天赋的19岁青年在此攻读数学，每天他都会单独受到导师的特别照顾——计划外的3道数学题。一天，这位青年用过晚饭，开始做导师单独布置给他的那3道数学题。前两道题做起来稍显轻松，他在两个小时内就顺利完成了。但是第三题却让他感到很是棘手，第三道题被写在另一张小纸条上：要求只用圆规和一把没有刻度的直尺，画出一个正17边形。他感到非常吃力，时间一分一秒地过去了，第三道题竟然毫无进展，找不到一点解题的头绪。这位青年绞尽脑汁，但遗憾的是，他发现自己学过的所有数学知识似乎对解开这道题都没有任何帮助。他没有退缩，困难反而激起了他的斗志。他发誓一定要把它做出来！他拿起圆规和直尺，一边思索一边在纸上画着，尝试着用一些超常规的思路去寻求答案。当窗口露出曙光时，青年长舒了一口气，他终于完成了这道难题。

见到导师，这位青年有些内疚和自责。他对导师说："您给我布置的第三道题，我竟然做了整整一个晚上才把它解出来，我辜负了您对我的期望和栽培……"导师接过青年的答题一看，当即惊呆了。他用因兴奋不已而颤抖的声音对青年说："这是你自己做出来的吗？"青年有些疑惑地看着导师，回答道："是我做的。但是，它花费了我整整一个晚上。"导师请他坐下，取出圆规和直尺，在书桌上铺开纸，让他当着自己的面再做一个正17边形。轻车熟路的青年这回很快就做好了一个正17边形。导师激动地对他说："你知不知道，你解开了一桩有2000多年历史的数学难题！阿基米德没有解决，牛顿也没有解决，你竟然一个晚上就解出来了。你是一个真正的天才！"原来，导师也一直想解开这道难题。那天，他是因为失误，才将写有这道题目的纸条交给了这位青年。歪打正着，这位导师还给对了人，这道悬了2000多年的数学难题也就从此解决了。每当这位青年回忆起这一幕时，总是说："如果当时有人告诉我，这是一道有2000多年历史的数学难题，我可能永远也没有信心将它解出来。"

这位青年就是数学王子高斯。

"如果当时有人告诉我，这是一道有2000多年历史的数学难题，我可能永远也没有信心将它解出来"，但事实证明，高斯是有能力解出这道数学难题的。如果19岁的高斯一开始就知道并产生这样一个意识：阿基米德、牛顿都没有解决的问题，自己肯定更解答不出来。那么这道难题的破解兴许会被延后。高斯一开始的态度是相信自己一定能解答出来，是的，因为相信，才有可能做到。

有一次，拿破仑·希尔问PMA成功之道训练班上的学员："你们有多少人觉得我们可以在30年内废除所有的监狱？"学员们显得很困惑，怀疑自己听错了。一阵沉默过后，拿破仑·希尔又重复一次："你们有多少人觉得我们可以在30年内废除所有的监狱？"确信拿破仑·希尔不是在开玩笑后，马上有人出来反驳："你的意思是要把那些杀人犯、抢劫犯以及强奸犯全部释放吗？你知道这会造成什么后果吗？那样我们就别想得到安宁了。不管怎样，一定要有监狱。""社会秩序将会被破坏。""某人生来就是坏坯子。""如有可能，还需要更多的监狱。"

拿破仑·希尔接着说："你们说了各种不能废除的理由。现在，我们来试着相信可以废除监狱。假设可以废除，我们该如何着手。"大家勉强把它当成试验，安静了一会儿，才有人犹豫地说："成立更多的青年活动中心可以减少犯罪事件的发生。"不久，这群在 10 分钟以前坚持反对意见的人，开始热心地参与讨论。"要清除贫穷，大部分的犯罪都源于低收入"，"要能辨认、疏导有犯罪倾向的人"，"借手术方法来治疗某些罪犯"……总共提出了 18 种构想。

把不能做到变成相信能做到，就会有意想不到的收获。

成功不会怜悯妄自菲薄的自卑者

我们每个人都有缺点，但我们应该从容地面对和努力地改正，而不是畏畏缩缩地躲在自卑情绪之下。可躲又躲不了，这种自卑者往往又是极为敏感的，别人不小心的碰触都会让其卑羞莫名。哪怕是别人的一个不经意的眼神或者是一句没有任何用意的话，自卑者都觉得是在对自己进行评头论足。

长期被自卑情绪笼罩的人，一方面感到自己处处不如别人，一方面又害怕别人瞧不起自己，逐渐形成了敏感多疑、胆小孤僻等不良的个性特征。

王璇毕业于某著名语言大学，大学期间的王璇是一个十分自信从容、开朗活泼的女孩，风风火火的她常常成为男生追逐的焦点。毕业后的王璇在一家大型的日本企业上班，上班后的王璇仿佛变了一个人似的，原先活泼可爱、整天嘻嘻哈哈的她不但变得羞羞答答，做起事来也变得畏首畏尾。说话和做事都显得特别不自信，和大学时简直判若两人。

每天上班王璇都会比往常提前两个小时起床，这并不是因为她有"生前何必久睡，死后自会长眠"的觉悟，她把这两个小时的时间全部用在穿衣打扮上了。之所以这么做，是因为她害怕自己的打扮不好，遭到同事或上司的取笑。在工作中，她更是谨小慎微、战战兢兢的，做起事来如履薄冰，生怕出现什么差错。

原来到日本公司上班后，王璇发现日本人的服饰及举止显得十分高贵及严肃，让她觉得自己土气十足，上不了台面。这让她对自己的服装及饰物产生了深深的厌恶之情。第二天，她就跑到商场购物。可是，由于还没有发工资，她买不起那些名牌服装，只能悻悻地回来了。在公司的第一个月，王璇是低着头度过的。她不敢抬头看别人穿的正宗的名牌西服、名牌裙子，因为一看，她就会觉得自己很寒酸。那些日本女人或比她先进入这家公司的中国女人大多穿着一流的品牌服饰，而自己呢，竟然还是一副穷学生样。每当这样比较时，她便感到无地自容，她觉得自己就是混入天鹅群的丑小鸭，心里充满了自卑。

服饰还是小事，令王璇更觉得抬不起头来的，是她的同事们平时用的香水都是洋货。她们所到之处，处处飘香，而王璇自己用的却是一种廉价的香水。女人与女人之间，聊起来无非是生活上的琐碎小事，比如化妆品、首饰等。而关于这些，王璇几乎什么话题都没有。这样，她在同事中间就显得十分孤立，也十分羞惭。在工作中，王璇也觉得很不如意。由于刚踏入工作岗位，她的工作效率不是很高，不能及时完成上司交给的任务，有时难免受到批评，这让王璇更加拘束和不安，甚至开始怀疑自己的能力。此外，王璇刚进公司的时候，她还要负责做清洁工作。看着同事们悠然自得地享用着她倒的开水，她就觉得自己与清洁工无异，这更加深了她的自卑意识。王璇陷入了一个自卑的恶性循环当中。

像王璇这样的自卑者，总是在意别人的眼光，总以为别人在对自己的缺点指指点点。所以总会有意地拿自己的缺点去跟别人的优点做比较，这种用自己的鸡蛋跟人家的石头较量的"精神"所产生的后果就是更加自卑。

每一个事物、每一个人都有其优势，都有其存在的价值。能看到别人的长处是好事情，但我们不应该妄自菲薄，我们要做的是仔细正视自己，发现自己的优点，并且相信自己。

一天晚上，一位名叫杰克的青年站在一条河边，面容很憔悴，神情非常沮丧。这天是他30岁生日，可看看一无所有、一无是处的自己，他不知道自己是否还有活下去的必要。杰克从小在福利院里长大，身材矮小，长相也不好，讲话又带着浓厚的法国乡下口音，所以他一直很瞧不起自己，认为自己是一个既丑又笨的乡巴佬儿，连最普通的工作都不敢去应聘，没有工作，也没有家。就在杰克自哀自怜、徘徊于生死之间的时候，与他一起在福利院长大的好朋友汤姆兴冲冲地跑过来对他说："杰克，告诉你一个好消息！""好消息从来就不属于我。"杰克一脸悲戚。"不，我刚刚从收音机里听到一则消息，说拿破仑曾经丢失了一个孙子。播音员描述的相貌特征与你丝毫不差！""真的吗？我竟然是拿破仑的孙子？"杰克一下子精神大振。联想到爷爷曾经以矮小的身材指挥着千军万马，用带着泥土芳香的法语发出威严的命令，他顿感自己矮小的身材同样充满力量，讲话时的法国口音也带着几分高贵和威严。一想到这些，杰克顿时觉得很骄傲、很自豪。第二天一大早，杰克就满怀信心地来到一家大公司应聘。20 年后，已成为一家大公司总裁的杰克，查证出自己并非拿破仑的孙子，但这早已不重要了。

身材矮小、长相不好，说起话来还很土气的杰克只看得到自身的这些，他为此感到非常自卑，连一份普通的工作都不敢去应聘，成功当然不会属于杰克。杰克找到自信后，全身仿佛充满力量，因此也就有了排除万难的决心。

一切勇敢的新鲜尝试和开拓创新都是建立在对自身情况比较了解并且自信的基础上的，有了自信才有去创造的勇气和行动。一个缺乏自信心的人，常常看不到自己的优势所在，就更不会想到用自身的优势去尝试某种事物。自信者的眼光总是放在自己的优势上，而自卑者总是把焦点聚集在自身的缺陷上。对于可怜的自卑者，我们只有"哀其不幸，怒其不争"。一个自卑者看不见自己的长处，也就谈不上发挥自己的优势，辜负上天赋予自身的才能是一种极大的浪费。成功是不会青睐这种自卑者的。

给自己一个自信的理由

自信是心灵的振奋剂，对我们来说是非常重要的一个品质。万物有长有消，我们不可能让自己的心灵永远保持振奋状态，心灵的振奋会随时间的流逝而渐渐消退。因此这时候，我们就有必要重新找找信心，为自己的心灵打上一针"振奋剂"。

狄青是北宋仁宗朝的一员大将，在一次平定叛乱的战役中，就上演了一场给临战的众将士"打针"的好戏。狄青16岁代兄受过而充军，开始了他的行伍生涯。由于俊秀的脸庞不能够震慑住敌人，所以狄青每次出战都披头散发，戴着铜面具（北齐兰陵王高长恭也有过类似的经历）。狄青作战勇猛，所向披靡，人称"面涅将军"。

1052年，广西少数民族首领侬智高起兵反宋，自称仁惠皇帝，四处招兵买马，攻城略地，一直打到广东。宋朝统治者十分恐慌，几次派兵征讨，均损兵折将，大败而归。就在举国骚动，满朝文武惶然无措之际，仅做了不到三个月枢密副使的狄青，自告奋勇，上表请行。宋仁宗十分高兴，任命他为宣徽南院使，宣抚荆湖南北路，经制盗贼事，并亲自在垂拱殿为狄青设宴饯行。

当时，宋军连吃败阵，军心动摇。为了鼓舞士气，让将士们重新找回必胜的信心，受命危难间的狄青下了一招妙棋。双手捧着一百枚铜钱的狄青跪在地上，向上天祷告："这次出兵，胜败难料，请允许我手拿百枚铜钱向您请愿。如果这次能够大胜而回，就让这些即将掷出去的铜钱，全部正面朝上。"左右将领听完面面相觑，这种事情出现的机会太渺茫了，如果不能全部正面朝上，会严重影响军心，于是就有人上去劝说。但狄青浑然没听见一般，把铜钱往地上一撒，诡异的事情出现了，所有铜钱全部正面朝上。全体将士顿时欢声震动，一个个神色喜悦。接着狄青让人拿来一百支铁钉，将铜钱全部钉在地上，然后用青纱覆盖在上面，一切准备妥当之后，狄青向众将士说道："等到凯旋之时，再来答谢神明取回铜钱。"然后命令军队就此出发。

经过众将士的浴血奋战，很快平定了叛乱，在班师回朝经过旧地时，按照先前的约定，答谢神明取回铜钱。这时左右将士才得知事情的真相，原来那一百枚铜钱的两面都是正面。人问其故，狄青回答说：此去水恶山险，况且将士们因为之前的败仗导致士气低落，所以我就用了这么一个方法帮众将士找回信心。有了信心，将士们打起仗来自然个个奋勇向前。左右将领听后无不佩服狄青的足智多谋。

一个军队最重要的素质就是士气，哪方有士气，哪方的士气高，战争的最终胜利就属于哪方，必胜的信心就是士气的源头。人生也是如此，只要我们充满自信，鼓足士气，成功就会离我们不远。因此为了成功，即使我们身份卑微也不能自卑，我们要给自己一个相信自己的理由。

19世纪，在法国有一个穷困潦倒的青年为了寻求生计，从乡下流浪到巴黎。他找到父亲的一位朋友，希望他能够帮自己找到一份工作，以便自己能在这个大城市中站得住脚。他们在父亲朋友的家里见了面。一番寒暄之后，开始进入正题，父亲的朋友问他："年轻人，你有什么特长呢？精通数学吗？"这位青年有些尴尬地摇摇头。父亲的朋友又问："那历史或者地理怎么样？"青年还是不好意思地摇摇头，有点无奈。"那么法律或别的学科呢？"青年再一次窘迫地低下头。"会计怎么样……"面对父亲朋友的发问，这位青年默不作声，只能以摇头作答，似乎在无声地告诉对方：自己一无所长，一无是处，连一点儿优点也找不出来。

父亲的朋友并没有对这位青年失去耐心，他对青年说："那你先把自己的地址写下来吧，你是我老朋友的孩子，我总得帮你找一份差事做呀。"青年的脸涨得通红，羞愧地写下了自己的住址，就急忙想转身逃开，离开这个令自己深感耻辱的地方。可是在他刚要走的时候，却被父亲的朋友叫住了，青年听到他说："你的字写得很漂亮嘛，这就是你的优点啊，你不该只满足找一份糊口的工作。"字写得好看也算一个优点？青年疑惑地看着父亲的朋友，但他很快就在父亲朋友的眼里看到了肯定的答案。

告别父亲的朋友，青年走在路上有些莫名兴奋，他浮想联翩：我能把字写得让人称赞，那我的字就是写得很漂亮了；能把字写得漂亮，我是不是也能把文章写得好看、引人入胜呢？受到初步肯定和鼓励的青年，充满了自信。他一边走一边想，兴奋得脚步都轻松起来。从此之后，这个青年开始发愤自学。数年后，这个原来沮丧失望的青年果然写出了享誉世界的经典之作，他成了一名非常杰出的作家——家喻户晓的法国著名作家大仲马。他的小说《三个火枪手》和《基督山伯爵》流传至今，成为饮誉世界文学史的经典之作。

二十多岁的年轻人可能像大仲马年轻时候一样，什么都不会，感觉自己一无所长、一无是处、一头雾水，然后在自卑中庸庸碌碌地过完一生。我们跟那些风光体面的成功者相差太远了，我们缺少资金，其他条件也比不上，但是这些并不是决定成败的关键因素，因为成功与贫富无关。我们与成功者相比，差别正在于我们缺乏自信。

当然，资金丰厚、人脉广博和其他优势条件会让人有自信，甚至是盛气凌人，但是我们也可以为自己找到自信。做到这个可以非常简单，简单到只需要一个简单的理由。我们环视自己，也许这个简单的理由就是"我写的字很漂亮"。

先相信自己，别人才会相信你

拉罗什富科说："我们对自己抱有的信心，将使别人对我们萌生信心的绿芽。"

世界上没有两个人是完全相同的，大家都有各自的特点。对于别人身上的优点特质，我们可以仰慕和崇拜，但是我们绝对不能轻视和忽略了自身的长处；我们可以信任别人、相信他们有能力把事情做得出色，但首先我们最应该相信的人就是我们自己。对自己抱有信心，才能让别人相信我们。

一家公司的发展需要很多外部因素，资金周转就是一个非常重要的因素，所以获得银行的信用是非常关键的。只有资金周转顺畅，公司运行起来才会风生水起。

1918 年，24 岁的松下幸之助用仅有的 100 日元积蓄在日本大阪创立了一家电器制作所，这制作所里老板和员工总共就 3 个人，分别是松下幸之助和妻子以及松下幸之助的内弟。在外人眼里，松下幸之助他们要取得非常之成功似乎不可能，顶多只是小打小闹。但松下幸之助可不这么认为，他相信自己一定能开一个大公司。经过不懈的努力奋斗，松下电器接连推出了当时非常先进的配线器具、炮弹形电池灯以及电熨斗、无故障收音机、电子管等一个又一个成功的产品。7 年之后，松下幸之助成了日本收入最高的人。财富的不断积累似乎已经意义不大，松下幸之助开始对今后的方向进行深入的思考。

1932 年 3 月，一位朋友鼓励松下幸之助信教，松下说自己从不信教。那位朋友说："我过去也不信，但自从我了解宗教的价值之后，看到了自己从前处理人生诸事之谬误，也发现以前恼人之事离我而去，精神非常愉快，我的事业也随之兴旺起来。我愿与你分享信教之幸福。"虽然松下仍是婉言谢绝，但是朋友的诚挚与"掩饰不住的快乐"，却留给他深刻印象。10 天之后，这位朋友再次来邀请，好奇心驱使松下幸之助接受了邀请，到该宗教的总部去参观。好友向松下介绍说，在制材所（制造木材的地方），每天都有大约 100 个义务工人，把从全国各地方信徒捐献来的木材，制造成柱子、天井、栋梁。每天有 100 个人来从事制材的工作，真有那么多的用途吗？松下幸之助有所怀疑，问道："主殿盖好了之后，制材所不是就没有用处了吗？"好友很有把握地说："松下先生，你不用担心，正在建设的房子盖好了以后，还会有其他的，每年都有建筑物要盖。我们必须扩大，绝对没有缩小之理。"松下幸之助听了非常钦佩，这种永远扩大的事业是企业家很难做到的。他们一走进制材所，就听到马达和机械锯子锯断木材的声音。

在轰隆轰隆的杂音里，在满地堆放的木材边，只见很多工人流着汗，认认真真地从事制材工作。那种态度，有一种独特的、严肃的味道，和一般木材制造厂的气氛截然不同。

规模如此庞大而又肃穆的场面令松下幸之助十分惊奇与感动，不由得再三询问自己：我们的敬业精神与他们的最大差别到底在哪里呢？回到家之后，松下幸之助仍然思绪不断。到了半夜，他还在继续思考着。松下幸之助突然想到：宗教是给予人们精神幸福的神圣事业，企业是给予人们物质幸福的神圣事业，二者缺一不可，因此我们的工作也是至高无上的伟大事业。悟到这一点后，松下幸之助激动不已，伟大的使命让他有了继续奋斗的强大动力。

1932 年 5 月 5 日，松下幸之助把全体员工集合在大阪中央电器俱乐部的礼堂，发表了松下公司 90 多年历史上最重要的一次演讲："松下电器创业至今，可谓披荆斩棘，对产品下了很大的功夫，建立了物美价廉的销售政策。我们在宣传广告以及海报设计等方面，也有惊人的表现。这是各位都知道的。接着更进一步，建立了健全的代理店销售制度。我一直在忙碌中度日。松下电器现在已经有十几个工厂，虽然都是小工厂，但数量也很可观了。专利品也有 280 多件。最近研究人员增加不少，申请专利品每日平均十几件。在金融方面，获得了银行的信用，因此资金能顺利周转。到了今天，虽然是私人经营，但也已成为一个强大的工厂。"

别人对我们的信心是我们自己前进的动力，因为我们背负起了别人的信任，这是一种使命，多了使命感也就多了一份原动力。

不妨多相信自己一些

二十多岁的年轻人大都会遇到类似情况：我们喜欢电影，满怀信心和憧憬地想要当明星拍电影，这时候会有人给我们"当头一棒"，相当"委婉"地劝我们说，"年轻人，你这模样长得，把脸挡上就跟明星一个样"；

或许我们热爱书籍、心有感悟，自己也想写本书，这时候会有人劝你说"别装文艺了"；或许我们喜欢体育，想要当个长跑或短跑运动员，这时候会有人过来说，"就你那两条小短腿，接在一起还没我的长呢"。他们都表现得苦口婆心、语重心长，一副"不听老人言，吃亏在眼前"的神情。

在生活中，我们准备好了并下定了决心做某件事情，此时会有过来人或者权威人士对我们说，这种事情是行不通的，我们满怀的信心和豪情顿时退了一大半。有些时候，听从他人的劝阻是一件正确的事情，这会让我们少走一些弯路。但是过来人或者权威人士毕竟不是完人，他们的观点可能会是错误的。因此在这举棋不定的时候，我们不能迷失自己，我们要做的就是多相信自己一些。

英国的一位年轻的建筑设计师，很幸运地被邀请参加了温泽市政府大厅的设计。他运用所学工程力学的知识，产生了一个很独特的想法。具体的方案是巧妙地只用一根柱子支撑大厅天顶。一年后，市政府请权威人士进行验收时，对这个一根支柱的方案表示怀疑。这些专家设计师认为，用一根柱子支撑天花板太危险了，要求他再多加上几根柱子。年轻的设计师十分自信，他说："只要用一根柱子便足以保证大厅的稳固。"他通过计算和列举相关实例详细说明，拒绝了工程验收专家们的建议。他的固执惹恼了市政官员，年轻的设计师险些因此被送上法庭。在万不得已的情况下，他只好在大厅四周增加了4根柱子。不过，这4根柱子都没有接触天花板，其间相隔了无法察觉的两毫米。斗转星移，岁月更迭，一晃就是300年。300年的时间里，市政官员换了一批又一批，市政府大厅依然坚固如初。直到20世纪后期，市政府准备修缮大厅的天花板时，才发现了这个秘密。消息传出，世界各国的建筑师和游客慕名前来，观赏这几根神奇的柱子，并把这个市政大厅称作"嘲笑无知的建筑"。最让人称奇的是那位建筑师当年刻在中央圆柱顶端的一行字：自信和真理只需要一根支柱。那位年轻的设计师就是克里斯托·莱伊恩，一个很陌生的名字。今天，能够找到的有关他的资料实在少之又少，但在仅存的一点资料中，记录了他当时说过的一句话:"我很自信。至少100年后,当你们面对这根柱子时,只能哑口无言,甚至瞠目结舌。我要说明的是,你们看到的不是什么奇迹,而是我对自信的一点坚持。"

当我们遇到外力的一致反对时,一定要保持清醒的头脑,绝对不能人云亦云、亦步亦趋,我们自己一定要认真思考后再做出判断。是的,未来是不可预测的,在不能确定事物如何发展的情况下,我们的确会举棋不定。培根说:"深窥自己的心,而后发觉一切的奇迹在你自己。"在这举棋不定之时,我们应该选择多相信自己一些,奇迹往往在你自己。

第九章

二十几岁开始积累资源，别让未来的自己单打独斗

这是一个人人都希望成功的年代，这是一个沟通胜过拳头的年代，这是一个人脉决定输赢的年代，二十几岁，人脉决定你的未来！人脉即财富，二十几岁是积累人脉的最佳时期。如果你想早日成功，就从二十几岁开始。充满热情地积累人脉吧！

储存人脉胜过储存黄金

谁都不是单独生活在社会中的个体。在生活中，我们难免会形成这样或者那样的关系，比如父子关系、朋友关系、夫妻关系；在工作中，我们也要处理与同事、上级和下属之间的关系。在处理这些关系的过程中，我们会形成自己的关系网，这就是我们的人脉。

有的人认为自己的能力强，个性独特，就不需要拥有人脉了。其实这样的想法是错误的，对于这样的人，社会将给予忠告：只依靠个人的力量取得成功的人，一定会付出超乎常人的代价。

有的人认为自己已经积累了很多财富，无论精神上还是物质上，都十分富足了，不需要再考虑人脉的问题。这样的想法也是不对的。世界每天都在变化，你不可能每天都生活在自己单独搭建的小屋里而不与外界接触。即使你没有什么需要求助于别人，但你还有父母、亲戚、朋友、子女，你

139

不能保证他们也不需要你为他们做任何事情。

在生活中，财富固然重要，可是储存黄金远远不如储存人脉重要。因为黄金是不可再生资源，花掉了，用完了，也就消失了，但是人脉不一样，你完全可以利用它创造更多的价值。有了人脉，你可能会有更大的发展，你的人生也会因为认识了越来越多的人而变得更加广阔。

每个人身上都有优点，如果身边的每一个人都能够将自己的优点利用在你的身上，那么你的力量将是无穷的。可是，生活中很多人并没有认识到这一点，他们紧紧地锁住自己，为的是能够全神贯注地拼搏。可是，他们不知道，当他们集中了精神只守着自己的那一小块田地的时候，已经失去了由人脉构建起来的更为广阔的沃土。

有一个美国女人叫凯丽，她出生于贫穷的波兰难民家庭，在贫民区长大。她只上过 6 年学，也就是只有小学文化程度。她从小就干杂工，命运十分坎坷。但是，她 13 岁时，看了《全美名人传记大成》后突发奇想，打算直接与名人交往。她的主要办法就是写信，每写一封信都要提出一两个让收信人感兴趣的具体问题。许多名人纷纷给她回信。此外，她还有另外一个办法，凡是有名人到她所在的城市来参加活动，她总要想办法与她所仰慕的名人见上一面，只说两三句话，不给对方更多的打扰。就这样，她认识了社会各界的许多名人。成年后，她有了自己的生意，因为认识很多名流，他们的光顾让她的店人气很旺。最后，她不仅成了富翁，还成了名人。

由此可见，你若想成功，就必须有很多人的支撑。任何一个只想依靠自己的实力获得发展的人，都将承受更大的压力，受更多的苦。所以，不要再仅仅执迷于自己的力量，从现在开始储备你的人脉吧。若干年以后，你就会发现，这些人脉为你的人生价值的提升，已经远远超过了储备黄金所创造出来的价值。

处处留心，像蜘蛛一样吐丝结网

寻觅机遇、开发机遇、创造机遇，离不开个人的综合素质，更离不开人脉，曾经有人说："一个人70%的机遇来自人脉。"不善于经营人脉的人，即使遇到了迎面走来的机遇，也常常会视而不见，与之擦肩而过。让我们来看看日本保险女王柴田和子的人脉经营术。

柴田和子出生在日本东京，从东京新宿高中毕业后，进入三洋商会株式会社就职，后因结婚辞职回家做了4年的家庭主妇。1970年，31岁的她进入日本著名保险公司第一生命株式会社新宿分社，开始了保险销售生涯，创造了一个又一个辉煌的保险行销业绩。

1978年，柴田和子首次登上"日本第一"的宝座，此后一直蝉联了16年日本保险销售冠军，成为"日本保险女王"。

1988年，她创造了世界寿险销售第一的业绩，并因此入选吉尼斯世界纪录，此后逐年刷新纪录。她的年度成绩能抵上800多名日本同行的年度销售总和。

既然是保险销售行业，肯定离不开客户的支持，柴田和子是如何利用人脉资源进行销售的呢？

第一是抓牢旧的人脉资源，认识新朋友。

柴田和子高中毕业就到三洋商会任职，直到结婚为止，其周边的人脉资源后来给了她极大的帮助。最初的人脉资源完全是以三洋商会为基础，后来的人脉资源是通过他们的介绍以及转介绍而来的。

柴田的母校新宿高中是一所著名的重点高中，它培养了大批优秀人才、社会中坚，其毕业生都在社会上有一定的地位，这些人也成为柴田和子极重要的人脉资源。

第二是有的放矢抓要害。

柴田和子认为有效率的做事方法，是将已经建立的人脉资源活用于企业集团之中。每个人都有亲戚、校友和乡亲，可以将这些人脉资源灵活运用于工作中。

前往企业行销团体保险，柴田和子是以企业的母集团为着眼点的，只要与某企业集团旗下的公司签下契约，该公司所属企业集团的人脉资源就可尽数囊括其中，可以迅速地扩大自己的市场。

人在职场中打拼，就如同侠客行走江湖。《射雕英雄传》中的黄药师独来独往，也照样需要朋友的帮助。我们不能随心所欲地选择命运，选择境遇，但是我们可以靠自己悉心经营的人脉来寻觅机遇、开发机遇、为自己创造机遇。

现在的社会，是一个交际的社会，一个人有了人脉，就拥有了开创新天地的本钱。不要抱着独自打天下的幻想，一个人的力量毕竟有限，众人的力量才可观。让朋友帮助你寻找机遇、发现机遇、创造机遇，并不代表你的能力不行；相反，这更说明你在经营人脉上做得非常出色，而经营人脉出色，也说明了你的工作能力超过常人。

蜘蛛结网是为了捕捉食物，同样，我们为了生存，也要像蜘蛛一样处处留心，坚持不懈，为自己编织一张无边的人际网。

（1）确立目标：把目标定得具体的人，更容易把自己的关系网联结起来。比如将在媒体上频频亮相的经济领域的人物树立为自己的职业偶像。将你的职业愿望用语言表达出来，然后确立你可以分步骤达到的中间目标。

（2）建立联系：每个活动都会为你提供扩大社交圈的机会。先思考一下，你希望认识哪些人，然后收集一些可以参与到与这些人的交谈中去的信息。尽量适应环境，因为如果你要求自己至少要和3个以上的人攀谈的话，就算是无聊地站在那里应酬也会令你感到紧张。

（3）告诉别人：不管你在做什么，只要你并不知道谁能够帮助你，就应该广泛"撒网"。将你的愿望告诉所有你碰巧遇到的人。这种口头广告肯定会让你受益匪浅。

（4）参加集会：除了正式的派对，还要积极参加各种集会。活动前，讲座休息时，午餐时或是在飞机候机室里，你都不要置身事外。你可以结交一些你的同事、领导以及你对面的人。8 小时之外也可获取事业的成功。

（5）收集信息：仔细而且积极地倾听，通过提问你可以让谈话朝你希望的方向发展。为了你的现在和将来，为了你自己和他人，应该收集一些联系方式和值得了解的信息。

因此二十几岁的年轻人要在平时的生活中多多注意，处处留心，做个有心人，随时准备拓展自己的人脉网。

平时"冷庙"烧香，急时才能抱佛脚

有些人做人往往过于功利，平时对人不冷不热，甚至还冷嘲热讽，有事时却像换了副脸孔似的，又是送礼，又是赔笑脸，显得特别热情，但这样的人做人往往很难成功，因为他只是把别人当作利用的工具。聪明的人，其高明之处在于他们不仅注重给热庙烧香，而且也非常注意给冷庙的菩萨上香。

一般人都喜欢到香火旺盛的热庙去烧香，须知因为香客众多，菩萨反而不会在乎你的香火，你并不能引起菩萨的特别注意和关注，你的努力在很大程度上是白费的。

如果你到冷庙烧香，情况就大不一样了。因为冷庙平时门庭冷落，无人礼敬，你却很虔诚地去烧香，菩萨对你另眼相看是很自然的事情，认为你是她的知己，感情自然贴近。

即便你到冷庙烧一炷香，菩萨也会认为是天大人情，一旦有事，你去求她，她定会鼎力相助。菩萨如此，人情亦然。所以在人情上，绝不可顾此失彼，用时再抱佛脚就不灵了。

而要想真正做到冷庙烧香，用时有人帮，关键是平时要多给别人提供帮助，多给人一份关心。

在生活中善于体察别人的需要，时刻关心身边的人，帮助他们脱离困境，你也会得到相应的回报。

小柳在某企业做文员。一天中午，经理走进办公室，向办公室里的员工们问道："上午让你们打的那份文件在哪里？我找不到了。"当时正值吃午饭时间，没有人注意那份文件放在了哪里，因此谁也没有理睬他的话。这时，小柳想起那份文件是小王负责的，而她今天因生病下午请假了。于是小柳对经理说："这件事交给我去办吧，我会尽力找到，再送给您。"下午，当小柳把找好的文件送给经理时，经理非常高兴。后来小王知晓这件事后，也对小柳感激不尽。

一个月之后，恰逢公司进行了人事变动，小柳升迁了。事情是显而易见的，小柳的热心和办事利落获得了经理的赞赏。

生活中，无论做什么事情，无论遇到什么人，不妨灵活点，经常帮别人一把，别人也会牢记在心，当你有事时，自然对你报之以恩。

对人情的投资，最忌讳的是急功近利，因为这样就成了一种买卖。如果对方是有骨气之人，更会感到不高兴，即使勉强接受，也并不以为然。日后就算回报，也是得半斤还八两，没什么好处可言。

平时不联络，事到临头再抱佛脚也来不及了。人脉不只在建立，也要重视平时的经营，否则时间长了，人脉也会变成冷脉。

聪明的二十几岁的年轻人，一定要注意多去"冷庙"烧香。平时多烧香，用时才灵光。但不是所有的"冷庙"都要去烧香，都可去烧香，要挑有发展潜力的"冷庙"去烧。

互换人脉，别让你的人脉透支

如果你有两个苹果，我有两个梨，彼此交换一个后，双方都有一个苹果和一个梨。同样，倘若你有一个非常好的人脉网，我也有一个非常好的人脉网，我们互相交换，那么，你有两个人脉网，我也有两个人脉网。因此，扩展人脉最有效的方法就是与你的朋友一起分享和交换人脉资源。

有这样一对父子，儿子是汽车推销员，父亲是保险推销员。

有一次，儿子向一位文化名人成功推销了一辆汽车。一个礼拜后，这位文化名人突然接到一个陌生电话："××先生您好，我是汤姆的父亲，感谢您一个礼拜前向汤姆买了一辆汽车，我今天打电话是想通知您，请您明天抽时间开车回车行进行检查。"这位父亲知道，大凡名人都很忙，一般不会随便接受别人的邀请。所以，父亲想借这位名人回车行的机会请他吃饭。

第二天，这位名人如约而至，检查车况后，这位父亲对他说："××先生，为感谢您的支持，已到午餐时间，我想请您一起坐一坐，我们可以顺便聊一聊如何更好地维护您的爱车。我想您不会拒绝一个做父亲的请求吧？"文化名人盛情难却，接受了邀请。

席间，这位父亲说："像您这么成功的人士，一定会非常注意生活的品质，一定需要一份完善的保障计划。您帮助了我儿子，您一定也会帮助我的，我这里有一份保险计划书，请您留意看一下。"这位文化名人面对对方的盛情，实难拒绝，不得不接过保单。

几天后，这位父亲不断地打电话和亲自拜访，终于签下了一份保单。同样，这位父亲的儿子也向父亲的保险客户推销汽车。这就是人脉资源交换的有效运作。

每个人的人脉关系网都是不一样的，你的人脉关系网中的每一个小点，都能为你带来一条人脉的线。这就如同数学的乘方，以这条主线来建立你的人脉关系网，速度是十分惊人的。

我们所拥有的人脉资源如同做生意，也是一种平等交换。我们跟朋友之间之所以可以维持互动关系，互换人脉，是因为我们各自都有可以提供给对方的东西，而且这种交换是不同价值的交换，我们通过交换可以弥补各自的需要，这对双方都是有意义的。

李津有一家自己的公司，在商界滚打摸爬了很多年，也算是交友广泛。但是由于公司经营项目的限制，他结交的都是一些和公司开发项目有关的人士，让李津发愁的是如何打通科技方面的人脉。

公司新研发了一个项目，但有一环节却苦于没有人脉而不得不搁浅。正当发愁之际，许总给他打来电话，让他帮忙请广告界的一位老总来参加自己举办的宴会，原来许总公司要推出一个新的品牌，需要广告界的支持。在宴会中许总也给他介绍了几位科技方面的人士，对他真可谓是雪中送炭。

当两个人交换一块钱时，每个人都只有一块钱，但当两个人交换人脉网时，他们将拥有更加丰富、更加完善的人脉网。哪怕你只认识几个人，你照样可以把人脉网扩大。因为，你可以通过朋友去认识朋友的朋友。

因此，二十几岁的年轻人，学会与你的朋友共享人脉资源吧，到时你就会发现，当你们互相交换人脉时，你们各自可以拥有更加丰富、完善的人脉资源。

主动，成功赢得人脉的一半

二十几岁的年轻人经常会遇到这样一种场面：在生日宴会上，几个好朋友聚在一起欢天喜地地玩玩闹闹，而旁边会有人只是一声不吭地吃着东西，没有加入到那些人的行列中。这样的人实际上是白白放弃了扩大自己交际面的好机会。聪明的人会主动争取和别人交流的机会，为自己开拓一个崭新的世界，促进自己的成功。

那么，怎样才能和对方进行良好的交流呢？有这样一句话："对方的态度是自己的镜子。"在日常的人际交往中，有时自己感觉"他好像很讨厌我"，其实这时正是自己讨厌对方的征兆。对方察觉到你的态度后，两个人就会越来越讨厌彼此。在出现这种情况的时候，自己要主动与对方交流，主动敞开心扉。

"对方愿意接近我，我也愿意和他交谈"，"对方如果喜欢我，我也喜欢他"，如果用这种被动的姿态与人交往，那就很难建立起和谐友好的人际关系。要想使自己拥有和谐友好的人际关系，使自己每天的心情都轻松愉快，毋庸置疑，那就应该采取积极主动的态度与人交流。一切自卑的、畏首畏尾和犹豫不决的行为，都只能导致人格的萎缩和为人处世的失败。所以，拿破仑说进攻是"使你成为名将和了解战争艺术秘密的唯一方法"。

二十几岁的年轻人在交际中也应如此，主动进攻，可以使人了解到社会人生所具有的意义，也可以说，寻常人生交际也是一场不流血的、平静温和的战争。因此，主动进攻不仅是一种行为风格，从思想上讲，更是一种谋略。

道理是这样，但很多二十几岁的年轻人心里对主动交往有很多误解。比如，有的女孩会认为"先同别人打招呼，显得自己没有身份""我这样麻烦别人，人家肯定反感的""我又没有和他打过交道，他怎么会帮我的忙呢"等。其实，这些都是害人不浅的误解，没有任何可靠的事实能证明其正确性。但是，这些观念实实在在地阻碍着二十几岁年轻人的人际交往，让他们失去了很多结识别人、发展友谊的机会。

当你因为某种担心而不敢主动同别人交往时，最好去实践一下，用事实证明你的担心是多余的。不断地尝试，会积累你成功的经验，增强你的自信心，使你的人际关系状况愈来愈好。

在谈话中，如果控制话题的主动权，你的压力就会缓和下来。但是，要是在主动权落入他人手中，受制于人的情况下，谈话便不会像你希望的那样进展顺利。如果对方不怀好意，存心问些尖锐敏感的问题，你更是陷于一味挨打的局势了。此时，你也许会苦思如何回答问题，殊不知，这样正好中了对方的圈套。

其实，这时恰是你反击的时候。你无须正面回答对方的问题，相反可以提出相关的问题，反过去征询对方的意见。据说，善于社交的高手，大都擅长使用这种"转话法"，以确保掌握谈话时的主导权。

除了变被动为主动外，二十几岁的年轻人在谈话时难免失言。有些年轻人失言的第一个反应往往就是慌乱，告诉自己"完蛋了"，瞬时热血直往脑门上冲，说话就更加语无伦次了。这种情况下，二十几岁的年轻人千万不能慌，要变被动为主动，才不会堵死自己与对方交往的路。

拥有丰富多彩的人际关系是每一个二十几岁的年轻人的需要。可是，现实生活中，很多人的这种需要都没有得到实现。他们总是慨叹世界上缺少真情，缺少帮助，缺少爱，那种强烈的孤独感困扰着他们，使他们痛苦不已。其实，很多年轻人之所以缺少朋友，仅仅是因为他们在人际交往中总是采取消极的、被动的退缩方式，总是期待友谊从天而降。这样，虽然他们生活在一个人来人往的工作场所，却仍然无法摆脱心灵上的寂寞。

二十几岁的年轻人要知道，别人是没有理由无缘无故对我们感兴趣的。因此，如果想赢得别人的友情，与别人建立良好的人际关系，摆脱寂寞的折磨，就必须主动与他人交往。

让网络成为你打通人脉的最好方法

一个精通人脉投资的人应该"该出手时就出手"，将网络上的人脉通通装进自己的"口袋"。今天，我们已经彻底步入了一个信息化社会，其明显特征就是：网络渐渐成为影响当代人工作和生活的重要因素之一，它将人们的社交范围一下子扩大了很多。在这种环境下，人们对信息的意识，对开发和使用信息资源的重视程度越来越高。于是，人与人的联系方式也趋向于多样化，QQ（一种即时通讯工具）、E-mail（电子邮件）、MSN（Microsoft Service Network，微软网络服务）、BBS（Bulletin Board System，电子布告栏系统）、微信等，应有尽有。这些沟通方式的诞生，打破了人们常规的交往模式，也极大限度地缩短了人与人之间的距离，使很多以前根本不可能的事通过网络都能够很快地得到实现。

网络时代的到来，为我们带来巨大便利的同时，也给我们带来了巨大商机，很多网络公司正是抓住了这一商机，应运而生。"时势造英雄"，至今已经伫立起百度、搜狐、阿里巴巴等靠网络起家的世界知名企业。而网络上的各种机遇，几乎全部都是附着在网络上的隐形人脉产生的。

那么，二十几岁的年轻人应该怎样打通这条虚拟的人脉通道呢？以下几种方法值得试试。

1. 利用 QQ、MSN、微信等简单普遍的聊天工具

说起聊天工具，我们再熟悉不过了，像 QQ、MSN、微信等，都是人们熟悉的即时通讯工具。利用这类工具，我们可以十分便捷地搜索到多数我们想结交的人。例如你想认识做 IT 的人，你就可以通过 QQ 分类查询，查找"IT 精英"，于是成千上万的这样的人便会出现在你的眼前。

这类通信工具简单实用，而且方法简捷，可以让你在短短的几秒内联系到在世界任意一个角落的人。

2. 让 E-mail 为我们的人脉保驾护航

电子邮件是一种利用电子手段提供信息交换的通信方式。随着网络的应用和普及，用笔写信的方式逐渐被 E-mail 所代替，E-mail 是一种非常廉价而且快速的联系方式，几秒钟的时间就可以以丰富的表现形式将你想要表达的信息传送给世界上任何一个角落的用户。所以，当你忙碌、无暇顾及众多的朋友时，不妨抽出几分钟的时间发几封电子邮件，既愉悦身心，还能为你们的友谊保驾护航。

3.BBS、博客、个人网站这些地方不可忽视

大家知道 BBS 指的是网上论坛，这里往往高手如云，藏龙卧虎。在论坛里混久了，你会发现很多惊喜。BBS 就是这样的一个平台，它给分布在五湖四海的朋友们提供了一个无比畅快的沟通交往的机会，志同道合的人可以很迅捷地找到对方。

博客，也是当下比较流行的一种网络交流方式，你可以通过建立自己的博客，汇集大量志同道合的朋友；可以更容易地在网络这个大群体中找到对自己有利的人，对自己有利的信息和对自己有利的机会。通过博客这种物以类聚的生态方式，与现实进行互动，你会发现博客很像现实生活中的人际圈。

网站是指个人或团体因某种兴趣，拥有某种专业技术，提供某种服务或把自己的作品、商品展示销售而制作的具有独立空间域名的网络空间。在网站里你可以购买商品，出售自己的产品，与客户或朋友进行交谈，达到赢利，达到集聚人脉的特殊功效。

对于网络，二十几岁的年轻人如若运用得好，便能广结人脉、财源滚滚，让自己一生受益无穷。

拓展人脉的最佳捷径

圈子虽是个人取得财富、进入成功领域的门票，但是有时候进入一个圈子也未必能拿到成功的门票，因为在那个圈子里你的影响力不够大，如果想最大化地发挥自己的影响力，还需要自己组建一个圈子。

吕布，按照圈子来说应是三国第一经理人、"打工皇帝"，曾经一人之下，万人之上，个人职业能力远在他人之上，仅凭一人之力，大战刘关张，丝毫不落下风，但也免不了落得失败的下场。说一千，道一万，吕布的失败最主要的还是没有一个属于自己的圈子而导致的。虽然吕布拥有丰富的人力资源，却不懂经营，没有凭借其圈子优势培养任何人情、人缘、人脉，唯一一个认董卓为父的资源优势，最后还因一美人貂蝉与其反目成仇，这应该是吕布在接下来的人生旅途中全面下滑的转折点。吕布虽然猛力有余，但智慧不足，《三国演义》里我们没有看到他悔不当初的情节，不过，如果有一次重来的机会，我相信他绝对会选择另一种走法。

老李的弟弟被人诬告上了法院，老李慌乱之中求助于人，别人从来没有接触过这类事，也不知怎么办才好，只好建议他去找律师。老李说他过去也认识几位律师，但已经好久没有联系了，律师曾经给他的名片也早不知丢到哪去了。他无计可施，只能长叹一口气道："唉……人到用时方恨少呀！"

"人到用时方恨少"，很多人都有过这种经历，朋友遍天下，用时没几人。如果你也经历过这种难堪，请你赶快亡羊补牢；如果没有，也要未雨绸缪，早做准备，尽快组建一个属于自己的圈子。如何组建自己的圈子呢？经验人士给出的建议如下：

1. 要有明确的目标

我们应该以成为圈子中的最顶尖人物为目标。只要成为圈子中的第一名，你一定会赚很多钱；只要你是圈子中的第一名，你一定会很出名；只要成为第一名，你就一定会很成功；只要你是最好的，全世界最美好的东西就会如潮水般向你涌过来，连长城都挡不住。

乔丹打篮球成为巨星，有人找他拍电影，有人找他拍广告，有人找他出书……你说他的运动鞋需要自己买吗？耐克不但会提供，还要付他广告费。为什么？因为他是最伟大的篮球巨星。

成龙拍电影的时候，各个汽车厂商争相免费提供汽车作为电影里面的特技道具。为什么呢？因为成龙是最棒的！成龙在马来西亚拍电影的时候，意外将"万宝路香烟"的招牌撞坏，万宝路公司不但不要求赔偿，还决定不将招牌修好，因为那是成龙撞的，宣传价值更大。

开餐厅成为麦当劳会不会赚钱？当演员当到成龙会不会赚钱？打篮球成为乔丹会不会赚钱？不要研究别的，要研究你在你的优势领域中到底排名第几。

是妖是仙，都在于自己的选择。永远都要做石头！永远都不要做鸡蛋。

2. 重视圈中的中流

这个中流可不是中流砥柱，而是能力等各方面表现平平者。领头人组建一个圈子时往往容易忽视这些人，认为他们的存在没有太大的重要性。其实这些人的力量绝不容忽视。因为在一个圈子之中，有很多事情是需要有人去执行的，精英只能在一些重要事件上发挥作用，而一般问题的处理，就必然落到了这些虽然能力不强，但是绝对能够胜任的人身上，所以，在一个圈子中，这样的人同样必不可少。

3. 培养两个在水平和能力上都不太理想的人

这类人比较有自知之明，基本上不会对领头者的决定产生思想上的冲突，行动上可能会慢一拍，但他们执行时不太会计较个人得失。在一个圈子中，一定会有一些杂七杂八的琐碎的事情，这些工作是精英不能做的，中流不愿做的事情，这时，这类人的作用就突现出来，所以他们的存在也不容忽视。

4. "管"是最后一个招数

最常见的表现方式就是末位淘汰制，但末位淘汰的是能力最差者。但这里淘汰的不一定是能力最差者，而往往是对领头者的决定执行不力者，或因为对圈子或领头人不满而制造消极情绪者。虽然任何一个领头人都不希望这个人存在，但是如果需要刺激圈子能量上一个档次，这个人会是关键人物。领头人可以借助这个人对圈子进行铁腕管理。处理此人时可以无声胜有声，刺激其他圈子成员坚决贯彻决定。

二十几岁的年轻人，如果你想快速拓展自己的人脉圈，不妨从自己组建人脉圈开始！

第十章

百门会不如一门精，用心做好一件事

用心去做好每一件事情，这是一种人生态度，只有保持好这种态度，你才能够心如止水，平淡但坚定，才能够在忙碌的生活中保持好生活的方向，时时刻刻、事事严格要求自己。用心做好每一件事情，你才能够把握好生活中、工作中的每一个细节，把握好细节、事事从细节入手你才能够一步步地走向成功。

用心做好一件事

水滴石穿，绳锯木断。骐骥一跃，不能千里；驽马十驾，功在不舍。世上无难事，只怕有心人；贵有恒，何必三更灯火五更鸡，最无益，莫过一日曝十日寒。这些格言说的都是一个道理：用心一处，不要蜻蜓点水。

孔子一生怀才不遇，只好四处流浪，背井离乡。一路上跋山涉水，风餐露宿，这一日他来到了楚国一个山青水秀的地方。由于天气炎热，孔子及其弟子便在林中歇息避暑。

正在这时，忽然看见一位身手轻捷的驼背老人正在用竹竿捉蝉，伸手一接便是一只，就好像是在变戏法一样，看得大家目瞪口呆。

孔子趁老人休息的时候，走上前去，向老人请教捉蝉的方法："一会儿就捉了这么多，你有什么秘诀吗？"

老人说："在五六月间里，我学着用竹竿头接运泥丸。开始接运两粒泥丸，使之不失坠，经过这样的练习，我捉蝉时失手的次数就不多；然后再依次增加泥丸的数目，到接运五颗泥丸而使之不失坠的时候，就会达到我现在的境界。我操纵我自身，就好像砍断的大树；我伸出手臂，好像枯槁树木的枝条。天地虽然大，物品虽然多，我心中仅仅知道蝉的翼。任何事物都不能干扰我捕蝉的心思。照这样去做，怎么能捕不到蝉呢？"

孔子回头对学生说："看来做任何事用心专一，不瞻前顾后，就可以达到神妙的境界啊。"

老人说："你是穿大袖宽衣的儒者，怎么问这些事呢？好好地把我这一套技术记述下来，传给后人。"

另外还有一则故事，也说明了这一点。

楚国一位著名的钓鱼能手名叫詹何，据说他能够用一根蚕丝作为钓线，用芒草针作为钓钩，用小荆条或小竹条做钓竿，用半颗谷粒做诱饵，不管是在水流湍急的河中，还是在八百尺深的潭里，钓出的鱼要用车才能运走。而且他的鱼竿也不会有丝毫的损坏。

楚王也听说了詹何的钓术，很想知道其中的奥妙，于是把他召来，问他为什么有这么好的本领。

詹何笑道："先父曾经对我说过这么一件事。有一个叫蒲且子的人射鸟，用很弱小的弓，在箭上系上极细小的丝，趁着风势射出去，能够把在青云之上飞行的大雕射下来。他之所以能够这样，是因为他用心专一，动作灵敏。我从他射鸟中得到启发，就专心致志地琢磨钓鱼的诀窍，经过了五年之久才练就这一套手艺。现在，当我在河边钓鱼的时候，我就能做到心里不去想任何别的事，把钓线抛入水中，钓钩沉到水里之后，我的手脚就不轻不重，任何事情也不能打乱我。我一动不动，两眼静静地注视着河水。鱼就会以为我的钓饵是水里的尘埃或者水中聚集的泡沫，不知不觉地吞了下去，我顺势轻轻一拉，大鱼就被我钓了上来。这就是我为什么能成为钓鱼能手的道理。"

楚王说："原来如此啊。要是我治理楚国能够引用这一道理，那普天之下的管理也就轻而易举了，你说是吗？"

詹何说："是啊，两者的道理是一样的。"

做事情只要坚持做到两点，就能顺遂人意：一是用心要专一，不能三心二意；二是勤学苦练，熟能生巧。而现在很多人却做不到这两点，对事物一知半解，还自以为是，"满罐子不响，半罐子咣当"就是对某些人的生动写照。

有多大眼界成多大事

西汉高祖十一年（前196），中大夫贲赫上书告淮南王黥布谋反。高祖派人查验有据，召集诸侯问道："黥布反了，怎么办？"众诸侯都回答说："发兵将他小子坑了，还能怎么办！"汝阴侯胜公私下问其士客薛公说："皇上分地封他为王，赐爵让他尊贵，面南而称万乘之主，他为什么谋反呢？"薛公说："他应该反！皇上前年杀彭越，去年诛韩信，黥布与此二人同功一体，自认为祸将及身，所以谋反。"胜公对高祖说："我的士客故楚国令尹薛公，其人有筹策，可以问他。"高祖于是召见薛公，求问对策。

薛公为高祖分析形势，他说："黥布谋反并不奇怪。黥布有三计，如果用上计，山东之地就不是汉朝的了，用中计，则胜负难测，用下计，陛下可以安枕而卧。"高祖问："上计怎么讲？"薛公说："东取吴，西取楚，北取齐鲁，传檄燕、赵，然后固守，山东之地即非汉所有。"又问："中计怎么讲？"薛公说："东取吴，西取楚，并韩取魏，据敖仓之粟，塞成皋之险，则胜负难测。"又问："下计呢？"回答说："东取荆，西取下蔡，以越为后方，自己守长沙，则陛下可以安枕而卧，汉朝无事。"高祖说："那黥布会用哪一计？"薛公说："黥布以前是骊山的役徒，而今为万乘之君，他只会保身，不会为天下百姓考虑，所以会用下计。"高祖说："好！"于是封薛公千户，亲自领兵东击黥布。

果然，黥布用薛公说的下计，东击荆，荆王刘贾死于富陵（今江苏洪泽县西北），劫其兵，渡淮水击楚，大败楚军，然后西进。

与高祖兵在蕲（今河南淮阳县）相遇，汉兵击破黥布军，黥布渡淮水而逃，后与百余人逃至江南，被人杀死。

薛公虽然是把黥布看扁了，但他看得很准。黥布的确胸怀不大，鼠目寸光，手下又没有出色的谋士，成不了什么大事。

人们常说，思路决定出路，眼界决定境界，这话不假。想让自己的事业更上一层楼，就要站在更高的地方，多看，多听，多接触新事物。不换脑筋，就会被淘汰，在这个飞速发展的时代，绝不是危言耸听。

1993年的时候，新希望集团的刘永好与大邱庄的禹作敏曾有过多次接触。一次禹作敏问："永好啊，我不懂，你在全国办那么多厂，你是怎么管的？我在外地办工厂都亏损……"刘永好说："我没调查，还说不好，我需要看一看。"

回来之后，刘永好一个最基本的感受就是：禹作敏在大邱庄待得太久了，所以他在中央电视台讲大邱庄是世界上最好的地方，他说大邱庄的小伙子要娶美国的媳妇，他讲大邱庄的农业已经超过了美国……这就是他走向失败的根本点——眼界太小，成为坐井观天的青蛙。

山外有山，楼外有楼。不管你现在是不名一文，还是富可敌国，你都要看到世界上比你强的还有很多。只有始终保持一个广阔的视野，脑子不断装进新东西，才能最终成就事业，立于不败之地。

瞄准目标去做事

没有目标的人生不可能成功，就如没有空气人不能存活一样。没有明确的目标或是目标不专一的人，他再勤劳也是徒劳，就像一艘没有舵的船，永远漂泊不定，只会到达失望、失败和丧气的海滩。

刘备少年时就确立了"上报国家，下安黎庶"的远大志向，深得人心，身边又有关羽、张飞、赵云等忠诚骁勇的大将，照理说应该是所向无敌了。然而，恰恰相反，在他奋斗的前期却屡遭败绩，一次又一次地丢失地盘，处处被动，只得辗转投奔他人，困守小小的新野县。原因在哪里？最根本的原因就在于他虽然胸怀大志，却一直缺乏正确的战略方针。直到他三顾茅庐，诸葛亮才为他把天下大势分析得明明白白，替他设计了最佳的发展道路："将军欲成霸业，北让曹操占天时，南让孙权占地利，将军可占人和。先取荆州为家，后即取益州建基业，以成鼎足之势，然后可图中原也。"

这位年仅 27 岁的青年，对天下大势和刘备集团自身的条件真是了如指掌。正是由于有了诸葛亮制定的正确战略，刘备集团才扭转了颓势，取荆州，夺益州，攻汉中，取得了节节胜利，与曹操、孙权鼎足而立。后来，由于关羽违背了隆中决策中"外结孙权"的方针，刘备陷入曹操、孙权的两面夹攻，痛失荆州，使诸葛亮两路北伐的战略构想无法实现；刘备不听劝告，强行伐吴，又遭惨败，进一步削弱了刘蜀集团的实力。尽管诸葛亮修复了蜀、吴关系，平定了南方，发展了经济，但刘备集团终究国小力弱，再也不可能实现"隆中对"提出的最终目标了。

我们看一个有趣的哲理故事：

话说唐太宗贞观年间，长安城内的一个磨坊里，有一匹马和一头驴。它们是好朋友，马在外面拉东西，驴在屋里推磨。贞观三年（629），这匹马被玄奘大师选中，出发经西域前往印度取经。

17 年后，这匹马驮着佛经回到长安。它重回磨坊会见它的驴子朋友。老马谈起这次旅途的经历：浩瀚无垠的沙漠、高耸入云的山岭、莽莽苍苍的森林、神奇的国度……那些神话般的境界让驴听了大为惊异。驴子惊叹道："你有这么丰富的见闻呀！那么遥远的道路，我连想都不敢想。"

"其实，"老马说，"我们跨过的距离是大体相等的，当我向西域前进的时候，你一步也没停止，不同的是我与玄奘大师有一个遥远的目标，按照

157

始终如一的方向前进，所以我们打开了一个广阔的世界。而你被蒙住了眼睛，一生就围着磨盘打转，所以永远也走不出这个狭隘的天地。"

那头驴子也很辛苦，但它汗水都洒在一个小小的圆圈里了，它一辈子也没有看到外面美丽的风景。

有了目标还不够，你要马上行动起来，不能拖，否则热乎劲儿一过，可能就难以持之以恒了。

为了成功，你要大声说出你的目标，可以天天对自己说，也可以让别人知道并监督自己。

当你说出你的目标时，这些好处几乎会自动地到来：

（1）第一个巨大的好处是你的潜意识开始遵循一条普遍的规律，进行工作。这条普遍的规律就是："人能设想和相信什么，人就能用积极的心态去完成什么。"如果你预想出你的目的地，你的潜意识就会受到这种自我暗示的影响。它就会进行工作，帮助你到达那儿。

（2）如果你知道你需要什么，你就会有一种倾向：你因受到激励而愿付出代价，你能够预算好时间和金钱了。

（3）现在，你的工作变得有乐趣了。你愿意研究、思考和设计你的目标。你对你的目标思考得愈多，你就会愈发热情，你的愿望也就变成热情的愿望。

（4）你对一些机会变得敏锐了。这些机会将帮助你达到目标。你知道你想要什么，你就很容易察觉到这些机会。

总之，要瞄准目标去做事，只有这样才能使你集中精力。千万不要陷入琐碎的日常事务中去，成为琐事的奴隶。

想做就全身心投入

美国著名演员菲尔兹曾说："有些妇女补的衣服总是很容易破，钉的扣子稍一用力就会脱落。但也有一些妇女，用的是同样的针线补的衣服、钉的纽扣，你用吃奶的力气也弄不掉。"做事是否认真，体现着一个人的生活态度、敬业精神。只有那些有着严谨的生活态度和满腔热忱的敬业精神的人，才会认真对待每一件事，不做则已，要做就一定要尽心尽力做好。这样的人也往往会得到别人的信任，为自己打开成功之门。

人类的历史，充满了由于疏忽、畏难、敷衍、轻率而造成的可怕惨剧。如果每个人都能凭着良心做事，不怕困难，不半途而废，那么不但可以减少不少的惨祸，而且可使每个人都具有高尚的人格。养成了敷衍了事的恶习后，做起事来往往就会不诚实。这样，人们最终必定会轻视他的工作，从而轻视他的人品。粗劣的工作，就会造成粗劣的生活。粗劣的工作是摧毁理想、堕落生活、阻碍前进的仇敌。要实现成功的唯一方法，就是在做事的时候，要抱着追求完美的态度。无论做什么事，如果只是以做到"尚佳"为满意，或是做到半途便停止，那就决计不会成功。

有人曾经说过："轻率和疏忽所造成的祸患不相上下。"许多人之所以失败，就是败在做事轻率这一点上。这些人对于自己所做的工作从来不会做到尽善尽美。须知职位的晋升是建立在踏实履行日常工作职责的基础上的，只有目前所做的职业，才能使你渐渐地获得价值的提升。

美国成功学家马尔登说过，马马虎虎、敷衍了事的毛病可以使一个百万富翁很快倾家荡产；相反，每一个成功人士都是认认真真、兢兢业业的。

有这样一个故事：

旧金山一位商人给一个萨克拉门托的商人发电报报价："10000蒲式耳大麦，单价1美元。价格高不高？买不买？"萨克拉门托的那个商人原意是要说："不，太高。"可是电报里却漏了一个逗号，就成了"不太高"。结果这一下就使他损失了1000美元。

许多人做了一些粗劣的工作，借口是时间不够。其实按照各人日常的生活，都有着充分的时间，都可以做出最好的工作。如果养成了做事力求完美、善始善终的习惯，人的一辈子必定会感到无穷的满足。而这一点正

159

是成功者和失败者的分水岭。成功者无论做什么，都力求达到最佳境地，丝毫不会放松；成功者无论从事什么职业，都不会轻率疏忽。

认真的精神，其实是对自己、对他人、对家庭和社会的高度责任感。做事能否认真，与是否有耐心关系密切。《围炉夜话》里把处事心浮气躁、耐不得麻烦视作一个人最大的缺点。许多人做事只图快，只图省力气，怕麻烦，于是偷工减料，"萝卜快了不洗泥"，这样做出的"成果"必然是经不起检验的。现在市场上许多劣质产品使消费者吃尽苦头，其中原因之一就在于某些制作者不愿耐心地按工艺要求做，结果产品质量不能保证，如一堆废品。商品社会让我们越来越缺乏耐性。金钱正在大口大口地吞噬着我们的耐性，把我们搞得无比浮躁。而这种"浮躁"，这种"缺乏耐性"，正是为人做事不再认真、充满着"浮躁心"的突出表现。

能否认真做事，不但是个行为习惯的问题，更反映着一个人的品行。"认认真真"与"清清白白"是不可分的。很难想象一个整天只图自己安逸和舒服，只想着走捷径取巧发财的人，会不辞劳苦地、耐心地、认认真真地去做好该做的事。认真做事的前提，是认真做人。

世界上的任何事就怕"认真"二字。做事细心、严谨、有责任心、追求完美和精确，是认真；做人坚持正道，不随波逐流，不为蝇头小利所惑，"言必信，行必果"，也是认真；生活中重秩序，讲文明，遵纪守法，甚至起居有节、衣着整洁、举止得体，也是认真的体现。认真就是不放松对自己的要求，就是严格按规则办事做人，就是在别人苟且随便时自己仍然坚持操守，就是高度的责任感和敬业精神，就是一丝不苟的做人态度。

认真地做事，认真地做人，这在今天这个浮躁的时代尤为重要。

对自己寄予厚望

为什么我们该相信自己？因为在这世上，每个人都是独一无二的，所以你该相信自己，相信天生我才必有用。

那你为什么会是这世上独一无二的呢？因为你所做的事，别人不一定做得来；而且，你之所以为你，必定有些相当特殊的地方——我们姑且称之为特质吧！——而这些特质又是别人无法模仿的。

既然别人无法模仿你，也不一定做得来你能做得了的事，试想，他们怎么能给你更好的意见？他们又怎能取代你的位置，来替你做些什么呢？所以，这时你不相信自己，又有谁可以相信？

况且，每个来到这个世上的人，都是上帝赐给人类的恩宠，上帝造人时即已赋予每个人与众不同的特质，所以每个人都会以独特的方式来与他人互动、进而感动别人。要是你不相信的话，不妨想想：有谁的基因会和你完全相同？有谁的个性会和你一毫不差？

基于这种种重要的理由，我们相信：你有权活在这世上，而你存在这世上的目的，是别人无法取代的。

只要你认准了路，确立好人生的目标，就永不回头。向着目标，心无旁骛地前进，相信你一定会到达成功的彼岸。干什么事情，只停留在嘴上是不够的，关键要落实在行动上。

不要幻想生活总是那么圆满，也不要幻想在生活四季中享受所有的春天，每个人的一生都注定要跋涉沟沟坎坎，品尝苦涩与无奈，经历挫折与失意。

生活中的不幸是人生不可避免的，而这些不幸早晚都会过去的，时间会冲淡痛苦的感觉。把"这没有什么了不起的"这句话在心中重复几次。绝不能因为不幸的打击，就变得憔悴万分，而应不再痛苦，振作起来，干你自己应该干的事情。

不过，有时候别人（或者整个大环境）会怀疑我们的价值，所谓三人成虎，久而久之，连我们都会对自己的重要性感到怀疑。请你千万千万不要让这类事情发生在自己身上。

记住，你有权利去相信自己！

20 世纪心理学上最伟大的发现，就是一个人可以通过塑造一个思想中的画面与自我形象来塑造一个真实的自己。

一个小老鼠从一间房子里爬出来，看到高悬在空中、放射着万丈光芒的太阳。它禁不住说："太阳公公，你真是太伟大了！"

太阳说："待会儿乌云姐姐出来，你就看不见我了。"

一会儿，乌云出来了，遮住了太阳。

小老鼠又对乌云说："乌云姐姐，你真是太伟大了，连太阳都被你遮住了。"

云却说："风姑娘一来，你就明白谁最伟大了。"

一阵狂风吹过，云消雾散，一片晴空。

小老鼠情不自禁道："风姑娘，你是世界上最伟大的了！"

风姑娘有些悲伤地说："你看前面那堵墙，我都吹不过呀！"

小老鼠爬到墙边，十分景仰地说："墙大哥，你真是世界上最伟大的了。"

墙皱皱眉，十分悲伤地说："你自己才是最伟大的呀，你看，我马上就要倒了，就是因为你的兄弟在我下面钻了好多的洞啊！"

果真，墙摇摇欲坠，墙脚里跑出了一只只小老鼠。

在这个世界上我们每个人都是独一无二的奇迹，都是自然界最伟大的造化，长得完全一样的人以前没有，现在没有，将来也不会有。物以稀为贵，所以只有正确认识自己的价值，对自己充满自信，不断发挥自身的潜力，才能将我们生存的意义充分体现出来。

记住：你生来就是一名冠军！你是天生的赢家！

良好的自我心象对一个人是否能成功，确实起着关键性的地位。你认为自己是怎样的人，就会做怎样的表现，这两者是一致的。你觉得自己是个有价值的人，结果你就会变成有价值的人，做有价值的事，而且拥有一些有价值的事物。你觉得自己一文不值，就不会得到有价值的事物。

成功与快乐的起点，就是自我心象。乔爱斯博士是一位很有名的作家、专栏作家与心理学家。他说："一个人的自我观念是人格的核心。它会影响人的行为，例如学习、成长与变化的能力，选择朋友、配偶与职业，等等。

坚强的积极的自我心象，是成功的生活的最坚实的基础。"

"虽然命运也跟我开了太多的玩笑，比如父亲遭遇车祸受伤，比如高考失误让我有坠入谷底的痛楚……但玩笑之后，我懂得珍惜青春与生命，学会笑对人生中的不幸和苦难。因此有个曾供职于《东方》文化周刊的编辑说我是个'强者'，'强者'我不敢当，但我还算是个足够坚强的人。"无论多少压力冲向自己，都要时时告诫自己："不能够停止飞翔，在飞行的过程中，我要渐渐学会用喙自己梳羽毛，用舌自己舔伤口。"

你如果希望自己变成更有自信的人，你就可以经常想：我是最棒的！我是最好的！当你脑海中重复想象自己最有自信的时候，你可能会看到画面，听到声音，或感觉到感受。没多久，你就会发现，自己变得真的很有自信，你的行为也都会配合着你的思想去行动。你的思想改变，行为就会改变。

唱出与众不同的声音

既然你是世上独一无二的个体。你的思考、你的内在，别人都无法模仿，那你就一定要信心十足地唱出与众不同的声音来给世界听。

美国成功学大师马尔登讲过这样一个故事：在富兰克林·罗斯福当政期间，我为他太太的一位朋友动过一次手术。罗斯福夫人邀请我到华盛顿的白宫去。我在那里过了一夜，据说隔壁就是林肯总统曾经睡过的地方。我感到非常荣幸。岂止荣幸？简直受宠若惊。那天夜里我一直没睡。我用白宫的文具纸张，写信给我的母亲、给我的朋友，甚至还给我的一些冤家。

小时候，我曾经在纽约附近的一些脏乱街道上玩耍过。

"麦克斯，"我在心里对自己说，"你来到这里了。"

早晨，我下楼用早餐，罗斯福总统夫人是那里的女主人。她是一个可爱的美人：她的眼中透露着特别迷人的神色。我吃着盘中的炒蛋，接着又来了满满一托盘的鲑鱼。我几乎什么都吃，但对鲑鱼一向讨厌。我畏惧地对着那些鲑鱼发呆。

罗斯福夫人向我微微笑了一下。"富兰克林喜欢吃鲑鱼。"她说，指的是总统先生。

我考虑了一下。"我何人耶？"我心里想，"竟敢拒吃鲑鱼？总统既然觉得很好吃，我就不能觉得很好吃吗？"

于是，我切了鲑鱼，将它们与炒蛋一道吃了下去。结果，那天午后我一直感到不舒服，直到晚上，仍然感到要呕吐。

我说这个故事有什么意义？

很简单。

我没有按照自己的心愿唱出自己的声音。

我并不想吃鲑鱼，也不必去吃。为了表示敬意，我勉强效颦了总统。我背叛了自己，站在了不属于自己的位置上。那是一次小小的背叛，它的恶果很小，没有多久就消失了。

不过，这件事确也指出走向成功之道最常碰到的陷阱之一。

别人眼中的成功——你不想把它视作你的欲望完成的一种成功，在你的自我心象中，这并不是成功。

那是一种失败。

一种出生不久的婴儿依附母亲的消极被动，深深地陷于今日文化之中，这是一种被人称作"跟他人看齐"的复杂情结。这种情绪的根本理由是：如果你的邻居或友人买了一部新车，你也必须买一部；如果他买了一栋新屋，你也必须买一栋——诸如此类的愚蠢竞争，究竟到哪里为止，我就不得而知了。

我所知道的是：此种"成功"，实在是一种失败：它剥夺了一个人自我完整的概念。它使他放弃了自我心象的立场——就像我在效颦罗斯福总统时所做的一样——令我自己陷入心灵所不需要的那种荒谬竞争之中。

记着这句话：你的最可靠的指针，是接受你自己的意见，尽你所能办到的去好好生活。

一个穷人可比一个国王活得更成功——只要他活的是真实的自己。

你，不论贫富老少，都可以尝到成功的滋味——只要能澄清你的思想、心象和意愿的力量——一种成功的感觉。

电影舞星佛莱德·艾斯泰尔1933年到米高梅电影公司首次试镜后，在场导演给他的纸上评语是"毫无演技，前额微秃，略懂跳舞"。后来艾斯泰尔将这张纸裱起来，挂在比佛利山庄的豪宅中。

美国职业足球教练文斯伦巴迪当年曾被批评"对足球只懂皮毛，缺乏斗志"。

哲学家苏格拉底曾被人贬为"让青年堕落的腐败者"。

彼得·丹尼尔小学四年级时常遭级任老师菲利浦太太的责骂："彼得，你功课好差；脑袋不行，将来别想有什么出息！"彼得在26岁前仍是大字不识几个，有次一位朋友念了一篇《思考才能致富》的文章给他听，给了他相当大的启示。现在他买下了当初他常打架闹事的街道，并且出版了一本书：《菲利浦太太，你错了！》。

歌剧演员卡罗素美妙的歌声享誉全球。但当初他的父母希望他能当工程师，而他的老师则说他那副嗓子是不能唱歌的。

发表《进化论》的达尔文当年决定放弃行医时，遭到父亲的斥责："你放着正经事不干，整天只管打猎、捉狗捉耗子的。"另外，达尔文在自传上透露："小时候，所有的老师和长辈都认为我资质平庸，我与聪明是沾不上边的。"

华特·迪士尼当年被报社主编以缺乏创意的理由开除，建立迪士尼乐园前也曾破产好几次。

爱因斯坦4岁才会说话，7岁才会认字。老师给他的评语是："反应迟钝，不合群，满脑袋不切实际的幻想。"他曾遭到退学的命运。

法国化学家巴斯德在读大学时表现并不突出，他的化学成绩在22人中排第15名。

牛顿在小学的成绩一团糟，曾被老师和同学称为"呆子"。

罗丹的父亲曾怨叹自己有个白痴儿子，在众人眼中，他曾是个前途无

165

"亮"的学生，艺术学院考了三次还考不进去。他的叔叔曾绝望地说：孺子不可教也。

《战争与和平》的作者托尔斯泰读大学时因成绩太差而被劝退学。老师认为他："既没读书的头脑，又缺乏学习的兴趣。"

如果这些人不是尽力唱出自己的声音，而是被别人的评论所左右，怎么能取得举世瞩目的成绩？

人生的成功自然包含有功成名就的意思，但是，这并不意味着你只有做出举世无双的事业，才算得上成功。世界上永远没有绝对的第一。看过马拉多纳踢球的人，还想一身臭汗地在足球队里吗？听过帕瓦罗蒂的歌声的人，还想修练美声唱法吗？读过《红楼梦》的人，还想写小说吗？——其实，如果总是担心自己比不上别人，只想功成名就，那么世界上也就没有曹雪芹、帕瓦罗蒂、马拉多纳这类人了。

俄国作家契诃夫说得好："有大狗，也有小狗。小狗不该因为大狗的存在而心慌意乱。所有的狗都应当叫，就让它们各自用自己的声音叫好了。"

小狗也要大声叫！实际上，追求一种充实有益的生活，其本质并不是竞争性的，并不是把夺取第一看得高于一切，它只是个人对自我发展、自我完善和美好幸福的生活的追求。

那些每天一早来到公园练武打拳、练健美操、跳迪斯科的人，那些只要有空就练习书法绘画、设计剪裁服装和唱戏奏乐的人，根本不在意别人对他们的姿态和成果品头论足，也不会因没人叫好或有人挑剔就停止练习、情绪消沉。他们的主要目的不在于当众展示、参赛获奖，而是自得其乐、自有收益，满足自己对生活美和艺术美的渴求。

所以说，真正成功的人生，不在于成就的大小，而在于你是否努力地去实现自我，喊出属于自己的声音。

戴维·克罗克特有一句很简单的座右铭："确定你是对的，然后勇往直前。"

每一个人，无论是贩夫走卒还是英雄人物，总有遭人批评的时刻。事实上，越成功的人，受到的批评就越多。只有那些什么都不做的人，才能免除别人的批评。

只要你能以积极的心态去应付批评，被人批评其实不成问题。丘吉尔在他的办公室墙上，悬着一幅林肯的字，上面是这么说的："我当竭尽所能，一往直前。如果结果证明我是对的，那么所有反对我的声浪都无关紧要。反之，如果我是错的，就算天使信誓旦旦地说我是对的，也无济于事。"丘吉尔一生不知遭遇过多少批评，林肯更不用说了，在他一生之中，反对他的声音几乎不计其数。其实现在的一些公众人物不也如此吗？真正的勇气就是秉持自己的信念，不管别人怎么说。

我们都知道水可载舟，亦可覆舟，但是水只要不渗进船里，船就不会沉。记住一件事，只要确定你是对的，就坚持你的信念，无怨无悔。如果你能做到这一点，就能成为人上之人。

只有长期保持高度的乐观和自信，才能使你不断地获得成功。但是在生活、工作、学习以及与他人交往中，总不免被人批评，受人指责。越是有成绩、有名望，越容易受到别人的非议。这些人非但没有被批评、辱骂所吓倒，反而更加保持乐观和自信的态度，做出了影响深远的成就。

我们从美国海军陆战队的史密德里·柏特勒将军等人的经历中可以得到启示。

柏特勒将军曾告诉别人，他年轻的时候很想成为最受人欢迎的人物，希望每个人都对他有好印象。在那个时候，即使一点小小的批评都会使他难过半天。但在军队的 30 年使他变得坚强起来。他被别人责骂和羞辱过，什么难听的话都经受过：黄狗、毒蛇、臭鼬……后来他听到别人在后面讲他的坏话时，他甚至连头都不会调过去看。这就是他对待谩骂的有力武器。

罗斯福总统的夫人曾向她的姨妈请教对待别人不公正的批评有什么秘诀。她姨妈说："不要管别人怎么说，只要你自己心里知道你是对的就行了。"避免所有批评的唯一方法就是只管做你心里认为对的事——因为你反正是会受到批评的。

不要让别人的观点阻挡你实现目标的热情。剑桥郡的世界第一名女打击乐独奏家伊芙琳·格兰妮说："从一开始我就决定：一定不要让其他人的观点阻挡我成为一名音乐家的热情。"

她成长在苏格兰东北部的一个农场，从 8 岁时她就开始学习钢琴。随着年龄的增长，她对音乐的热情与日俱增。但不幸的是，她的听力却在渐渐地下降，医生们断定是由于难以康复的神经损伤造成的，而且断定到 12 岁，她将彻底耳聋。可是，她对音乐的热爱却从未停止过。

她的目标是成为打击乐独奏家，虽然当时并没有这么一类音乐家。为了演奏，她学会了用不同的方法"聆听"其他人演奏的音乐。她只穿着长袜演奏，这样她就能通过她的身体和想象感觉到每个音符的震动，她几乎用她所有的感官来感受着她的整个声音世界。

她决心成为一名音乐家，而不是一名聋的音乐家，于是她向伦敦著名的皇家音乐学院提出了申请。

因为以前从来没有一个聋学生提出过申请，所以一些老师反对接收她入学。但是她的演奏征服了所有的老师，她顺利地入了学，并在毕业时荣获了学院的最高荣誉奖。

从那以后，她就致力于成为第一位专职的打击乐独奏家，并且为打击乐独奏谱写和改编了很多乐章，因为那时几乎没有专为打击乐而谱写的乐谱。

至今，她作为独奏家已经有十几年的时间了，因为她很早就下了决心，不会仅仅由于医生诊断她完全变聋而放弃追求，因为医生的诊断并不意味着她的热情和信心不会有结果。

不要被他人的论断而束缚了自己前进的步伐。追随你的热情，追随你的心灵，唱出自己的声音，世界因你而精彩。

有了目标你就跑

耶鲁大学曾对应届毕业生做了一项调查，内容是将来毕业以后，有没有一个非常具体的人生目标？结果，只有3%的学生回答"Yes"，97%的学生不知道自己想要怎样的生活。

耶鲁大学继续追踪调查，结果发现，当年在学校有明确目标的3%的学生在20年后，都成了有作为的人。

这个研究再一次提醒我们，设定目标对于人生成长是多么重要！

成功的人，他们在成功之前，早就确立了自己的人生目标，他们的成功，只不过是长期地向着目标坚持不懈地努力的结果。

美国前总统克林顿在17岁的时候，因为学习成绩优异，得到美国白宫青年奖章，到白宫去见美国总统肯尼迪。回来之后，他买了两张画像，贴在自己的房间，还写下了这么一段话："我今年17岁。我发誓这一生一定要成为美国总统，服务美国民众。"

事实正如他的誓言一样，30年后，他实现了自己的人生目标。

在生活中，大多数人没有获得他们渴望的成功。因为他们不是参赛选手，只是看客。他们没有目标，不知道哪儿才是自己的赛场，也不知道应该将智谋体力投放在什么地方。没有人在乎他们的"比赛成绩"，也没有人给他们发"奖牌"。他们只能落寞地看着别人接受鲜花和掌声，在日复一日的平淡生活中藏起自己的希望。

目标和努力，都是成功的要素。靶子在前枪在手，意味着你已经有了目标和实现目标的基本条件。但是，你能否击中靶心？这依赖于你的枪法。而枪法是练出来的，需要付出相当努力才行。

这是一则曾引起轰动的新闻：2001年11月，四川联合大学博士研究生林炜的一项关于皮革鞣剂改良的科研成果，以700万元的天价成功地转让给重庆农药化工集团总公司。作为学生，林炜这一成就令多少同龄人称美！但是，成功的背后，是数不清的辛劳，在她艰苦求索的道路上，洒满了心血和汗水。

那是 1995 年 3 月，林炜在准备本科毕业论文时曾到成都一家工厂实习。她发现制革采用的两种鞣剂各有特点和缺陷。"能不能取二者之优研制一种新型鞣剂呢？"一个念头闪现出来。她请教自己的导师张铭让教授，这位中国皮革领域的知名学者对林炜的想法极为赞赏，鼓励她大胆干。

从此，林炜就一头扎进科研课题中去了。懂行的人都知道，像这种制革鞣剂产品，除了要在实验室研究外，绝大部分工作要在实验基地和工厂中完成。苦不必说，这期间所经历的失败和挫折更是常人难以想象的！林炜的导师这样评价林炜："这个女孩子爱动脑筋，又特别能吃苦。"

为了不影响学业，林炜只好牺牲寒暑假，连续几年假期几乎全部泡在工厂，和工人同吃同住。制革车间环境差，湿度大，还得在水里蹚，一些体力活，工人不愿意干的，林炜照样干。工人们称赞她："这个女娃真不简单！"林炜却说："怕吃苦，什么也干不成。"

功夫不负苦心人，她最后终于心想事成。

无论你的目标多么明确和崇高，它都不会自动走到你的面前。如果你只是看着它，却不设法向它靠近，它对你的意义也许只是象征性的，表明你并不是一个心无大志的人。除此之外，没有任何实际意义。只有通过积极的行动，你的目标才会在你的人生中大放异彩。

如何设定一个理想的个人目标呢？

第一，这个目标要以社会需求为基础。个人目标包含着你的价值观，它反映了你本人的需要和利益，又必然受到社会需要和利益的制约与影响。

假如个人目标与社会利益相违背，在向目标进发的过程中将遇到重重阻碍，而无法实现。即使达到了目标，由于不能为社会所承认，也不算成功。一个人想成为最优秀的强盗，可以吗？成为一个最优秀的强盗，并不是一件值得庆幸的事。

所谓"得民心者得天下"，个人目标必须以社会需要为前提，才可能到达成功的彼岸。

第二，目标还须远大。当你决定要跑 10000 米的时候，自然会进行 10000 米的长跑准备。哪怕你跑到 9000 米的时候坚持不住了，也不必妄自菲薄。因为你已经把别人远远地抛在了后面——他们只确立了 1000 米的目标，如今还在 900 米那里徘徊呢！所以说，你的想法同你的结果是成正比的关系。

第三，目标并不是越大越好。心理学家认为，太难和太容易的事，都不容易激发人的热情和斗志。"志当存高远"，但立志并非越高远越好。目标不是幻想，也不是空想，强调实行与实现。好高骛远，想入非非，耽溺于幻想，却无法为这些美妙的想法采取实质性的行动，更无法实现它们，这样的目标没有任何价值。

我们在制定目标时，一定要根据自己的经验阅历、素质特色、所处的环境条件等，使我们的目标既高出现实水平，又要基本可行。

第四，目标必须是自己的，而且有明确的实现期限。如果你只是为了取悦别人而制定一个目标，那么它其实不是真正的目标，而是一个指派的任务。如果别人在为你设计目标，那么你就不可能百分之百地投入，这肯定会阻碍你的发展。

目标应该有助于我们每天都达到最好的状态，同时让我们为明天准备得更好。所以，目标要具体，时间期限要明确，可操作性要强。只有具体、明确并有时限的目标才具有行动指导和激励的价值。当你决心在特定的时限内完成特定的任务，你就会集中精力，开动脑筋，调动自己和他人的潜力。如果目标只是空洞的口号，没有可操作性，便会丧失目标的约束性，形同虚设。

第五，在制定目标时，光有强烈的期望还不够。这就是说，你应该用想象力在头脑里把目标绘成一幅直观的图画，直到它完完全全成为现实。

譬如说，你的目标是想获得更理想的工作，那么你就必须把这一工作具体描述出来，并自我限定准备哪一天得到这份工作。你决不能对自己说：

"我希望有一个更好的工作——也许是推销员吧！"你要用肯定的语气说："我希望有一个更好的工作，不错，我想当推销员。我要推销某种商品。我就去找奥克先生谈谈，向他请教请教，他已经干了几年推销工作了。然后我向招聘推销员的七个公司写自荐信，过一个星期，我再给这七家公司打个电话，请他们给我安排一次面谈。"

第六，将大目标分割成小目标，各个击破。饭要一口一口吃，这是个很简单的道理。将大目标分割成小目标，然后一口一口吃掉它们，你的行动将变得更有效率。

许多人会因为目标过于远大，或理想太过崇高而终至放弃，这是很可惜的。把大目标分解成小目标，心理上的压力也会随之减小，可较快获得令人满意的成绩。只要一个个完成小目标，大目标也就完成了。

一个奋斗者不需要退路

"一个奋斗者不需要退路，他必须排除万难去争取胜利。"这是德国财经作家、百万富翁博多·费舍尔的一句名言，也是从无数成功者的事迹中总结出来的一个经验。

在生理学上，有一种自然现象叫"应激反应"，是说人处在极端危急的境地时，能发挥出令人惊奇的、巨大的潜能。以前国外曾报道一则新闻：一个老太太为了救自己的儿子，居然用双手托住了一辆正在下坠的小车。而在平时，她甚至连一个小车轮胎也托不起来。

很多成功人士将这种"应激反应"运用到事业中，他们的方法是：不给自己留退路。在危难之时掐断退路，就极有可能逼出自己乃至整个团队的最大潜能，创造一个奇迹。

韩信率数万精兵进攻赵国。赵国将领陈余得到消息，率领20万大军布防于井陉口。井陉口是入赵的必经之路，是太行山的险要关口。这里道路狭窄，两车不能并行，只能沿着狭长的隘道循序而进。从兵力和地形上看，都有利于赵军。

韩信统领汉军，在距井陉口 30 公里的地方驻扎下来。

半夜时分，韩信在中军帐中派兵遣将。他命 2000 名骑兵，全副武装，携带一些旗子，沿着山中小路，绕到赵军背后，隐藏在山沟里，窥视赵军的营塞。

韩信嘱咐士兵："赵军看到我们的主力部队后撤，一定会倾巢而出追击我们。只待他们的营垒一空，你们就立即冲进去，拔去他们的旗子，换上我们的旗子，然后配合主力夹击赵军。"

接着韩信又派一万人马做先头部队，出井陉口，背对着河水列阵。韩信知道赵军想把汉军一网打尽，这一万人马的先头部队既不是主力，又不打大将旗帜，赵军必然不肯去攻打。果然，这支先头部队顺利地背对着河边建立起阵地，未受赵军任何攻击。赵军得知韩信背水列阵，都暗笑起来，认为韩信不懂兵法。

天色微明时分，韩信布置停当，命令全体汉军大张旗鼓，喊声惊天动地杀奔井陉口。赵军看到汉军发动进攻，认为机会来了。当韩信的帅旗出现在井陉口时，赵军向汉军杀来。韩信假装战败，丢弃旗鼓，退到河边的阵地，与原来在那里列阵的一万士兵合在一处。

赵军看到汉军败退，果然倾营出动。此时，汉军前面是勇猛的赵军，后面是滔滔河水，没有退路。士兵为了生存，个个奋勇，以一当十，拼死搏杀。赵军多次冲击，都不能击溃汉军，而自己却被拖在绵蔓水边。

正当两军杀得难分难解之时，偷袭的 2000 骑兵进入赵营，把赵军旗帜全部换成汉军的红旗。此时，赵军多次进攻不利，将士十分疲劳，主将不得不下令收兵回营。当赵军看到自己的营盘插满了汉军的旗帜时，大惊失色，立刻慌乱起来，人人争先逃命。赵将虽竭力制止，杀了不少逃兵，也阻挡不住败退的洪流。占领赵营的汉军乘机杀出，赵军腹背受敌，全线崩溃。汉军杀了赵军主将，活捉了赵王歇。

战斗结束后，有些将领不解，问韩信："您背水布阵，犯了兵法大忌，竟然取得了胜利，这是为什么呢？"

韩信回答说："兵法中说：'陷之死地而后生，置之亡地而后存。'汉军新招募来的士兵多，由于缺乏训练，斗志不够坚定。因此，必须把他们安排在没有退路的'死地'，他们才会死里求生，英勇奋战。如果将这些士兵放在进可攻退可守的安全地带，那么，强大的赵军一攻上来，谁不争先逃命？我们怎么能取得胜利呢？"

韩信"陷之死地而后生，置之亡地而后存"的策略，就是利用了人的"应激反应"，使那些未经训练的新兵发挥出了十倍的效能。

在军事上，为了避免受对方的"应激反应"所害，就有"围师必阙""穷寇勿追"等作战原则。意思是在重兵围困时给敌人留一条逃生之路；不追逼已处于穷途末路的敌人。其目的就是不要把对方逼到非死战不能求生的地步。

俗话说，兔子逼急了要咬人，狗逼急了要跳墙，这都是"应激反应"的表现。人逼急了更不得了，智谋体力一旦集于一点，泰山可移，沧海可填。

路是人走出来的，它始于拓荒者的决心和勇气。在"此路不通"的地方，只要你绝不退缩，逼着自己踏平坎坷、拨开荆棘，命运就会向你亮起绿灯。

詹姆斯出生在一个贫穷的家庭，年轻时做过各种既辛苦又不赚钱的工作。后来，他说服新婚妻子，卖掉家里的房子，凑足 3000 美元，开了一家机电工程行。几年后，他的公司迅速壮大，年营业额超过 100 万美元。

詹姆斯不满足于现有成就，他决定让自己的公司上市，向社会筹集资金。当时申请成立股份公司很容易，难的是在华尔街找到一家有实力的股票承销商，这些家伙比较挑剔，对小公司可不感兴趣。有人劝詹姆斯，趁早打消成立股份公司的念头，免得到时候成为笑柄。

詹姆斯没有被将来的困难吓倒。既然他决定让自己的公司上市，他就一定要让自己的公司上市！

当詹姆斯办妥成立股份公司的一切法律手续后，却找不到一家证券商愿意承销他的股票，他顿时陷入进退两难的境地。

詹姆斯不是一个轻易认输的人，他决心破釜沉舟，跟华尔街的传统观念搏一把。他想：难道我非得依赖那些讨厌的证券商吗？他们不肯帮我发行股票，我就不能自己发行吗？他说干就干，邀集朋友们，到处散发印有招股说明书的传单。

在华尔街的历史上，撇开承销商而自行发行股票，是破天荒的第一次，行家们都断言詹姆斯必然以笑话收场。就詹姆斯本人来说，他是骑在虎背上，不得不硬着头皮干。因为他没有将事情干到半路就收场的习惯。

詹姆斯和他那帮热心肠的朋友，从一个城市到另一个城市，起劲推销股票。他的离经叛道之举使他在华尔街名声大噪，人们抱着或敬佩，或赞赏，或好奇，或尝试的心理，踊跃购买他的股票，短时间内便卖出40万股，筹得100万美元。

获得资金后，詹姆斯如虎添翼。他以小鱼吃大鱼的方式，在股市进行了一系列漂亮的投资运作，奇迹般地兼并了多家大公司，创造了一个全美家喻户晓的现代股市神话。

世上只有易失之物，没有易成之功，要取得一点成就十分不易，你必须比绝大多数人做得好一倍，你才有可能成功。只是发挥一般的能量是远远不够的，要充分利用"应激反应"，把自己逼到只许成功不能失败的境地。比如，当众宣布自己的目标，一旦不能达成目标，就会丢脸，就无地自容。这样就可以逼迫自己全力以赴。

把自己逼到无路可退时，你就没有了左顾右盼，没有了瞻前顾后，你的注意力会被有力地集中起来，在本能的驱动下，发出几十倍的威力，创造一个奇迹。

尤为重要的是，事情没做之前不要替自己设计千百条退路，因为这只会为你的逃避提供借口。把退路断掉，逼迫自己向前、向前，永远向着自己的目标前进，你终有一天会大功告成。

第十一章

梦要放到天上，脚要踩在地上

年轻的人不仅热情洋溢、充满活力，连理想也充满了青春的"飘扬感"。今天想成为一个名律师，明天想成为一个贸易专家，后天想亲手解决重大的民生问题，大后天又想和王石、任志强一样在房地产行业有一番作为……这些梦想当中，任何一个都足够让你付出一生的努力。有时候梦想太多，反而是一样坏事，因为那会阻碍你前进的脚步。要志存高远，更要脚踏实地。

遇事要多考虑3分钟

古人说："三思而后行。"只有事前经过反复思考和斟酌，才能增加成功的几率。二十几岁以后的年轻人养成这样一种工作习惯，处理事情才会更有把握。

一个人在工作中如果遇到事情不加考虑就去做，很容易给人留下一种鲁莽的感觉。而如果他能在遇事时多考虑，不但会给人留下成熟稳重的印象，而且还有利于工作的完成。

所以，你在以后的工作中，遇事一定要深思熟虑。尤其是在做要紧的事情且没有把握的时候，成败常常取决于你是否经过谨慎地思考和权衡。

曾国藩带湘军围剿太平天国时，清廷对其有一种极为复杂的态度：不用这个人吧，太平天国声势浩大，无人能敌；用吧，一则是汉人手握重兵，二则曾国藩的湘军是其一手建立的子弟兵，怕对自己形成威胁。在这种思想作用下，对曾国藩的任用是"只办事，不给权"。苦恼的曾国藩急需朝中重臣为自己撑腰说话，以消除清廷的疑虑。

忽一日，曾国藩在军中得到胡林翼转来的肃顺的密函，得知这位精明干练的顾命大臣在慈禧太后面前荐自己出任两江总督。曾国藩大喜过望，咸丰帝刚去世，太子年幼，顾命大臣虽说有数人，但实际上是肃顺独揽权柄，有他为自己说话，再好不过了。

曾国藩提笔想给肃顺写封信表示感谢，但写了几句，他就停下了。他知道肃顺为人刚愎自用，目空一切，用今天的话来说就是有才气也有脾气。他又想起慈禧太后，这个女人现在虽没有什么动静，但绝非常人，以自己多年的阅人经验来看，慈禧太后心志极高，且权力欲强，又极富心机。肃顺这种专权的做法能持续多久呢？慈禧太后会同肃顺合得来吗？思前想后，曾国藩没有写这封信。

后来，肃顺被慈禧太后抄家问斩。在众多讨好肃顺的信件中，独无曾国藩的只言片语。"三思而后行"救了曾国藩一条命。

世上的事情都有一个恰到好处的分寸，有一分谨慎就有一分收获，有一分疏忽就有一分丢失；十分谨慎就完全成功，完全疏忽就会彻底失败。办事讲究谨慎。

许多人在办事时，开始比较谨慎，过不了多久，就会松懈下来；有的人对大事、难事比较谨慎，对小事、容易事就疏忽。生活中不是常常有因忽略小事而酿成大祸的惨痛教训吗？在困难的事情面前一筹莫展，还不是在容易事前疏忽大意而造成的吗？如果不想失败，就要十分谨慎。

二十多岁刚步入社会的年轻人要养成善于思考的习惯。就是在下决心之前，一定要对自己多发问，注意整理自己的思路，想想自己为什么会有这种决定。这个过程虽然看起来简单，但在处理难题的实际情况中往往会收到奇效。

把每一天当成最后一天

"二战"时期，在纳粹集中营里，一个犹太女孩写过这样一首诗：

这些天我一定要节省，虽然我没有钱可节省。

我一定要节省健康和力量，足够支持我很长时间；

我一定要节省我的神经、我的思想、我的心灵和我精神的火；

我一定要节省流下的泪水，我需要它们安慰我；

我一定要节省忍耐，在这些风暴肆虐的日子。

在我的生命里，

我多么需要温暖的情感和一颗善良的心，

这些东西我都缺少，

这些我一定要节省，

这一切，上帝的礼物，我希望保存。

我将多么悲伤，

倘若我很快就失去了它们。

即使在随时都可能死去的时候，小女孩仍然执着地去充实她的生命，认真地过好每一天。很多人在绝望中死去，但是这个小女孩并没有绝望，也没有终日哭泣，她用稚嫩的文字给自己弱小的灵魂取暖，用美丽的希望照亮黑暗的角落，她坚信，生命之花要绽放，就要在每一天都展现美丽。终于，小女孩等到了"二战"结束，迎来了生命中的阳光。

有这样一种花，它的经历让人惊叹！

它生活在非洲的戈壁滩上，花呈四瓣，每瓣自成一色：红、白、黄、蓝。通常，它要花费 5 年的时间来完成根茎的穿插工作，然后，一点点地积蓄养分，在第六年春天，才在地面吐绿绽翠，开出一朵小小的四色鲜花。让人感叹的是这种极难长成的小花，花期并不长，仅仅两天工夫，它便随母株一起香消玉殒了。

孕育生命达 5 年之久，但花期仅有两天！小花并没有抱怨，而是紧紧地抓住了它短暂而宝贵的生命，在仅有的两天时间里骄傲地向世人展示它的美！它像在告诉人们：生命只有一次，所以更要珍惜生命中的每一天，尽现生命之美！

200 多年前俄国军事家苏沃洛夫说："一分钟决定战斗结局，一小时决定战局胜负；我不是用小时来行动，而是用分钟来行动的。"

人的生命与自然相比，好比是白驹过隙，好比是眨眼的一瞬间。想要让生命这小舟行驶得更远，那就需要充分地利用每一寸光阴。

爱迪生总是提醒助手要爱惜时间，用最少的时间办更多的事情。

一天，爱迪生在实验室里工作，他递给助手一个没上灯口的空玻璃灯泡，说："你量量灯泡的容量。"他又低头工作了。

过了好半天，他问："容量多少？"他没听见回答，转头看见助手拿着软尺在测量灯泡的周长、斜度，并拿了测得的数字伏在桌上计算。他说："时间，时间，怎么费那么多的时间呢？"爱迪生走过来，拿起那个空灯泡，向里面斟满了水，交给助手，说："把里面的水倒在量杯里，马上告诉我它的容量。"助手立刻读出了数字。

爱迪生说："这是多么容易的测量方法啊，它又准确，又节省时间，你怎么想不到呢？还去算，那岂不是白白地浪费时间吗？"助手的脸红了。

爱迪生喃喃地说："人生太短暂了，太短暂了，要节省时间，多做事情啊！"

正是凭借这种严苛的时间观念，爱迪生一生共完成了 2000 多项发明，为人类的进步做出了卓越的贡献。

爱迪生的故事告诉我们，很多时候，做事的方法比做事本身更加重要。每人每天都是相同的 24 个小时而已，不会多出一分，也不会少出一秒，那我们就只能在改善方法、提高做事效率上下功夫了。同样的一份作业，有人花半个小时便可以完成，并且干净整洁、毫无纰漏，有的人耗去两三个小时，还错误百出。如此一来，后者花费的时间便比前者多出许多。

要科学地支配时间，我们可以先从摒弃那些含糊不清的时间概念做起。

诸如"一会儿给你打电话","走了一会儿啦","吸支烟的工夫",等等。这些表示时间的单位和方法,写小说可以,放在生活中就不适合了。一顿饭可以吃10分钟,也可以吃两小时,甚至更长,用"吃顿饭的时间"来描述时间只会让我们在无意识的状态下错失更多的时间。

同时,一个人的精力是有限的,我们不可能将面对的每件事不分轻重缓急都统统做完,如果不能够很好地对一天的时间加以规划,我们很容易就会陷入到劳而无功的情境中去,看似一天到晚都是忙忙碌碌,最后却难有收效,"碌碌无为"说的就是这种情况。

有一篇文章这样写道:

"看,碧绿的大海里,鱼儿在自由自在地遨游;听,蔚蓝的天空下,鸟儿在欢快地鸣唱……啊!世界上最生机盎然的就是生命!正是这一条条鲜活的生命让整个地球也鲜活起来。

"很喜欢一首歌《在我生命中的每一天》,歌里这样唱着:'看时光飞逝/我祈祷明天……'每当听到这首歌,我就感到生命的可贵。每当清晨第一束阳光照射到我的脸庞,我就知道新的一天又开始了。我感谢爸爸、妈妈——是他们给予了我宝贵的生命,是他们让我看到这美丽的地球。我还要感谢爷爷、奶奶,他们的慈爱像阳光一样照亮了我心灵的每一个角落!生命就像一朵娇艳的花,生命之花绚烂夺目,但它也非常脆弱,稍不珍惜就会枯萎,凋零。"

生命的旅途,无论短如小花,还是长如人类,都应当珍惜这仅有一次的生存权利。让生命更精彩,我们理应在有限的时间里,让生命之花绽放得更加绚烂。所以,二十多岁的年轻人要吸取生活中的教训,珍惜生命中的每一天。

天大的计划,也要从当下开始

老子在《道德经》中提到:"合抱之木,生于毫末;九层之台,起于垒土;千里之行,始于足下。"意思是说合抱的大树,从细小的树苗长起;九层的高台，是一块块石土垒砌而成的；千里远行，从脚下第一步开始。

万事起于毫末，所有大事都是从小事发展而来的。要想取得大成就，必须从小事情开始；想实现未来"远景"，就必须从脚下第一步开始。《读者》中讲述了这样一个故事，其中男孩的经历也许对迷茫的二十多岁的年轻人有借鉴作用。

一个男孩19岁时，在美国某城市的一所大学主修计算机专业，同时在一家科学实验室工作，繁忙的学习与工作让他一天内几乎没有任何空闲，但他仍一有时间便从事他所钟爱的音乐创作。

他酷爱作曲，出于对音乐共同的热爱，他结识了一位与他同龄的作词女孩，也正是这位聪慧的女孩让他在迷茫中找到了事业的起步点。她知道男孩对音乐的执着，但面对那遥远的音乐界及整个美国陌生的唱片市场，他们没有任何渠道和办法。某天，两人静静地坐着，若有所思，但一无所获，他甚至不知道目前的自己应该做些什么。突然间，女孩很严肃地问了这个执着于音乐梦想的男孩一个问题："想象一下，5年后的你在做什么？"他愣住了，不知该如何回答。她转过身来，继续给他解释："你心目中'最希望'5年后的你在做什么？你那个时候的生活是什么样子的？"

男孩沉思过后，说出了自己的希冀：第一，5年后他希望能有一张广受欢迎的唱片在市场上发行，并得到大家的肯定；第二，他要住在一个有音乐的地方，天天与一些世界顶级音乐人一起工作。

女孩下面的话对男孩意义重大，她帮助他做了一次时光推算："如果第五年，你希望有一张唱片在市场上发行，那么，第四年你一定要跟一家唱片公司签上合约。第三年你就一定要有一个完整的作品能够拿给多家唱片公司试听。第二年，一定要有非常出色的作品已经开始录音。这样，第一年，你就必须要把自己所有要准备录音的作品全部编曲，排练就位，做好充分准备。第六个月，就应该把那些没有完成的作品修饰完美，让自己从中逐一筛选，而第一个月就是要把目前手头的这几首曲子完工。因此，第一个星期就是要先列出一个完整的清单，决定哪些曲子需要修改，哪些需要完工。"话说到此，女孩已经让男孩清楚自己当下应该做些什么了。对于男孩的第二个未来畅想，她继续推演："如果第五年你已经与顶级音乐人一起工作了，那么第四年你应该拥有自己的一个工作室。那么，第三年，你必须先跟音乐圈子里的人在一起工作。第二年，你应该在美国的音乐聚集地洛杉矶或者纽约开始自己的音乐旅程。"

男孩在女孩为他进行的这番时光推演中，找到了自己的人生路线，他让未来决定自己当下应该做的事情，把目标一步步分解。第二年，他辞掉了令人羡慕的稳定工作，只身来到洛杉矶。第六年，他过上了当年畅想的生活。

梦想再美好、计划再远大，我们也要脚踏实地一步一步地去实现。

齐瓦勃 15 岁那年，家中一贫如洗，只受过短暂学校教育的他到一个山村做了马夫。然而，齐瓦勃并没有自暴自弃，他无时无刻不在寻找发展的机遇。3 年后，齐瓦勃来到钢铁大王卡内基的一个建筑工地打工。一踏进建筑工地，齐瓦勃就抱定了要做同事中最优秀的人的决心。当其他人在抱怨工作辛苦、薪水低而怠工的时候，齐瓦勃却默默地积累着工作经验，并自学建筑知识。

一天晚上，同伴们在闲聊，唯独齐瓦勃躲在角落里看书。那天恰巧公司经理到工地检查工作，经理看了看齐瓦勃手中的书，又翻开他的笔记本，什么也没说就走了。第二天，公司经理把齐瓦勃叫到办公室，问："你学那些东西干什么？"齐瓦勃说："我想我们公司并不缺少打工者，缺少的是既有工作经验又有专业知识的技术人员或管理者，对吗？"经理点了点头。不久，齐瓦勃就被升任为技师。打工者中，有些人讽刺挖苦齐瓦勃，他回答说："我不光是在为老板打工，更不单纯是为了赚钱，我是在为自己的梦想打工，为自己的远大前途打工。我们只能在业绩中提升自己。我要使自己工作所产生的价值，远远超过所得的薪水，只有这样，我才能得到重用，才能获得机遇！"抱着这样的信念，齐瓦勃一步步升到了总工程师的职位上。25 岁那年，齐瓦勃又做了这家建筑公司的总经理。

卡内基的钢铁公司有一个天才的工程师兼合伙人琼斯，在筹建公司最大的布拉德钢铁厂时，他发现了齐瓦勃超人的工作热情和管理才能。当时身为总经理的齐瓦勃，每天都是最早来到建筑工地，当琼斯问齐瓦勃为什么总来这么早的时候，他回答说："只有这样，当有什么急事的时候，才不至于被耽搁。"工厂建好后，琼斯让齐瓦勃做了自己的副手，主管全厂事务。

两年后，琼斯在一次事故中丧生，齐瓦勃便接任了厂长一职。因为齐瓦勃的天才管理艺术及工作态度，布拉德钢铁厂成了卡内基钢铁公司的灵魂。因为有了这个工厂，卡内基才敢说："什么时候我想占领市场，市场就是我的，因为我能造出又便宜又好的钢材。"几年后，齐瓦勃被卡内基任命为钢铁公司的董事长。

齐瓦勃担任董事长的第七年，当时控制着美国铁路命脉的大财阀摩根提出与卡内基联合经营钢铁。开始的时候卡内基没理会，于是摩根放出风声，说如果卡内基拒绝，他就找当时居美国钢铁业第二位的贝斯列赫姆钢铁公司联合。这下卡内基慌了，他知道贝斯列赫姆若与摩根联合，就会对自己的发展构成威胁。

一天，卡内基递给齐瓦勃一份清单，说："按上面的条件，你去与摩根谈联合的事宜。"齐瓦勃接过来看了看，对摩根和贝斯列赫姆公司的情况了如指掌的他微笑着对卡内基说："你有最后的决定权，但我想告诉你，按这些条件去谈，摩根肯定乐于接受，但你将损失一大笔钱。看来你对这件事没有我调查得详细。"经过分析，卡内基承认自己高估了摩根。

卡内基全权委托齐瓦勃与摩根谈判，最后取得了使卡内基占绝对优势的联合条件。摩根感到自己吃了亏，就对齐瓦勃说："既然这样，那就请卡内基明天到我的办公室来签字吧。"齐瓦勃第二天一早就来到了摩根的办公室，向他转达了卡内基的话："从第51号街到华尔街的距离，与从华尔街到第51号街的距离是一样的。"摩根沉吟了半晌说："那我过去好了！"摩根从未屈就到过别人的办公室，但这次他遇到的是全身心投入的齐瓦勃，所以只好低下自己高傲的头颅。后来，齐瓦勃终于建立了大型的伯利恒钢铁公司，并创下了非凡的业绩，真正完成了从一个打工者到创业者的飞跃。

由此可见，再伟大的计划也要从零开始。千里之行，始于足下。

立足实际，不做空想家

一年夏天，美国诗人爱默生接待了一位来自马萨诸塞州的乡下小伙子。小伙子自称是一个诗歌爱好者，从 7 岁起就开始进行诗歌创作，但由于地处偏僻，一直得不到名师的指点，因仰慕爱默生的大名，所以前来请教。

这位青年诗人虽然出身贫寒，但谈吐优雅、气度不凡。老少两位诗人谈得非常融洽，爱默生对他欣赏有加。临走时，青年诗人留下了薄薄的几页诗稿。爱默生读了这几页诗稿后，认为这位小伙子在文学上很有天赋，经过努力必将前途无量，所以他决定凭借自己在文学界的影响大力提携他。于是爱默生将那些诗稿推荐给当时有名的文学刊物发表，但反响不大。他希望这位青年诗人继续将自己的作品寄给他。于是，两人开始了频繁的书信来往。

青年诗人的信总是长达几页，大谈特谈文学问题，激情洋溢，才思敏捷。爱默生对他的才华大为赞赏，在与友人的交谈中经常提起这位诗人。正是由于爱默生不断地赞赏与推荐，青年诗人很快就在文坛有了一点小小的名气。

但是，这位青年诗人以后再没有给爱默生寄诗稿，信却越写越长，奇思异想层出不穷，言语中开始以著名诗人自居，语气越来越傲慢。爱默生开始感到了不安。凭着对人性的了解，他发现这位年轻人身上出现了一种危险的倾向。但他不忍心伤害年轻诗人，所以通信一直在继续。爱默生的态度却逐渐变得冷淡，成了一个倾听者。

秋天到了。爱默生去信邀请这位青年诗人前来参加一个文学聚会。他如期而至。在这位老作家的书房里，爱默生问小伙子为什么不给他寄诗稿了。小伙子回答说，他正在创作一部长篇史诗，因为他认为自己作为一名大诗人，必须写大作品才可以，还信誓旦旦地说，他的史诗巨著马上就会公之于世。面对小伙子这番狂妄语，爱默生无言。

文学聚会上，这位青年诗人大出风头。他逢人便谈他的伟大作品，表现得才华横溢，锋芒咄咄逼人。虽然谁也没有读过他的大作，即便是他那几首由爱默生推荐发表的小诗也很少有人读过，但几乎所有人都认为这位年轻人必将成大器，否则，大作家爱默生怎能如此欣赏他呢？

冬天，青年诗人仍然给爱默生写信，但他不再提起自己的大作品。信越写越短，语气也越来越沮丧，直到有一天，他终于在信中承认，长时间以来他什么都没写，以前所谓的大作品完全是他的空想。

他写道："周围所有的人都认为我是个有才华、有前途的人，我自己也这么认为，所以很久以来我就渴望成为一个大作家。我曾经写过一些诗，并有幸获得了阁下的赞赏，我深感荣幸。

"使我深感苦恼的是，自从获得您的赞赏以后，我再也写不出任何东西了。不知为什么，每当提起笔来，我的脑中便一片空白。在想象中，我感觉自己和历史上的大诗人是并驾齐驱的，包括和尊贵的阁下您，所以必须写出大作品才可以。

"在现实中，我对自己深感鄙弃，因为我浪费了自己的才华，再也写不出作品了。而在想象中，我是个大诗人，我已经写出了传世之作，已经登上了诗歌的王位。

"尊贵的阁下，请您原谅我这个狂妄无知的人……"

对此，爱默生只有无尽的惋惜，却无能为力，他后来再也没有收到这位青年诗人的信。

历史上有多少自称有文学梦想的年轻人最终和这位年轻的诗人一样，有一个宏大的"开场"，结尾却是草草几笔？他用那个"史诗巨制"的梦想之梦欺骗了自己，最终醒来发现一切都太可笑。但也有一些人，没有华丽的梦想，却能一步一步走得很踏实。

罗斯特侥幸进入了巴黎柯丽珑大饭店当侍应生，他知道，观光大饭店，接待的是各国人士，必须有多种语言的能力，才能应付自如。于是，他在工作之余，开始自修英语。3 年之后，柯丽珑大饭店要选派几个人到英国实习，罗斯特被录取。

在英国实习一年回来后，罗斯特由侍应生升为了领班。接着，就获得了一个到德国广场大饭店实习的机会。罗斯特到德国后不久，正赶上 20 世纪 30 年代的经济不景气，观光客的数量跟着锐减，大饭店的经营非常不容易。他利用广场大饭店过去旅客的资料，动脑筋设计出一些内容不同的信函，分别寄给旅客，使广场大饭店平稳地渡过了这段艰苦的时期。这些函件，其中有 400 多封，直到现在还被不少观光业作为招揽客人的范本。

这时候，罗斯特已经具备英、德、法三种语言能力，但一直没有机会去美国看看，于是决定请假自费到美国看一看。经理却决定特准予他公假，以公司名义派他去美国考察，一切费用公司承担。

罗斯特一到美国就去拜见华尔道夫大饭店的总裁柏墨尔，并把经理的亲笔信交给他，请他给自己一个见习机会，并要求从基层做起。

罗斯特真的从擦地板开始做起。罗斯特的做法，给他带来了好运。

有一天，华尔道夫的总裁柏墨尔到餐厅部来视察，看到罗斯特正在趴着擦地板。他跟这位来自法国的青年见过一面，印象颇为深刻，见他在擦地板，不禁大为惊讶。

"你不是法国来的罗斯特么？"柏墨尔走过去问。

"是的。"罗斯特站起来说。

"你在柯丽珑不是当副经理吗？怎么还到我们这里擦地板？"

"我想亲自体验一下，美国观光饭店的地板有什么不同。"

"你以前也擦过地板吗？"

"我擦过英国的、德国的、法国的，所以我想尝试一下擦美国地板是什么滋味。"

"是不是有什么不同？"

"这很难解释，"罗斯特沉思着说，"我想，如果不是亲自体会，很难说得明白。"

　　柏墨尔的眼睛里，突然闪起一道亮光，用力注视了他半天，才说："你等于替我们上了一课，下班后，请到我办公室来一趟。"

　　这次的相遇，使罗斯特进入了美国的观光事业。自此以后，罗斯特的事业蒸蒸日上，一直干到洲际大饭店的总裁，手下有 64 家观光大饭店，营业范围扩大到了世界上其他 45 个国家。

　　我们都讨厌爱默生遇到的年轻诗人，都欣赏罗斯特这个踏实青年。踏实是一种可贵的品质，可以让人的很多优点和长处都慢慢地展示出来。务实的着眼点是——"实"，即实际。每个人都会有自己的梦想，却很少有人最终能够实现，这是为什么呢？因为他们缺乏务实心态，不能够从实际出发，用行动去实现自己的梦想。

　　大凡成功者，都具有务实心态，他们不是只有梦想、只做计划、只擅长空谈的人，而是会把梦想和计划付诸行动的人。一旦他们下定了决心，就会马上行动。他们懂得，成功必须依赖行动，像能力、教育和知识这些东西，只有当你已经开始行动的时候，它们才会助你一臂之力。

　　有人向电子游戏之父诺兰·布歇尔请教有关企业家的成功之道，他这样回答："很多人都有很好的想法，但是只有很少的人会即刻着手付诸实践。不是明天，不是下星期，就在今天。真正的企业家是一位行动者，而不是什么空想家。"

　　从空想家到行动者的转变过程绝非易事，需要我们付出极大的努力才能实现。

　　"无知与好高骛远是年轻人最容易犯的两个错误，也是导致他们常常失败的原因。"许许多多的人内心充满梦想与激情，却不能脚踏实地去干。二十几岁的年轻人毕业后谋职时，总是盯着高职、高薪，总希望英雄能有用武之地，可一旦他们对工作厌烦时，就会抱怨工作的枯燥与单调，埋怨职业的毫无前途；而当他们遭受挫折与失败时，就会怀疑工作的意义，逐渐地，他们开始轻视自己的工作，并厌倦生活。

　　那些有所成就的人士，都具备"老实做人、扎实做事"的心态，都是踏踏实实地从简单的工作开始，通过一些微不足道的小事找到自我发展的平衡点和支撑点，并积极地调整自己的心态，通过持久的努力走出困境，最终迈向了成功的大门。

成功的欲望会让人们的内心浮躁，而宁静可以沉淀出生活中许多纷杂的浮躁，过滤出浅薄粗率等人性的杂质，可以避免许多鲁莽、无聊、荒谬的事情发生。宁静是一种气质、一种修养、一种境界、一种充满内涵的悠远。安之若素，沉默从容，往往要比气急败坏、声嘶力竭更显涵养和理智。

循序渐进，每次只做一件事

有两个年轻女孩在交流自己的工作感受，其中一个说："我明天不想上班了，有一大堆的事情等着我去处理，总是这一件没有做完就有了另一件。现在我都得了电话恐惧症了，一听到办公桌上的电话铃声响了，我整个人都没有办法工作。"

她的好朋友听了，安慰她说："你可以将自己要做的事情写在纸上，做完一件就划去一件，这样试一试。"

第二天，那个因为事情太多而厌恶上班的女孩果然将自己近期要尽快完成的工作都列了出来，竟然写了满满一页 A4 纸，包括联系客户，询问客户的意见，查询到货情况，列产品清单，制作介绍新产品的 ppt……其实，每一件事情都只需要她花上 5～30 分钟的时间，她越是累积得多越是不想去做，结果也就越觉得自己的事情太多而无从下手。反而是一件一件地去处理，像一点一点擦掉地上的污渍，让她的心情渐渐好起来了，做事情的热情和信心也回来了。

其实，我们的心理都是相似的，事情堆得太多了就会觉得很累，有了一个好的开头，就很容易做下去。而一个好的开头，就是需要你一心一意去做一件事情。

人不能同时尝试着做很多事情，就像不能同时希望自己拥有所有的优点和美德一样。越是想一下子完成很多的事情，越是会内心浮躁，影响完成的速度和质量。

有一位名叫彼得的业务员，是个非常热心的大好人，对同事有求必应。甚至，年轻志大的他，还向老板毛遂自荐。

一开始，体力过人的他尚可应付，但两个月后，他开始吃不消了，开始感到有些力不从心了。3个月后，他每天都顶着晕晕乎乎的脑袋去上班。

半年后，公司公布业绩，他是公认琐事最多的人，但是各项成绩都惨不忍睹，一塌糊涂。

许多人在工作中把自己搞得疲惫不堪，而且效率低下，很大程度上就在于他们没有掌握这个简单的工作方法——一次只能完成一件事。他们总试图让自己具有高效率，而结果却往往适得其反。

如果你真的很忙，想寻找利用时间的办法，你不妨用下面这个办法试试看：写上明天你必须做的6件要务，依重要性排出先后次序。你做完一件再做第二件，然后依次一件件做下去，做到你下班为止。

专注于一件事情，看起来很浪费你的才华和能力，但却很容易让你成为某一个领域的专家。

石油大王洛克菲勒年少时，第一份工作是在烈日下帮人锄马铃薯，他的酬劳是每小时4美分。他还帮自己的母亲养过火鸡，也干过农场的苦工。他尝试过很多职业，后来进入了石油公司工作。

他的工作是石油公司最简单的——每天巡视石油罐盖有没有自动焊接好。没办法，他实在是没有任何技能。他每天都要盯着焊接剂自动滴下，环绕油罐盖子一圈后，油罐被自动输送带带走。

这个工作太简单了，对于年轻的洛克菲勒来说，简直是枯燥至极！在他干了不满10天后，他就申请调往别的部门工作，因为他实在厌恶自己的这个岗位。他的申请被驳回，理由很简单，他没有技能可以胜任别的职位。年轻的洛克菲勒非常失望，他想尽快改变自己处境的计划被搁置了。不过，他很快平静下来。在此之前，他干过各种极为平凡和微不足道的工作，这种最初的磨炼使他有了一个良好的心态，那就是做自己应该做的事，并将注意力集中在当前的工作上，放弃所有超过自己能力的期望与幻想，从最简单的工作做起。毕竟，这对他来说也是一种工作乐趣。

当时，石油公司正在推进一项节约计划，经过仔细地观察和研究，洛克菲勒发现，他可以在改进自动焊接机上有所作为。他仔细计算，发现每焊好一个油罐盖子，需要的焊接剂是39滴，而精确运算得出的数字是37滴焊接剂就可以焊好一个盖子。但这只是一个理想状态的数字，要做到节约2滴焊接剂，其实并不容易。

这个发现使洛克菲勒有了工作的兴趣与目标，一种前所未有的热情使他无法停止研究的冲动。他学习所有与此有关的知识，反复试验，想尽办法朝自己的目标迈进。

最终，他设计出了38滴焊接机，也就是说，他的焊接机每焊接一个油罐盖子，可以为公司节约一滴焊接剂。

可别小看这一滴焊接剂，一年下来它可以为石油公司节约500万美元的开销！

当洛克菲勒决定在这微不足道的小事情上有所作为时，他并没有想到要得到主管的称赞，他最初的想法是，这是我应该做的事情。洛克菲勒把他的想法付诸行动，最终取得了成功。

有一位老教授说过他的经历：

"在我多年来的教学实践中，发现有许多在校时资质平凡的学生，他们的成绩大多在中等或中等偏下，没有特殊的天分，有的只是安分守己的诚实性格。这些孩子走上社会参加工作，不爱出风头，默默地奉献。他们平凡无奇，毕业后，老师和同学都不太记得他们的名字和长相。但毕业几年、十几年后，他们却带着成功的事业回来看望老师，而那些原本看来会有美好前程的孩子，却一事无成。这是怎么回事？

"我常与同事一起琢磨，认为成功与在校成绩并没有什么必然的联系，但与踏实的性格密切相关。平凡的人比较务实，比较能自律，所以有许多机会落在这种人身上。平凡的人如果加上勤能补拙的特质，成功之门必定会向他大方地敞开。

"年轻人，不要觉得你自己现在前途无量，一切皆有可能。其实，你最好只选择一条路，踏踏实实地走下去，而且不要三心二意，对别的事情还心有未甘。好好地做一件事情，立志成为那个行业的专家，行家，高人，而不是将自己的青春岁月浪费在一次又一次的跳槽上，这样你到中年的时候，才能真正成为一个'人才'。"

二十几岁以后，其实更多的时候，"质"远远比"量"更为重要，与其拿 100 个 50 分，还不如得 50 个 100 分。尽管它们的和都是 5000 分，但实际上差别可真是太大了。如果你是公司的管理者，每天做许多事情，却每件事都是马马虎虎，别人看待你充其量不过是个 50 分的人。相反地，如果你能集中精力，不贪心，一次只做一件事情，并且能把它做得十分完美，那么别人看待你，就会是个"100 分的人"。

不逞口舌之快，用事实说话

有的人反应快，口才好，思维敏捷，在生活或工作中当和人有利益或意见冲突时，往往能充分发挥辩才，把对方辩得哑口无言。长此以往，这种人就形成了一个习惯：不管自己有理无理，一用到嘴巴，他绝不会认输，而且也不会输，因为他有本事抓你语言上的漏洞，也会转移战场，四处攻击，让你毫无招架之力。虽然你有理，他无理，但你就是拿他没办法。

在辩论会、谈判桌上，这种人也许是个人才，但在日常生活和工作场合中，这种人反而会吃亏，因为日常生活和工作场合不是辩论场，也不是会议室和谈判桌，你面对的可能是能力强但口才差，或是能力差口才也差的人，你辩赢了前者，并不表示你的观点就是对的，你辩赢了后者，只会凸显你仅仅是个好辩之徒且没有"心机"罢了。

而一般常见的情形是，人们虽然不敢在言语上和你交锋，但大家都心知肚明，反而会同情"辩"输的那个人，你的意见并不一定会得到支持。而且别人因为怕和你在言语上交锋，只好尽量回避你，如果你得理不饶人，把对方"赶尽杀绝"，让他没有台阶下，那么你已种下了仇恨的种子，这对你来说绝对不是好事。

有一个保险公司为他们的推销员定了一个规矩：不要争论！完美、有效的推销，不是辩论，也不要类似辩论。因为辩论并不能让人改变想法。

富兰克林常说："如果你辩论争强，你或许有时获得胜利，但这种胜利是得不偿失的，因为你永远无法得到对方的好感。"

因此，你要好好考虑一下，你想要什么，是只图一时口才表演式的胜利，还是一个人的长期好感。

有好口才不是坏事，但运用不当则会坏事，因此你若有好口才，建议你：

好口才再配上好的"心机"，这样的人无疑很有影响力。如果空有好口才而不知收敛，带来的损失无疑是巨大的。二十多岁的年轻人不要在嘴上与人争辩，要用行动去赢得胜利。因为把"逞口舌之快"当成一种"快乐"，是做人的悲哀。

长辈们最不喜欢的就是嘴上争强好胜的年轻人，如果你真的想要在别人面前证明自己，那么就用行动证明你自己吧！

积极行动，全力以赴

天下最可悲的一句话就是："我当时真应该那么做，但我却没有那么做。"经常会听到三十多岁的人说："如果我二十多岁时就开始那笔生意，早就发财了！"一个好创意胎死腹中，真的会让人叹息不已。一个人被生活的困苦折磨久了，如果有了一个想要改变的梦想，那他已经走出了第一步，但是若想看见成功的大海，只走一步又有什么用呢？

英国前首相本杰明·狄斯雷利曾指出，虽然行动不一定能带来令人满意的结果，但不采取行动就绝无满意的结果可言。

因此，如果你想取得成功，就必须先从行动开始。

每天不知会有多少人把自己辛苦得来的新构想取消，因为他们不敢执行。过一段时间以后，这些构想又会回来折磨他们。

因此，你如果想要获得成功，就只有行动起来，这样才能最终摆脱命运的折磨。

曾目睹两位老友因车祸去世而患上抑郁症的美国男子沃特，在无休止的暴饮暴食后，体重迅速膨胀到了无法控制的地步，直线逼近200公斤。当逛一次超市就足以让沃特气喘吁吁缓不过劲儿时，沃特意识到自己已经到了绝境。绝望之中的沃特再也无法平静，他决定做点什么。

打开年轻时的相册，里面的自己是一个多么英俊的小伙子啊。深受刺激的沃特决定开始徒步美国的减肥之旅，他迅速收拾好行囊，带着接近200公斤的庞大身躯出发了。穿越了加利福尼亚的山脉，行走了新墨西哥的沙漠，踏过了都市乡村、旷野郊外……整整一年时间，沃特都在路上。他住廉价旅馆，或者就在路边野营。他曾数次遇到危险，一次在新墨西哥州，他险些被一条剧毒的眼镜蛇咬伤，幸亏他及时开枪将之打死。至于小的伤痛简直就是家常便饭，但是他坚持走过了这一年，一年后，他步行到了纽约。

他的事情被媒体曝光后，深深触动了美国人的神经。这个徒步行走、立志减肥的中年男子，被《华盛顿邮报》《纽约时报》等媒体誉为"美国英雄"，他的故事感动了美国。不计其数的美国人成为沃特的支持者，他们从四面八方赶来，为的就是能和这个胖男人一起走上一段路。每到一个地方，就会有沃特的支持者在那里迎接他。

当他被美国收视率最高的节目之一——《奥普拉·温弗利秀》请到现场时，全场掌声雷动，为这个执着的男人欢呼。出版商邀请他写自传，电视台找他拍摄专辑……更不可思议的是，他的体重成功减掉了50公斤，这是一个多么惊人的数字！

许多美国人称：沃特的故事使他们深受激励，原来只要行动，生活就可以过得如此潇洒。沃特说这一切让他意外："人们都把我看作是一个美国英雄式的人物，但我只是一个普通人，现在我意识到，这是一次精神的旅行，而不仅仅是肉体。"他的个人网站"行走中的胖子"吸引了无数访问者，很多慵懒的胖子开始质疑自己："沃特可以，为什么我不可以？"

徒步行走这一年，沃特的生活发生了巨变。从一个行动迟缓的胖子到一个堪比"现代阿甘"的传奇式人物，沃特用了一年，他的收获绝不仅仅是减肥成功这么简单。放弃舒适的固有生活，做一种人生的改变，人人都可以做到，但未必人人愿意行动。所以，沃特成功了。

一个人的行为影响他的态度。行动能带来回馈和成就感，也能带来喜悦，通过潜心工作得到自我满足和快乐，这是其他方法不可取代的。如果你想寻找快乐，如果你想发挥潜能，如果你想获得成功，就必须积极行动，全力以赴。

所以，二十多岁的年轻人只要付诸行动，没有什么不可以。勇敢行动起来，创造自己生命的奇迹吧！

最有效的行动时机是现在

一个生动而强烈的意象突然闪入脑际，使作家生出一种不可阻遏的冲动——想提起笔来，将其记录下来。但那时他有些不方便，所以没有立刻就写。那个意象不断地在他脑海中活跃、催促，然而他最终没有行动，后来那意象逐渐模糊、暗淡了，直至完全消失！

一个神奇美妙的印象突然闪电般地侵入一位艺术家的心间，但是，他不想立刻提起画笔将那不朽的印象绘在画布上。这个印象占据了他全部的心灵，然而他总是不跑进画室埋首挥毫，最后，这幅神奇的印象也渐渐从他的心间消失了。

像这样有了想法却不行动、一拖再拖的人还有很多。但是，如果想要达成心中的愿望，我们最好从现在就开始行动。

其实，不管是什么事情，最好的行动时机就是现在。今天的想法就由今天来决断，因为明天还有明天的事情、想法和愿望。但是，生活中就有那么一些人，在做事的过程中养成了拖延的习惯，今天的事情不做完，非得留到以后去做。其实，把今日的事情拖到明日去做，是不划算的。有些事情当初做会感到快乐、有趣，如果拖延几个星期再去做，便会感到痛苦、艰辛。而且，时下的经济形势也不容许我们做事拖沓，如果我们把一切事情都拖到明天来完成，那么很快我们就会在工作中被淘汰。

著名作家玛丽亚·埃奇沃斯在自己的文章中写过这么一段有深刻见解的话："如果不趁着一股新鲜劲儿，今天就执行自己的想法，那么，明天也不可能有机会将它们付诸实践；它们或者在你的忙忙碌碌中消散、消失和消亡，或者陷入和迷失在好逸恶劳的泥沼之中。"

常常会有这样的时候：我们深陷在对昨天伤心往事的懊悔中，期待明天会有不一样的艳阳高照，却独独忽视了今天的存在。"将来我要做政府高官，改变大多数人的生活"，"将来的发明肯定能解决现在争论不休的问题"，"将来我会成为世界上最富有的人"……对二十几岁的我们来说，过去还不怎么值得回味，展望未来，信口开河又不用负责，成了大家平常的乐事。但事实上，我们除了现在、此刻，一无所有。你以为明天还会和今天一样，但有时候频繁的自然灾害等也给我们小小的提醒：明天并不一定会到来。

1871年春天，一个蒙特端综合医院的医学学生偶然拿起一本书，看到了书上的一句话，就是这句话，改变了这个年轻人的一生。它使这个原来只知道担心自己的期末考试成绩、自己将来的生活何去何从的年轻的医学院学生，最后成了他那一代最有名的医学家。他创建了举世闻名的约翰·霍普金斯学院，被聘为牛津大学医学院的讲座教授，还被英国国王册封为爵士。他死后，他的一生用厚达1466页的两大卷书才记述完。

他就是威廉·奥斯勒爵士，而下面，就是他在1871年看到的由汤冯士·卡莱里所写的那句话："人的一生最重要的不是期望模糊的未来，而是重视手边清楚的现在。"

42年之后，在一个郁金香盛开的温暖的春夜，威廉·奥斯勒爵士在耶鲁大学做了一场演讲。他告诉那些大学生，在别人眼里，曾经当过4年大学教授，写过一本畅销书的他，拥有的应该是"一个特殊的头脑"，可是，他的好朋友们都知道，他其实也是个普通人，他所取得的一切，只是因为他注重了"今天"。

时间并不能像金钱一样让我们随意储存起来，以备不时之需。我们所能使用的只有被给予的那一瞬间——此刻。所谓"今日"，正是"昨日"计划中的"明日"；而这个宝贵的"今日"，不久将消失到遥远的彼方。对于我们每个人来讲，得以生存的只有此刻——过去早已逝去，而未来尚未来临。昨天，是张作废的支票；明天，是尚未兑现的期票；只有今天，才是现金，具有流通的价值。所以，不要老是惦记明天的事，也不要总是懊悔昨天发生的事，把你的精神集中在今天。对于远方将要发生的事，我们无能为力。杞人忧天，对于事情毫无帮助。所以记住：你现在就生活在此处此地，而不是遥远的地方。

《圣经》中有这样一句话："不要烦恼明天的事，因为你还有今天的事要烦恼。"这是一句隐含大智慧的话，却不是容易做到的事。很多男人努力赚钱养家，心想赚足够多的钱让家人生活得更好，后来发现钱永远赚不够，家人也没了。因为家人拥有无数个凄凉孤单的现在，所以决定去追求自己当下的快乐。

如果你感到不安、恐惧，过多的思考只能增加你的这种不安感。行动起来，你会发现原来并没有什么可怕的。但又有人问：何时行动是最好的呢？回答就是现在！现在就行动！

其实，人不仅要在现在行动，也只能选择在现在行动。

一个人不可能丧失过去和未来，一个人没有的东西，有什么人能从他那里夺走呢？唯一能从人那里夺走的只是现在。任何人失去的不是什么别的生活，而只是他现在所过的生活；任何人所过的也不是什么别的生活，而只是他现在所过的生活。最长的和最短的生命就如此成为同一。

这是一个哲学式的分析，我们可以还原到生活中来理解。

生活中常有这种事情：来到眼前的往往轻易放过，远在天边的却又苦苦追求；占有它时感到平淡无味，失去它时方觉可贵。可悲的是，这种事情经常发生，我们却依然觊觎那些"得不到"的，跌入这种"得不到的总是最好的"的陷阱中，从而遗失了我们身边的宝贝。

让我们重温《钢铁是怎样炼成的》当中那段名言：

"人最宝贵的东西是生命，生命对于人只有一次。一个人的生命是应该这样度过的：当他回首往事的时候，他不会因虚度年华而悔恨，也不会因碌碌无为而羞耻。这样在临死的时候，他才能够说：'我的生命和全部的经历，都献给世界上最壮丽的事业——为人类的解放而斗争。'"

我们也许可以不必在乎周围的一切，但是必须珍惜现在拥有的一切，好的、不好的；令人欢喜的，令人忧愁的。少些许遗憾，多几分坦然，即使有朝一日你将失去，那么你也会无怨无悔地说：我曾珍惜了我所拥有的。

抓住了"此刻"，就是给自己一个良好的重新开始的机会。而之后的每一个"此刻"你都能抓住；放弃了现在，就像倒下了一个多米诺骨牌，之后的无数个"现在"也会被卷进来耗损掉。二十多岁的年轻人，好好把握现在吧！

第十二章

跳不出思维的墙，忙来忙去都瞎忙

要抒写自己梦想的人，必须保持高度的清醒。然而对于很多二十几岁的青年来说，最大的困难就在于清楚自己内心的想法，或者很多时候就是根本没有想法。"当你没有目标，任何方向的风对你来说都是逆风。"这是一个船长的经验，更是一种智慧的人生经验。要想让自己的人生掌握在自己手中，你就必须学会思考，找到自己的定位。

智慧源于思考

如今世界发展迅猛，各种新鲜事物如雨后春笋般不断涌现。这让我们的生活丰富多彩，同时也导致我们要不断应付那些随之而来的问题。要灵活巧妙地解决这些层出不穷、花样百出的难题，智慧是最有效的武器。而思考是获得智慧的唯一途径，"数字化教父"尼葛洛·庞蒂说的"我不做具体研究工作，只是在思考"说明了思考的重要性，思考往往能让复杂的问题变得简单。

一位退休老人在哈佛大学附近买了一栋简朴的住宅，打算在那儿安度晚年。但问题出现了，老人住的地方本来是很安静的，可不知从什么时候开始，有3个年轻人在附近踢垃圾桶。除了这些垃圾桶身遭厄运之外，附近居民的耳朵也因此备受折磨。为了从这刺耳的噪声中解脱出来，附近的居民采取了各种各样的办法来试图阻止他们的恶作剧。不管是晓之以理、动之以情，还是简单粗暴、威逼吓唬，一直都不管用，等到人们一离开，年轻人又开始踢垃圾桶。邻居们实在是无计可施，也只好听之任之，只有咬着牙忍耐了。

年轻人能忍耐，这位老人却忍耐不了他们制造的噪音，再这样下去将会危及老人的健康。为了改善目前的状况，老人决定出去跟年轻人谈判："你们几个一定玩得很开心，我年轻的时候也常常做这样的事情。我非常怀念这些，所以你们能不能帮我一个忙？如果你们每天来踢这些垃圾桶，我将每天给你们1元钱。"这3个年轻人很惊讶，想不到天底下还有这样的好事，于是欣然接受，打算将自己的热情全部发挥到踢垃圾桶的事业上来。刚开始几天，他们卖力地踢所有的垃圾桶，老人也履行着他们之间的约定，每天给他们1元钱。

几天后，这位老人愁容满面地找到3位年轻人。"通货膨胀减少了我的收入，"他说，"从现在起，我每天只能给你们每个人5毛钱了。"这3个年轻人有点不满意，但还是接受了，每天继续踢着垃圾桶，可是却没有以前那么"兢兢业业"了。又过了几天，老人又找到他们几个。"我最近没有收到养老金支票，所以每天只能给你们2角5分了，成吗？"老人又一次开口了。"只有2角5分！"一个年轻人大叫道，"你以为我们会为了区区2角5分钱浪费时间，在这里踢垃圾桶？不行，我们不干了！"从此以后，附近的居民又过上了安静的日子。

附近居民费尽心力都没能解决的问题，这位老人只是略施小计就给摆平了。很显然，这"略施小计"正是老人思考后采取的行动。有时候简单直接的方式不能解决的问题，不妨停下来先思考一下，思考分析过后再做出决策，往往能收到事半功倍的效果。

遇到了难题，听之任之当然找不到解决问题的办法。只有不断地思考，才能找到最优的解决方案。

一位曾就读于哈佛经济学专业的大富豪走进一家银行。"请问先生，您有什么事情需要我们效劳吗？"贷款部营业员一边小心地询问，一边上下打量着来人的穿着：名贵的西服、高档的皮鞋、昂贵的手表，还有镶宝石的领带夹子……

富豪开口说："我想借点钱。"虽然有些吃惊，但营业员还是回答说："完全可以，您想借多少呢？"富豪回答说："1美元。""只借1美元？"贷款部的营业员更觉得惊讶了。"我只需要1美元，可以吗？"贷款部营业员的脑子立刻高速运转起来，这人穿戴如此阔气，为什么只借1美元？他是在试探我们的工作质量和服务效率吧？于是营业员便装出高兴的样子说："当然，只要有担保，无论借多少，我们都可以照办。""好吧。"富豪从豪华的皮包里取出一大堆股票、债券等放在柜台上，"这些做担保可以吗？"营业员清点了一下："先生，总共50万美元，做担保足够了。不过先生，您真的只借1美元吗？""是的，我只需要1美元。有问题吗？"富豪仍然如此说道。"好吧，请办理手续，年息为6%，只要您付6%的利息，且在一年后归还贷款，我们就把这些做担保的股票和证券还给您……"

一直在一边旁观的银行经理怎么也弄不明白，一个拥有50万美元的人，怎么会跑到银行来借1美元呢？富豪办完手续正打算走，银行经理追了上去："先生，对不起，能问您一个问题吗？"富豪欣然同意："当然可以。"经理问道："我是这家银行的经理，我实在弄不懂，您拥有50万美元的家当，为什么只借1美元呢？"富豪说："好吧！我告诉你原因，我来这里办一件事，随身携带这些票券很不方便，问过几家金库，要租他们的保险箱租金都很昂贵，一年要花费几百美元。所以我就到贵行将这些东西以担保的形式寄存了，由你们替我保管，况且利息很低，存一年才不过6美分……"经理如梦方醒，但他十分钦佩这位先生，这个富豪的做法实在太高明了。

将这些价值50万美元的股票、债券放在身边不方便，放在一家金库的保险柜里会很安全，可是保险柜租金太昂贵了。也许会有人将就一下就算了，认为比起50万美元价值的股票和债券的安全，几百美元的租金算不上什么。可善于思考的这位富翁不这么认为，他认为肯定会有更好的解决办法，于是就有了以上在银行发生的这一幕——富翁只用了6美分就妥善安置了他50万美元的家当。也许善于思考才是这位富翁之所以成为富翁的原因吧。

巴尔扎克说："一个能思考的人，才真正是一个力量无穷的人。"因为思考，我们才能获得解决难题的智慧，才真正成为一个力量无穷的人。

思考是获取智慧的唯一途径，只要我们善于思考，智慧就属于我们每一个人。

思考创造奇迹

毕业生总是抱怨社会"歧视"他们没有经验，的确，不给第一次机会，谁都是没有经验的人。但是毕业生也应该反省，为什么老板对毕业生不放心，其中很重要的一点就是：有些刚毕业的人不爱思考，做什么事情都"等、靠、要"。

放弃思考，就是放弃发挥自己价值的机会。牛顿说："思索，持续不断地思索，以待天曙，渐渐地见得光明。如果说我对世界有些许贡献，那不是由于别的，只是由于我的辛勤耐久的思索所致。"他甚至这样评价思考："我的成功当归功于精心的思索。"成功来自不断地思考。

毕业以后，许多人把思考的习惯伴随着课本一起扔在了行李箱里，却不知道社会上更需要思考。假如你是公司领导，有两个职员：一个人每天都是机械式地安排你交给他的任务，完成得中规中矩，没有突破；而另一个不但完成你给他的任务，还总是给你提出很多你自己没有想到的好点子，你会喜欢哪一个员工？答案不言而喻。

领导当然会喜欢一个善于思考的人，如果只是可以完成交给他的任务，那还不如去找一个机器人。行走在社会中，有一点要知道：唯有思考才能开发出智慧的潜能，才能打开才智的大门。

勤于思考是成功者身上一项重要的素质。思考能带来命运的转机，不肯思考的人很容易停滞不前。"书读得多而不加思考，你就会觉得你知道得很多；而当你读书又思考很多的时候，你就会清楚地看到你知道得还很少。"这是哲学家伏尔泰的感悟。"学习知识要善于思考、思考、再思考，我就是靠这个学习方法成为科学家的。"爱因斯坦如是说。

将一半时间用于思考，一半时间用于行动，无疑是人才的成功之道。不懂得运用思考这一"才能钻机"的人，是难以挖掘出丰富的智慧矿藏的；不善于思考的人，就不能举一反三，触类旁通，也难以享受到创新的乐趣。赢得一切、拥抱成功的关键，在于你能不能积极地思考，持续地思考，科学地思考。

在工作中，要战胜困难，达到理想的效果，深思熟虑是不可缺少的条件。在科学、艺术创造中，在规划方案、产品设计、经营运筹中，在理论体系的构筑中，思考是不可替代的。世界上一切革新、发明、创意、主张，都是思考的产物。科学的思考，创造了五彩斑斓的世界，推进了文明的演进。

长时期的持续思考能创造奇迹。睡梦也是思考的延续，有时甚至在梦中都会有所得。在科学史上，这种"奇迹"比比皆是，缝纫机的发明即是一例。

当时，埃利阿斯·豪将全部财富投资于缝纫机的发明，但这个项目最后的问题，即缝纫机针的针孔应设在什么部位，成了一个关键点。他千思万虑，都得不到确切的结果。有一次，在睡梦中，他梦见有一群野人在他周围唱歌、跳舞，蛮族王下令他必须在 24 小时内制成缝纫机，若是超过规定时间，就将他放进大锅煮熟让大家分食。他为此烦恼万分。突然，他发现野人手中的长矛，在尖刺上有个孔。他终于找到了答案。他惊醒时，是夜里 3 点钟。于是，他急忙起床，赶到工作室。借梦中得到的启示，完成了世界上第一台缝纫机的设计。

正因为思考具有的神奇魅力，因而人们才十分重视对思维能力的开发，对思想的力量百般倾心。

高尔基曾热忱鼓励人们进行认真思考，让思想自由腾飞。他深情地讴歌"思想的力量"，指出："这思想时而迅如闪电，时而静若寒剑。""只有思想是他的女友，他唯独同她永不分手，只有思想的光焰才能照亮他路上遇到的障碍，揭示人生的谜，揭开大自然的重重奥秘，解除他心中漆黑一团的混乱。""思想是人的自由的女友，她到处用锐利的目光观察一切，并毫不留情地阐明一切。""思想把动物造就成人，创造了神灵，创造了哲学体系以及揭示世界之谜的钥匙——科学。"

唯有思考才能开发出智慧的潜能，才能打开才智的大门。当今，人类知识总量已超过以往一切时代的总和，全部科学知识的3/4是20世纪50年代以后发现的。"知识爆炸"的态势警策我们，光会积累知识，即使皓首穷经，充其量只不过是一个双脚书橱，难有大作为。而思维能力强的人，却能再造知识，开发智能，将知识转化为现实的生产力。

二十几岁的你现在缺少的就是经验，所以你必须想办法弥补这个短板，那就只能尽量用理性的头脑去面对问题，遇到任何事情，都把它当成是自己大展身手的好机会，给以你思考之后的最佳方案，尽早扔掉"没头脑"的标签。

突破思维定式才有出路

有时候我们对一个问题束手无策，并不是因为这个问题太难了，也不是因为我们没有能力，相反是我们陷入了定式思维。

也许你从高中起，就开始背关于创新的大段理论，后来上了大学，你渐渐明白：原来学习那些曾经让你头大的理论是因为我们的时代正处于创新的时代，而我们正是这个时代的弄潮儿。然后参加了工作，你发现创新无处不在。可是会背理论不代表你就已经是个很有创意的人，审视自己：你可以突破定式，勇于创新吗？

有一个男孩在报上看到招聘启事，上面所登的正好是他喜欢的工作。第二天早上，当他准时前往应征地点时，发现应征队伍中已有20个男孩在排队。男孩意识到自己处于劣势，如果在他前面有一个人能够打动老板，他就没有希望得到这份工作了。他认为自己应该动动脑筋，运用自身的智慧想办法解决这个困难。

他拿出一张纸，写了几行字，然后走出行列，并要求后面的男孩为他保留位子。他走到负责招聘的女秘书面前，很有礼貌地说："小姐，麻烦你把这张纸交给老板，这件事很重要。谢谢你！"

若在平时，秘书会很自然地回绝这个请求。但是今天她没有这么做，因为她已经观察这些男孩一段时间了，应聘的人有的表现出心浮气躁，有的则冷漠高傲，而这个男孩一直神情愉悦、态度温和、礼貌有加，给她留下了深刻的印象。于是，她决定帮助他，便将字条交给了老板。

老板打开字条，上面写着："先生，我是排在第 21 号的男孩。在见到我之前请您不要做出任何决定，好吗？"

最后的结果可想而知，任何一位老板都会喜欢这种在遇到困难时开动脑筋，积极寻找解决办法的员工。他已经有能力在短时间内抓住问题的核心，想办法转变自己的劣势，然后全力解决它，并尽力做好。这样聪明的员工，老板怎么会不用呢？

创新可以让你成为不可替代的人。也许你的经历不是最多的，经验不是最丰富的，技术不是最熟练的，但是你的创新能力是价值非凡的，它所创造的价值将使你本身存在的弱势不会成为阻碍你前进的绊脚石。

陷入思维定式，要想再突破就非常困难了。要看得更远，一定别让自己设定的"常识"禁锢了思想，打开思维才能做得更好。

"一个聪明人的头脑价值连城！"这是美国著名小说家欧·亨利的话。的确，头脑的力量是无穷的。重要的是你要去发掘。我们太多人自恃能力、知识、经验，给自己定义什么是"常识""常规"，无形当中就把自己禁锢在这些"常识""常规"之下，自然就不会想到突破。能力、知识、经验只是对以往事物的体会，可以作为参考，但决不能作为行为准则。

独立思考，不做他人思想的附庸

没有独立思考能力的人，将永远被他人的意见和价值观左右，更没有自己闪光的思想和新颖的创意。鹦鹉学舌似的人云亦云只能是别人的附庸和"传道者"。

爱因斯坦非常重视独立思考，他说："高等教育必须重视培养学生具备会思考、懂探索的本领。人们解决世上所有问题用的是大脑的思维本领，而不是照搬书本。"

同样，我们也需要在奋斗路程中，用自己的思想进行摸索，有了对事物的独立思考，才会有更深刻的了解，才更能进行发挥创造。

有一位擅长画猫的画家，画技高超，其笔下的猫栩栩如生，人送绰号"猫王"。老鼠见了他画的猫都落荒而逃，以至于许多人把他的画买回家去驱鼠。不过，这位"猫王"画家的性格比较古怪，一生只带了两个徒弟——孙超和王品。

一天，画家把二徒弟王品叫到跟前说："你可以出师了，你不但学到了我画猫的全部技巧，而且在很多方面超过了我。"二徒弟王品说什么也不愿意离开师父，但画家态度坚决，王品只好含泪辞别了师父。大徒弟孙超见此，便心急如焚地找到画家说："师父，我也要出师，你为什么只让师弟出师呢？要知道我比他还早来半年呀！""猫王"画家非常严肃地说："的确，你跟我学画的时间比他长一点，但是，你这一辈子恐怕永远也出不了师了。"大徒弟孙超心有不甘地问道："为什么？""你跟我学画，只知模仿，却没有任何创新，也就是说，你在用手画画。而你师弟呢，则是在用脑子画画，他画的猫在很多细节方面已超过了我。你的基本功虽然很扎实，但不善于思考，不善于用脑，这就是你永远出不了师，也永远无法超越你师弟的原因。"大徒弟孙超听后，不服气地走了。若干年后，大徒弟孙超画的猫在市场上无人问津，而二徒弟王品则成了远近闻名的"猫神"。人们都说他画猫的本领已超过了他师父。

不加入自己思考的模仿注定被遗弃，孙超一味地模仿师父的画法，丝毫没有自己的想法，怎么可能有所突破呢！没有自己独立的思想，就只能活在别人的阴影之下。只有对事物有真正的认识和见解，才能有所成就。

德川家康从来都不是一个顽固不化的人，他善于模仿，但不仅仅是模仿，他能从中加入自己的独到见解。他埋首研究甲州军事、武田信玄的用人之道，也从织田信长处学习到风格迥异的战术策略以及管理财政经济的方法窍门；德川家康从对垒的实战中，模仿两位名将的领导哲学和用兵策略，融入自己在战场上领悟到的谋略，而后在小牧长久手一役大败敌军，开创出具有王者之风的兵法。他的作风，对后来日本的民族性与传统精神，有极深远的影响。

综观日本历史，藤原氏、平氏、足利氏的开国首领都是了不起的将军，但是后世子孙被京都浮华的生活侵染，危机意识和战斗力都大不如前。只有源赖朝在镰仓建立的幕府，具有质实刚健的风气，因而深受德川家康的尊敬。德川家康一直到死都对记录源赖朝治绩的日本编年体史《东鉴》（也称《吾妻镜》）一书爱不释手，他经常和林道春一起讨论这本书，还专门批注，令林道春写下了《东鉴纲要》一书。

曾有人记载了德川家康的军阵："由铁炮队、弓队、枪队组成的秀忠行列，从早上8时到下午6时接连不断。"这样盛大的行列，是德川家康读了《东鉴》，参照昔日源赖朝的方式做的。源赖朝为人质朴，他在镰仓建立政权之后，手下的镰仓武士也同样具有质朴刚健的风骨，这一点极大地影响了德川家康，并为他建立江户幕府提供了参考。

有一次，德川家康谈论有关行军布阵的时候说："现在的阵形布置方法是铁炮队在最前，接着是弓队，再后面是骑马队，将这作为固定不变的方法并不理智。今后还是将铁炮和弓放在前面，骑马队在后，但枪队是紧接在后还是守卫左右两翼，要随机应变。在枪队中要设指挥者，根据他的命令来行动。"这套军事战略在当时被认为很是新颖，这是在继承镰仓公的战斗方式的基础上，又加入德川家康自己独到见解的一种创新。

不仅在作战上他注意向前人学习，在政治制度上，他改变了以往的幕府制度，让将军的实力更加牢固。德川家康将大名分为谱代和外样，谱代大名都是一些自三河时期起的家臣，是与德川家康生死与共、为德川家康夺得天下立下彪炳战功的人；外样大名则是丰臣氏时期权势较大的大名。他将领地和丰厚的俸禄赐给了外样大名，但不授予与幕府政治密切相关的职位，如老中、若年寄等。谱代大名没有很高的俸禄，却在政治上被授予要务。这样一来，即使有心要反抗德川家康，那些外样大名没有权力，有权力的谱代大名则没有足够的金钱和兵力。对于外样大名，德川家康丝毫没有放松警惕，一直将他们作为假想敌，于是产生了这样对待大名的方针：他将外样大名置于离江户较远的地方，不仅如此，还必定在外样大名的领地附近设立谱代大名或是忠心耿耿、比较可靠的大名，随时保持监视。一系列的新政策，保证了德川氏的天下不会轻易出现兴风作乱的人。德川家康在战国时代取得了最后的成功，并开创了日本 300 年的和平时代。

没有一个人只靠一味地模仿他人就能成就大业，只有在模仿的基础上加入自己的见解才有可能有所作为。

别人的经验是值得我们借鉴和学习的，别人的意见也是有可取之处的。但是我们不能把这些奉为"金科玉律"，不敢越雷池一步。二十几岁的人，要在学习模仿别人的时候或者在询问别人的意见之前，自己要先静下心来认真思考。

质疑是最好的思考方式

孔子说："不曰如之何如之何者，吾未如之何也已矣！"遇到事情不去想怎么办的人，就连孔圣人拿他也没办法。遇到事情善于思考、质疑，常想想自己如何解决，自己的思考能力定会大有提升。19 世纪美国著名诗人及文艺批评家洛威尔曾经说过："真知灼见，首先来自多思善疑。"

1921 年，印度科学家拉曼在英国皇家学会上做了关于声学与光学的研究报告，报告结束后，取道地中海乘船回国。甲板上漫步的人群中，一对印度母子的对话引起了拉曼的注意。小男孩问妈妈："妈妈，这个大海叫什么名字？"母亲回答："地中海！"小男孩又问："为什么叫地中海？"母亲耐心地解释说："因为它在欧亚大陆和非洲大陆之间，所以被称为地中海。"小男孩继而又好奇地问："那它为什么是蓝色的？"年轻的母亲一时语塞，求助的目光正好遇上了一旁饶有兴致正在倾听他们谈话的拉曼。拉曼告诉小男孩说："海水之所以是蓝色的，是因为它反射了天空的颜色。"在此之前，几乎所有的人都认可这一解释。这一解释是出自英国物理学家瑞利勋爵，这位以发现惰性气体而闻名于世的大科学家，曾用太阳光被大气分子散射的理论解释过天空的颜色，并由此推断，海水的蓝色是反射了天空的颜色所致。

但不知为什么，在告别了那一对母子之后，拉曼总对自己的解释心存疑惑，那个充满好奇心的稚童，那双求知的大眼睛，那些源源不断涌现出来的"为什么"，使拉曼深感愧疚。作为一名很有职业素养的科学家，他发现自己在不知不觉中丧失了小男孩那种到所有的"已知"中去追求"未知"的好奇心，不禁为之一震！拉曼回到加尔各答后，立即着手研究海水为什么是蓝色的，发现瑞利的解释实验证据不足，令人难以信服，因此决定重新进行研究。他从光线散射与水分子相互作用入手，运用爱因斯坦等人的涨落理论，获得了光线穿过净水、冰块及其他材料时散射现象的充分数据，证明出水分子对光线的散射使海水显出蓝色的机理，与大气分子散射太阳光而使天空呈现蓝色的机理完全相同。进而又在固体、液体和气体中，分别发现了一种普遍存在的光散射效应，被人们统称为"拉曼效应"，为 20 世纪初科学界最终接受光的粒子性学说提供了有力的证据。

1930 年，地中海轮船上那个小男孩的问号，把拉曼领上了诺贝尔物理学奖的奖台，成为印度也是亚洲历史上第一个获得此项殊荣的科学家。在男孩好奇心的帮助下，拉曼找回了对"已知"的质疑。

对一个事物过于肯定，等于在一开始就给自己的思想加上了一套"刑具"，限制了思想的发展。对于被认为是"已知"但我们却不知道真正原因的事物（比如海水为什么看起来是蓝色的），我们就是要发扬"打破砂锅问到底"的精神，敢于质疑，敢于追问。

爱因斯坦曾经这样评价自己："我没有什么特别的才能，不过喜欢寻根究底地追问罢了。"爱因斯坦凭着超人的智慧和充满疑问的思考才取得非凡的成就，为人类做出了重大的贡献。凡是有所成就的人，都有一个喜欢追问问题的脑袋。大发明家爱迪生也是如此。

有一天，爱迪生在路上碰见一个朋友，看见朋友的手指关节肿了。爱迪生问："手指关节为什么会肿呢？"朋友回答："我还不知道真实的原因是什么。"爱迪生继续问道："为什么你不知道？医生知道吗？"看来这并不是出于关心。朋友回答说："每个医生说的原因都不同，不过多半的医生都认为这是痛风症。"又有新问题出现了。爱迪生问："什么是痛风症呢？"朋友："他们告诉我说，这是尿酸积淤在骨节里造成的。"爱迪生说："既然如此，他们为什么不从你骨节中取出尿酸来呢？"朋友有点无奈地说："他们不知道如何取。"这时的情形好像一块红布在一只斗牛面前摇晃一样。"为什么他们会不知道如何取呢？"爱迪生有点生气地问着。朋友说："因为尿酸是不能溶解的。""我不相信。"这位世界闻名的科学家回答着。

爱迪生回到实验室里，立刻开始试验尿酸到底是否能溶解。他排好一列试管，每支管内都注入1/4管不同的化学试剂，每种试剂中都放入数颗尿酸结晶。两天之后，他看见有两种液体中的尿酸结晶已经溶化了。于是，这位发明家有了新的发现问世，这个发现也很快地传播出去。现在这两种试剂中的一种，在医治痛风症中普遍被采用。

"学贵有疑""学则须疑"，对于不甚明白的问题，我们就是要不断地提出疑问，在疑问中才能进步。提问是获取知识的重要途径，所以我们要积极地思考、主动地提问。学会提问，须经历一个从敢问到善问的过程。有疑而问，由问而思，有利于培养自己的创新精神和创造能力；相反，如果不求甚解，对什么事情都提不出问题，对所有事情都一知半解，说明学习和思考都还不够深入，那么对自身能力的培养来说就是一种损失。

培根有一句名言："如果你从肯定开始，必将以问题告终；如果从问题开始，则将以肯定结束。"因此，要想得到一个满意的结果，首先要做一个善疑多思的人。

不走寻常路

古语有云："穷则变，变则通。"当发展穷困窘迫时，不妨试着改变吧。不断地变革创新，就会充满青春活力。虽然资源有限，但创造力是无穷的。

一家减肥中心自从开张以来没有一个顾客光临，在资金不足的情况下，又不能像大型减肥美容公司一样做大规模的电视、报纸广告。眼看着每日如流水般的各项支出，却见不着有多少进账可以平衡这些开销，入不敷出，女老板急得团团转。不行，不能再这样下去了，一定要改变。经过一番思考后，一个念头出现在了她的脑海里。隔了两个星期，报纸上登了一则小广告："在本减肥中心的大门口，您绝对见不到一个胖子走出来，如发现有胖子由大门走出者，将获得由本减肥中心赠送的10万元奖金。"

这广告不仅登在报纸上，而且还被打印在宣传单上四处散发。这个奇特的广告吸引了许多不明真相的群众围观。人们发现，每天从减肥中心大门走出来的果然都是瘦人，见不到一个胖子。胖子们心里就活动开了：如果我一进去，再马上出来的话，看你有什么话说。但是即使有胖子故意这般找碴儿，还是不见一个胖子由大门出来，这是怎么回事呢？原来，女老板把大门改装成两个不同的出入口。从外面看起来，这两个出入口的大小形状都一样，可是，她特别在出口的内层，加装了两道很粗的钢管，人必须侧身由这两道钢管的中间通过，才能抵达大门的出口处。两道钢管中间的空隙只容得下一个侧过身的瘦子穿过去。

那么胖子怎么办呢？当然只能由减肥中心后面的小门走出去！人们在门口看不到胖子，必定好奇地进入中心，当他想出来时，能走出来的瘦子自然得意，而必须走后门的那些富态一点的人一定愧疚地想："哇！不得了，我被列入胖子群，该减肥了！"于是就不由自主地坐下来听宣传人员的解说，从此减肥中心的顾客便多得应接不暇。

如果说在创新尚属于人类个体或群体中的个别杰出表现时，人们循规蹈矩的生存姿态尚可为时代所容。那么，在创新将成为人类赖以进行生存竞争的不可或缺的素质时，依然采用一种循规蹈矩的生存姿态，则无异于一种自我溃败。

英国GKN公司始创于工业革命开始时期，到19世纪末，发展成为世界最大的钢铁企业之一。但是，随着钢铁工业的国有化，GKN公司失去了主要支柱产业，只剩下一个空壳。GKN未来何去何从？围绕着GKN的前途问题，公司的高层管理人员争论不休。霍尔兹沃恩当时在GKN公司内任会计师，有幸参与了这场争论。在经过缜密的调查后，霍尔兹沃恩谨慎地向GKN公司董事会呈交了一份有关公司发展前途的战略报告。按照霍尔兹沃恩的报告得出的结论：GKN公司将不再是一个钢铁集团公司，因此，公司应立即转向开发新产品。但是，GKN公司刚刚创建了一家年产600万吨钢管的钢管厂，如果采纳霍尔兹沃恩的建议，钢管厂将被取缔，所有投资都将化为乌有；再者，霍尔兹沃恩不过是一名微不足道的会计师。在权衡"利弊"之后，GKN公司的决策集团放弃了霍尔兹沃恩的建议，仍按既定方针推进钢管厂的生产。

不出意料，历史的进展完全证实了霍尔兹沃恩的战略预测。仅仅过了两年，GKN公司的钢管厂就陷于困境，不得不停止生产。董事们在焦头烂额之际才想起了霍尔兹沃恩，于是破格把他提升为公司的副总裁兼常务经理，霍尔兹沃恩上任后就着手公司转向的工作。他买下比尔菲尔德公司，将该公司生产的一种新型产品投入欧洲和北美市场，又开发出一种廉价的运输机，使产品畅销全世界。GKN 公司面貌顿时焕然一新。不久，霍尔兹沃恩又研制出新型战斗机"勇士号"，一举占领了英国军用机生产市场，为 GKN 公司带来了巨大的利润。

1980 年，霍尔兹沃恩因业绩非凡而被公司任命为董事长。这时，英国的钢铁工业陷入一团糟的窘境，GKN 公司也因此受到冲击，面临新的严峻考验。面对新形势，霍尔兹沃恩的同行们都认为这是工人罢工造成的，霍尔兹沃恩在搜集了各方面的资料进行研究后提出了一个完全不同的观点：这是英国工业衰退的先兆，更大的衰败即将来临。

霍尔兹沃恩毫不犹豫地采取措施改变公司的产业结构。他先后卖掉了公司在澳大利亚的钢铁业股权和英国的传统机械公司，同时在法国、美国和英国本土创办了 5 家新公司。对霍尔兹沃恩的大胆举措，许多董事提出质疑。霍尔兹沃恩不为所动，坚持"我行我素"。不久，英国工业的全面衰败果然来临，GKN 公司因早有准备，使损失降到了最低，而其他公司则纷纷倒闭。人们无不为霍尔兹沃恩的高瞻远瞩和果断举措而赞叹。如今，GKN 公司已成为全世界开发复杂新型机械产品和应用最新技术的领头羊，霍尔兹沃恩也成为一位举世公认的企业战略家，成为英国工业界的骄傲。

霍尔兹沃恩做出产品转向和产业结构调整的两项改变，在严峻形势下挽救了 GKN 公司。面对窘境，最好的出路就是改变、创新。

二十几岁的年轻人要想开辟一个全新的事业领域，很重要的一点，就是不要按照常规出牌，给自己找一个全新的"蓝海"去参与竞争。

要事第一，优先解决主要问题

相信你一定见过这样的孩子：吃饭挑食，对人没有礼貌，不爱学习，他不愿意分享自己的东西，一旦有想要的东西就一定要弄到手……如果家里有这样的孩子，而父母们只是想着他不爱吃饭就强迫他吃饭，他不愿意分享东西就抢走他手里的东西给别人，这样的解决办法只会一时奏效，孩子不出几天又会出现很多的问题。而如果父母能够想一想孩子究竟在根源上出了什么问题，比如同情心、自我意识等方面是不是有待引导，从这个方面入手，就能一并解决孩子的很多问题。这就是"要事第一"的高效处理方式。

思想如钻子，必须集中在一点钻下去才有力量。我们每天都会面对很多的问题，一种是重要的，另外一种是不重要的。集中思考重要的事情，才更有力量，也才能让你在有限的时间里面处理最重要的问题，这样，你的问题就会越来越少。

卡尔森是一个具有重点思维习惯的人。他1968年加入温雷索尔旅游公司从事市场调研工作，3年以后，北欧航联出资买下了这家公司，卡尔森先后担任了市场调研部主管和公司部经理。由于他熟悉了业务，并且善于解决经营中的主要问题，使得这家旅游机构发展成瑞典第一流的旅游公司。卡尔森的经营才能得到了北欧航联的高度重视，他们决定对卡尔森进一步委以重任。

航联下属的瑞典国内民航公司购置了一批喷气式客机，由于经营不善，连年亏损，到最后就连购机款也偿还不起。1978年，卡尔森调任该公司的总经理。担任新职的卡尔森充分发挥了擅长重点思维的才干，他上任不久，就抓住了公司经营中的问题症结：国内民航公司所订的收费标准是否合理，早晚高峰时间的票价和中午空闲时间的票价是否一样。

卡尔森将正午班机的票价削减一半以上，以吸引去瑞典湖区、山区的滑雪者和登山野营者。此举一出，很快就吸引了大批旅客，载客量猛增。卡尔森任主管后的第一年，国内民航公司即扭亏为盈，并获得了丰厚利润。卡尔森认为，如果停止使用那些大而无用的飞机，公司的客运量还会有进一步的增长。一般旅客都希望乘坐直达班机，但庞大的"空中巴士"无法满足他们的这一愿望。尽管DC-9客机座位较少，但如果让它们从斯堪的纳维亚的城市直飞伦敦或巴黎，就能赚钱。但是原来的安排是DC-9客机一般到了哥本哈根客运中心就停飞，旅客只好去转乘巨型"空中客车"。卡尔森把这些"空中客车"撤出航线，仅供包租之用，辟设了奥斯陆至巴黎之类的直达航线。

与此同时，卡尔森的另一举措也充分显示了他的重点思维能力，这就是"翻新旧机"。当时市场上的那些新型飞机引不起卡尔森的兴趣，他说，就乘客的舒适程度而言，从DE-3客机问世之日起，客机在这方面并无多大的改进，他敦促客机制造厂改革机舱的布局，腾出地盘来加宽过道，使旅客可以随身携带更多的小件行李。北欧航联拿出1500万美元（约为购买一架新DC-9客机所需要费用的65%）来给客机整容，更换内部设施，让班机服务人员换上时尚新装。公司的DE-9客机一直使用到1990年。靠着那些焕然一新的DE-9客机，招徕越来越多的旅客，当然，滚滚财源也随之而来。

卡尔森是善于重点思维的典范。在我们遇到事情时，一定要思考什么是重要的，什么是无关紧要的，然后把精力集中在重要的一点上。这样做才能使我们的精力不受到更多损害，而又能获得最大的效益。年轻的时候如果总是被一堆琐事困扰着，那么在你三十多岁的时候，你会发现自己真的什么都没有留下。

那些有成就的人都有一种习惯，就是找出并设法控制那些最能影响他们人生的重要因素，能找到重要的因素，事情就轻松得多。

思路清晰，善于分清主次是成功人士们都具有的特点，利用自身现有的条件将问题漂亮地解决掉，胜于急于给自己找一个台阶下。该做的没做好，不该做的全被打乱了，反而会导致事情变得愈来愈复杂，时间愈来愈不够用。所以，我们在行动之前一定要搞清楚什么是重要的，什么是我们有必要做的。

有创意，还要有检验创意的勇气

　　一项创新活动，除了要求具备相关的必要知识、专心致志地思考和深邃敏锐的洞察力之外，还需要不怕犯错、敢于检验并实践自己创意的勇气。因为在进行一项较大的创新过程中会遇到很多挫折和困难，"如果你没有遇到挫折和困难，那只能说明你做的事情没有多大的创新性"，况且想到的创意不一定完全是对的，因此具备检验创意的勇气是非常关键的。

　　美国一家化学公司的技术人员一起在讨论一个问题，这是一个很难解决的问题，因此让许多技术人员大费周章却始终没有结果。问题是这样的：如何才能比较容易地清除掉旧家具或墙壁上的油漆？所有技术人员查文献、找资料，进行广泛的讨论，先后提出了许多办法，但结果都没有通过。其中一个技术员走了会儿神，回忆起了儿时的情景。他想到了小时候同小伙伴一起放鞭炮，导火绳一点燃，噼里啪啦地响上一阵，裹在鞭炮上的纸被炸得支离破碎。这时，他头脑里突然冒出一个想法：如果在油漆里放进一点炸药，当需要去掉油漆的时候，是不是把炸药点燃就可以了呢？于是，他把这个想法提了出来。

　　大家听后都觉得很可笑，认为这是无稽之谈。然而这位技术员并没因为受到大家的讥笑而放弃自己的想法。后来他沿着这条思路不断地探索，不断地试验，终于发明了一种可以加进油漆中的添加剂。把这种添加剂加在油漆里以后，它不会引起油漆发生质的变化，可是当它接触到另一种添加剂时，便会马上起作用，使油漆从家具或墙壁上掉得干干净净。

　　即便是在这位技术员的发明出来之后，在油漆里加进炸药，现在听起来仍然会觉得不可思议。但是这位技术员没有因为别人嘲笑自己"异想天开"而放弃，他仍然坚持自己的想法并坚持实践下去，这就是勇气。在其他技术员当中，或许也有人提出了很好的创意和方案，但因为别人的不认同就放弃了，因为没有去检验自己创意的勇气而放弃了。

朗加明在他的著作《创新的奥秘》中提到："创新，即创造新的世界的真正奥秘在于：创新首先是一种由创新者的素质和创新者的思路组成的运行机制，它是一个由创新者的素质转化为创新者的思路、再由创新者的思路转化为创新者的行为的复杂过程。"创新是一个很复杂的过程，遇到的困难和挫折自然也非常多，但此时你需要勇气去排除万难，走自己认定了的创新之路。

位于美国俄勒冈州的纽波特海湾，一年四季风光旖旎、海风习习，宁静而安详。在海湾的一个小镇上，人们过着远离尘嚣的生活，除了海浪扑向海岸的声音，其他的一切都沉睡着。没有摇滚，没有"嬉皮"，没有"朋克"，一切来自大城市的污染都没有。偶尔有三三两两的游客到这里来转转，都显得特别扎眼。莎莉斯和科利尔决定在这里开设他们的旅馆，这无疑是一个冒险的举动，靠旅客吃饭的旅馆，面对的却是每日寥寥无几的外来人，来小镇办事的人大都住在政府开办的招待所。朋友和亲人都这样认为：他们简直疯了。但是8年后，当人们再看到莎莉斯和科利尔这家名为"西里维亚·贝奇"的旅馆时，红火的生意让人垂涎，每年有数以万计的游客在这里住宿。现在想来西里维亚·贝奇旅馆住宿的顾客，需要提前两个星期预订房间。当然，小镇也因此人气渐旺，但宁静依然。

莎莉斯和科利尔是如何把游客吸引来的呢？谜底是小说。8年前，莎莉斯和科利尔还在俄勒冈州的一家大酒店里供职。在工作中他们发现，很多人在旅游之际，不愿意去酒店里的酒吧、健身房等娱乐场所，也不喜欢看电影、电视，而是静下心来在房间里看书。时常有游客问科利尔，酒店里能不能提供一些世界名著？酒店里没有，爱看小说的科利尔满足了他们。问的人多了，莎莉斯就留心起来。一段时间后，她发现这一消费群体相当庞大。现代社会压力极易让人浮躁，人们强烈地要求释放自己，有的人就靠去酒吧疯狂，而另一部分人偏爱寻求一方静地让自己远离并躲避一切烦恼与压力，看书是一种最好的方式。开一家专门针对这类人群的旅馆，是否可行呢？莎莉斯在一次闲聊时，把这个想法对科利尔说了。没想到他早就注意到这一现象，两人一拍即合，决定合伙开办一家"小说旅馆"。

为了找一块安静的地方，他们最后选择了纽波特海湾这个偏僻的小镇。他俩集资购买了一幢 3 层楼房，设客房 20 套，房间里没有电视机，旅馆内没有酒吧、健身房，连游泳池都没有。这就是科利尔和莎莉斯所想要达到的效果。在"海明威客房"中，人们可以看到旭日初升的景象，通过房间中一架残旧的打字机及挂在墙壁上的一只羚羊头，人们马上就会想到海明威的小说《老人与海》以及《战地钟声》等里面动人的情节描写，迫不及待地想从"海明威的书架"上翻看这些小说，那种舒适的感觉也许让人终生难忘。所有的故事描述与人物刻画在莎莉斯和科利尔的精心筹划和布置下，都表现在房间里。令人大惑不解的是，他们的旅馆刚投入使用，来此的游客就与日俱增，尽管对这种新颖的旅馆有口碑相传的效应，但稀疏的几个外来人或许自己都没有来得及消化，影响还不至于这么快。原来，在科利尔和莎莉斯布置旅馆的同时，就早已开始了招徕顾客的工作。既然是小说旅馆，自然顾客群是与书亲近的人。为了方便与顾客接触、交流，他们在俄勒冈州开了一家书店，凡是来书店购书的人都可以获得一份"小说旅馆"——西里维亚·贝奇的介绍和一张开业打折卡。许多人在看了这份附着彩色图片的介绍之后，就被这家奇特的旅馆吸引住了，有的人当即就预订了房间。为了增大客源，莎莉斯还与俄勒冈州的其他书店联系，希望他们在售书时，附上一张"小说旅馆"的介绍。这种全方位、有针对性的出击，为他们赢得了稳定的客源。这种形式一直持续到现在。

随着时间的推移，"小说旅馆"的影响日渐扩大。莎莉斯和科利尔书店生意的兴隆，也显示出了其"小说旅馆"客人的增加。在旅馆的每个房间和庭院里，随处可见阅读小说、静心思考、埋头写作的人，甚至一些大牌演员和编剧也在这里讨论剧本。一些新婚夫妇以住在旅馆中用法国女作家科利特命名的"科利特客房"中度蜜月为荣。

可以想象，在一个偏僻的小镇开一个旅店，每日稀少的客流量也许会让这个普通的旅店入不敷出。但是莎莉斯和科利尔的眼光在于那群喜欢安静轻松的人，"小说旅馆"是他们的创意，而且他们也有承担入不敷出这一后果的冒险勇气，所以才在众人之外开辟了一条"小说旅馆"的全新道路。

创新不是简单的变化，再完美的创意也要有勇气去实践，否则一切都是空想。

第十三章

不怕做错事，就怕做错人

做错一件事情，可以道歉、总结和重来，但是在做人上失败，它的损失会影响到你接下来将要做的很多事情，甚至会让一个坏印象一直留在别人的心中。做错事情并不可怕，可怕的是做人上出现错误。如果你想要给自己的人生买一份保险，以解决自己的各种后顾之忧，那么这份保险的名字就叫作"会做人"。

为人之道——诚字诀

孟子说："诚者，天之道；思诚者，人之道。"诚，便是诚实讲信用。诚实守信是万物的自然法则，讲信用才是最基本的为人之道。诚信是建立人们互相信赖的基础，诚信是建立世界道德秩序的重要品质。

大丈夫行事，重一诺而轻千金。季布，秦末楚地（湖北湖南一带）人，为人侠肝义胆，受人之托必定尽力做到，以重诺守信闻名于当地。楚汉相争时，季布是项羽军中一员得力干将，在与汉军的交锋中，多次使刘邦困窘落败。待刘邦于垓下灭掉项羽之后，开始搜捕项羽昔日旧部。刘邦悬赏千金求购季布的人头，并发布禁令：凡是有胆敢匿藏季布的人，其罪株连三族。为躲避搜捕，季布先是藏在濮阳周氏家，周氏说："汉朝搜捕将军非常急迫，马上就要搜到我家来了。如果将军肯听我的，我有一计可保全将军，如果不听，我愿意先自刎以谢将军。"于是季布依从了周氏，在乔装打扮一番之后，夹杂在十几个家奴当中，卖给鲁地的朱家。朱家心里明白其中有一人便是季布，但仰慕他是个信义侠士，还是冒着极大风险收留了季布，并告诫自己的儿子不得亏待了季布。朱氏趁着去汝阴侯夏侯婴家做客的时候，向他说明利害关系，并且请求夏侯婴向刘邦为季布求情，刘邦果然赦免了季布。

楚人有句谚语："得黄金百斤，不如得季布一诺。"季布正是因为诚实守信的可贵品质，赢得众人的仰慕，才有周氏、朱家在危难时候的舍身保全，才可以免遭灾祸。并且因为可贵的品质，在汉朝身居高位，一直仕职到文帝朝。一生官运亨通，靠的就是这可贵的诚信品质。季布因为诚信保全自身，春秋末期的季札则因为诚信而声名远扬。

季札，春秋末期吴国王族中人。受吴王阖闾的委派，出使中原诸国。途经徐国时，遇到徐国国君，徐君非常喜欢季札的佩剑，但"君子不夺人所爱"，徐君没好意思开口索要。季札看出了徐君的心思，因为还要出使其他国家，不便立即解剑相送，想等回来路经徐国时再予以相送。未曾想到季札出使完各国回到徐国时，徐君已死。季札在墓前凭吊徐君之后，解下佩剑挂在徐君墓前的树上，以示赠剑之意。随从觉得奇怪，便问季札："徐君已死，为何还要送给他佩剑？"季札回答说："当时，我心里已把佩剑默许给他了，只是不便相送，现在岂能因为徐君已死就背信弃义，违背自己心中许下的诺言呢。因为爱惜宝剑而对不起自己的良心，这不是高尚者所做的事情。"

有了诚信，人与人相处起来才容易，否则生活一片混乱。"无信则不立"，一个没有诚信的世界，想想就让人觉得不寒而栗、毛骨悚然，如果个个尔虞我诈，则人人自危，毫无安全感，那还依仗什么来安身立命呢？没有诚信，就没有归宿。

东汉末年，诸侯并起，为了问鼎天下，主掌山河，谁都希望把能征善战的武将招揽到自己麾下效力，天下武勇第一人的吕布自然是人人想得。

"良禽择木而栖，贤臣择主而事"，选择一个适合自己发展的领导本来也无可厚非。可偏偏吕布为人毫无信义，图富贵刺丁原在先，贪美色杀董卓于后，声名狼藉，甚至被张飞叱骂为"三姓家奴"。

建安三年（198），曹操击破吕布并将其俘获。吕布请降，说道："明公率步兵，我率骑兵，平定天下则指日可待。"曹操向来爱才惜才用才，经过一番思考后，最终还是没有接受吕布的效忠请求，并将其斩首于白门楼。

曹操不用吕布的原因，就是怕重蹈丁原、董卓的覆辙，让一个反复无常的小人在身边，如何安得下心。比起才能，更加可贵的是诚实守信的品质，靠毫无信用的人去打天下实在令人难以放心。

孔子在《论语·为政》中曾说："人而无信，不知其可也。"接着孔子给我们做了个比喻："人没有诚信，就好比大车没有軏（大车辕端与衡相接处的关键），小车没有軏（小车辕端与衡相接处的关键），怎么走得远呢？"

人没有了诚信，在迈向成功的道路上，也是走不远的。诚信是走向成功的重要品质。因此，要成就一番事业，首先要学会诚信做人。

诚信是一种制胜策略

不论在生活上还是工作上，一个人的信用越好，就越能成功地打开局面，做好工作，同时也能更好地驾驭众人。所以，你必须重视你自己所说的每一句话，生活总是照顾那些言而有信的人，食言是最不好的习惯，因为这样你就无法取信于人，更无法管理威慑众人。

不管你在什么情况下办什么事，都要对自己所说的话负责。你用自己的行动来说服别人的异议，让他们看到你所做的一切都是为了他们的利益。这样，你就给人一副可信的面孔，接下来你的工作就顺利多了。

历史上著名的改革家商鞅为了尽快实施自己的变法主张，便设计谋树立"守信誉"的形象。

公元前 350 年，商鞅将准备推行的新法与秦孝公商定后，并没有急于公布。他知道，如果得不到人民的信任，新法是难以施行的。为了取信于民，商鞅想出了一个办法。

这一天，正好是咸阳城赶大集的日子，城区内外人声嘈杂，车水马龙，好不热闹。时近中午，一队传令的军士在鸣锣开路声的引导下，护送一辆马车向城南走来。马车上除了一根三丈长的木杆外，什么也没装，有些好奇的人便凑过来想看个究竟，结果引来了更多的围观者，人们都弄不清这是怎么回事，强烈的好奇心反而使他们更想把它弄清楚。于是，人越聚越多，跟在马车后面一直来到南城门外。

军士们将木杆抬到车下，竖立起来。一名带队的官吏高声对众人说："大良造有令，谁能将此木杆搬到北门，赏黄金十两。"

众人议论纷纷。城外来的人问城里的人，青年人问老年人，小孩问父母……谁也不知道这是怎么一回事，因为谁都没有听说过这样的事情。有个青年人挽了挽袖子想去试一试，被身旁的人一把拉住了，"别去，天底下哪有这么便宜的事，搬一根木杆给十两黄金，咱可不去出这个风头。"有人跟着说："是啊，我看这事弄不好是要掉脑袋的。"人们就这样议论着，等待着，没有一个肯上前去试一试。官吏又宣读了一遍商鞅的命令，仍然没有人站出来。

城楼上，商鞅不动声色地注视着下面发生的一切。过了一会儿，他转身对旁边的侍从吩咐了几句。侍从很快奔下楼去，跑到守在木杆旁的官吏面前，传达商鞅的命令。官吏听完后，提了了声音向众人喊道："大良造有令，谁能将此木杆搬至北门，赏黄金五十两。"

众人哗然，更加认为这不会是真的。这时，一个中年汉子走出人群对官吏一拱手，说："既然大良造有令，我就来搬，五十两黄金不敢奢望，赏几个小钱便可以了。"

中年汉子扛起木杆直向北门走去，围观的人群又跟着他来到北门。中年汉子放下木杆后被官吏带到商鞅面前，商鞅笑着对中年汉子说："是条汉子。"于是拿出五十两黄金，在手上掂了掂，说："拿去！"

这条消息迅速从咸阳传向四面八方，国人纷纷传颂商鞅言出必行的美名。商鞅见时机成熟，立即推出新法，变法就这样取得了成功。

《周易》中说："天之所助也，顺也；人之所助也，信也。"孔子曾就此问题问过他的学生子贡："足食、足兵、民信三者哪个更重要？"子贡想了想，却反问孔子，去二留一怎么办。孔子想了想说："去兵，去食，唯民信不可去，自古皆有死，民无信不足。"当然我们不排除这是统治阶级的一种统治手段，但值得肯定的是这确实是行之有效的手段。

当然，有时候，讲究信誉、信守诺言的做法，会使自己吃亏。但这种吃亏是暂时的，所谓有亏必有盈。1968 年，日本麦当劳社社长藤田田接受了美国油料公司订制餐具刀叉 300 万个的合同，交货日期为同年 8 月 1 日，在美国的芝加哥交货。

藤田田组织了几家工厂生产这批刀叉，但这些工厂一再误工，到 7 月 27 日才完工。如果从东京海运到美国芝加哥，因为路途遥远，8 月 1 日肯定交不了货，到时必然误期。若用空运，就会损失一大笔利润。

商人都是追求利润的。这时，藤田田面对的，一边是损失的利润，一边是看不见摸不着的信用。思量再三，藤田田毅然租用航空公司的波音707 货运机空运，花费了 30 万美元的空运费，将货物及时运到。这次藤田田的损失很大，但赢得了美国油料公司的信任。

在以后的几年里，美国油料公司不断向日本麦当劳社订制大量的餐具，藤田田也因此得到了丰厚的回报。这就是恪守信用带来的财富。

波士顿市长哈特先生说，他目睹了恪守信用和公平交易的深入人心，90% 的成功生意人都是以恪守信用著称的，而那些不守信用的人的生意最终都走向了破产。

可见，诚信是一种制胜策略。人立于天地间，举止言谈，时时处处不失信于人而诚笃守信于人，人们也将对你诚笃守信，这样便可在纷乱万端的沧桑人世游刃有余。

能感念恩德，更要知恩图报

没有父母一针一线、一饭一水的恩情，便没有我们的生命和成长；没有国家的安定，我们便没有安全稳定的立足之地；没有师长的谆谆教诲，便没有我们的知书达理……

班尼迪克特说："受人恩惠，不是美德，报恩才是。当他积极投入珍惜的工作时，美德就产生了。"我们问问自己，我们有多少人对这些恩惠予以报答呢？俗话说："滴水之恩，当涌泉相报。"我们不但要感激恩惠，更要用我们的行动去报答这些恩情。

12岁的鲁本是一个小学生。这天他从一家商店经过时，橱窗里的一件商品使他怦然心动。可对这个孩子来说，这件标价5美元的东西实在是太贵了，因为这笔钱相当于他们全家人一周的开支。虽说眼下自己身无分文，可鲁本仍推开这家商店的门走了进去，然后他对店主说："我想买橱窗内的那件商品，不过，我现在没有钱，请你先别卖，给我留着好吗？""行。"店主微笑着对他说。鲁本很有礼貌地告别店主，走出了商店。

鲁本走着走着，突然从旁边一条小巷子里传来一阵敲打钉子的声音。他寻声朝施工场地走去。当地居民正在建造自己的住房，他们每用完一小麻袋钉子，就顺手把装钉子的麻袋给扔了。他早就听说有家工厂回收这种袋子，于是，他从这个工地捡了两个拿去卖了。在回家的路上，他的小手一直紧紧拿着两枚5美分硬币，生怕丢了。他把两枚硬币放在铁盒里，藏在自家粮仓内的干草垛底下。吃晚饭时，鲁本走进厨房。父亲正在补渔网，母亲已经摆好饭菜。虽然母亲一天到晚忙忙碌碌地洗衣做饭，耕地种菜，还得抽空儿给羊挤奶，但她总是乐呵呵的。每天下午放学，鲁本总是先做作业，并干完母亲交给他的家务活，然后到大街小巷去捡装钉子的麻袋。尽管常受到饥寒困乏的折磨，可小鲁本依旧日复一日地走街串巷捡麻袋，因为购买橱窗内那件商品的强烈愿望始终激励着他，赋予他勇气和力量。

第二年 5 月的第二个星期天，他把藏在粮仓草垛底下的小铁盒取出来，用发抖的手小心地将里面的硬币倒出来，仔细数了一遍，仍不放心，又认真数了一遍。"哇，只差 20 美分就凑够 5 美元啦！"于是，他祈祷上帝保佑自己傍晚前能捡到对他来说至关重要的 4 条麻袋。随后，他把装钱的铁盒儿藏好，急匆匆地去寻找麻袋。夕阳逐渐西下时，他手拿麻袋一溜烟儿赶到那家工厂。此时，负责回收麻袋的人正准备关闭厂门。鲁本心急火燎地冲他喊道："先生，请你先别关门！"那人转过身来，对脏兮兮的小鲁本说："明天再来吧，孩子！""求求你啦，我今天说什么也得把这 4 条麻袋卖掉，我求求你啦！"耳闻孩子颤抖的哀求声，目睹孩子满眼的泪水，这个人不禁动了恻隐之心。"你干吗这么急着要钱？"那人好奇地问。"这是一个秘密，对不起，不能告诉你！"鲁本不肯泄露秘密。

拿到 4 枚 5 美分硬币后，鲁本向回收麻袋的人道了一声谢，便飞也似的跑回粮仓，取出铁盒儿，继而又飞跑到那家商店，二话没说便把所有硬币倒在柜台上。鲁本汗流浃背地跑回家，撞开房门，冲了进去。"到这儿来一下，妈妈，请你赶快过来一下！"他扯着嗓子朝正在收拾厨房的母亲喊道。母亲刚一走到他的眼前，他便迫不及待地将自己用一年多的心血换来的珍宝放在妈妈的手里。妈妈轻轻打开包装纸，里面包着一个蓝天鹅绒首饰盒，盒内放着一枚心形胸针，上面镶着两个灿烂炫目的镀金大字"妈妈"。看到儿子在母亲节——5 月的第二个星期天送给自己如此贵重的礼物，除了结婚戒指外，没有任何贵重首饰的妈妈热泪盈眶，一把将儿子紧紧搂在怀里……

父母的恩情比山高，比海深。我们做儿女的永远也偿还不了，然而父母的要求并不多，一个贴心的问候对他们来说就已足够了。但我们不应该只做这些，孟子说："孝子之至，莫大乎尊亲；尊亲之至，莫大乎以天下养。"我们应该竭尽自己的能力报答他们。

这些恩情我们不但要铭记在心，就算别人一个小小的善意举动，我们也应当拿出行动予以回报。

有一次，好莱坞一位国际知名演员正要走进影棚，一位朋友提醒他，纽扣上下扣反了。他低头看了看，连声向朋友道谢，并赶紧扣好纽扣。可等他的朋友走开以后，他又故意把纽扣上下扣反。一个年轻人正好瞧见这一过程，便不解地问他是怎么回事。知名演员回答说，他扮演的角色是个流浪汉，扣反纽扣正好表现出流浪汉不注重形象、对生活失去信心的一面。年轻人更加困惑地问他为什么不向朋友解释清楚，说这是演戏的需要呢。知名演员坦然地笑了，说："他提醒我是把我当作真正的朋友，是出于对我的关心。假如我解释清楚，就极有可能让他认为我做任何事都是有准备的，有一定原因的。久而久之，谁还能指出我的缺点呢？在他们眼里，我的缺点也可能被误认为是有个性。如果没有人及时地指出我的缺点和错误，那我怎么能不断地完善自己呢？"

别人善意的提醒也许不是正确的，但却足以表现他的关心。对此，我们应该怀着真诚的感激之心给予回报。

做言而有信之人

业有所成，需要很多方面的因素，得到别人的信任，无疑是其中非常重要的一个。有了别人的信任，事情的进展自然就会顺利得多。

《东周列国志》里有一段"烽火戏诸侯"的故事，大致情形如下：

西周末年，篡得正宫之位的褒姒虽有专席之宠，但终日里总还是愁眉不展。周幽王昏庸无能，好色成性。为博美人一笑，周幽王是鞍前马后，没有半点怠慢。先是召集乐工击鼓弹弦、宫人进献歌舞给褒姒欣赏，但褒姒表现得没有丝毫兴趣，无半点喜悦之情。于是周幽王问褒姒喜爱什么，褒姒答道："我没有什么喜好，曾记得昔日用手撕裂彩帛，那种撕裂声听起来倒是不错（其声爽然可听）。"于是周幽王就命令宫人表演撕帛以取悦褒姒，可褒姒一张秀脸仍然是阴郁沉沉的。什么花招都耍遍了的周幽王是一点辙也没有，急得像热锅上的蚂蚁，于是广下"求贤令"："不限宫内宫外，有能致褒后一笑者，赏赐千金。"

"求贤令"一出，果然就有人献计来了，可惜这人不是幽默诙谐、富有智慧的东方朔，而是奸臣虢石父。他给周幽王献了这么一计："先王当年为防西戎入寇边境，在骊山下置烽火台二十余所，还有几十面鼓。一旦有贼寇犯境，便会在烽火台放起狼烟并击动打鼓，向诸侯传讯。收到信号后，附近的诸侯就会发兵前来相救。今数年以来，天下太平，烽火皆熄。吾主若要让王后启齿一笑，必须同王后游玩骊山，夜举烽烟，擂响大鼓，诸侯援兵肯定会赶过来，赶过来却没有贼寇，王后必笑无疑。"周幽王一听，觉得此计甚妙，便依计行事。周幽王与褒姒去骊山游玩，到晚上命人大举烽火，擂响大鼓。顿时火炮冲天，鼓声如雷。诸侯以为京都有变，一个个领兵点将，马不停蹄，连夜赶到骊山脚下，但只听到一片管弦之声。周幽王对前来救驾的诸侯说："没有外寇，不劳烦各位跋山涉水而来。"诸侯面面相觑，卷旗而归。褒姒在楼上，见诸侯急急忙忙而来又匆匆忙忙而回，觉得非常有趣，不禁抚掌大笑。享受了褒姒的"回眸一笑百媚生"，周幽王对这个"计无遗策"的虢石父大加赞赏，并赏赐千金。"千金买笑"便由此而来。

但没隔多久，西戎果真打来了。周幽王命人赶紧把烽火点了起来并敲起锣来打起鼓，向诸侯发起讯号。"吃一堑，长一智"，上过一次当的诸侯又当是在开玩笑，谁都没有发兵救援。最后周幽王和虢石父被西戎兵杀死，褒姒也被掳走，西周覆灭了。

在没有发明造纸术、图书事业极不发达的西周时代，周幽王显然是没有读过"狼来了"的故事。被美色蒙惑的周幽王完全丧失心智，对待臣子、治理国家如同儿戏一般，这样的君主终究会为祸国家。

言而无信只会失去别人对自己的信任，使得自己陷入孤立无援的境地。因不讲诚信而被众人孤立终究会导致事业的败亡。

打造诚信形象

最宝贵的东西，往往也是最缺乏的东西。诚信是走向成功的最坚实的资本，想得到别人的信任，首先得打造好自己的诚信形象。因为一个有诚信的人，才能得到别人的信任。要建立自身的诚信形象，我们应该从以下几个方面着手：

首先，须言行一致。

一个讲信用的人，一定是言行一致，表里如一的。不可说一套做一套。言出必践，是做到诚信的第一步，也是最难的一步，需要极大的耐心和勇气。法国作家巴尔扎克曾说："遵守诺言就像保卫你的荣誉一样。"我们必须努力兑现自己许下的诺言，就算对自己过分苛刻也在所不辞，因为我们已经许下承诺。

东汉时期，山阳金张（今山东金山县）人范式年轻时在太学求学，与汝南（今武汉一带）的张劭是同窗好友，两人学满同时离开太学返回家乡，临别的时候，张劭站在路口，望着长空的大雁说："今日一别，不知何时才能见面……"说着，流下泪来。范式拉着张劭的手，劝解道："兄弟，不要伤悲，两年后的秋天，我一定去你家拜望老人，与你一畅相聚之乐。"两年后的秋天，落叶萧萧，篱菊怒放，长空一声雁叫，牵动了张劭的情思，张劭把这件事告诉母亲，请母亲准备酒菜招待范式。张母问："你们分别已经两年了，相隔千里，他怎么会来呢？"如此说是为了宽慰儿子。张劭说："范式为人正直、诚恳，极守信用，不会不来的。"张母说："如果真的是这样，那我就为你酿酒。"等到约定的日子，范式果然风尘仆仆地从山阳赶到了汝南。张母感叹道："天下真有这么讲信用的朋友！"范式重信守诺的故事一直为后人传为佳话。

诚实守信是一种自觉性的行为，是否遵守对别人许下的诺言也完全取决于你的自律性。我们都应该明确这一点，说一套做一套的人一定会为人所不齿，这种情况下想得到别人的信任和帮助几乎是不可能的。因此想要接近成功的我们就应该如范式那样，像捍卫自己荣誉般地去遵守诺言。

其次，不要轻易许下诺言，但答应下来的事就应该努力做到。

老子在《道德经》中提到"轻诺必寡信"，是说一个轻易就许下诺言的人一定是一个缺少诚信的人。想想的确如此，如果我们不经过慎重的考虑，就随便向别人许诺的话，一方面会让人觉得我们很草率、缺少尊重，但更主要的是可能会因为时间、能力、记忆、不可预见的困难等各种问题就让我们失信于人。

诺言没有大小之分，违背再小的诺言也是失信于人。轻易许诺，就有可能失去别人的尊重和信任。失去别人的信任，便失去了一笔巨大的财富，而自己也会感到自身价值的损失，那是对自己最大的惩罚。

在一个十字路口上，有一棵枝繁叶茂的大树，一位老者正坐在树下歇息。突然，一个年轻人跑到面前，惊慌地哀求老者救他，说有人误以为他是小偷，正领一帮人追他，抓到的话就要被剁掉双手。说完爬到大树上躲了起来，并再一次要求老者保守秘密。老者看年轻人不像小偷，便答应了。不一会儿，追捕的人赶到大树下问老者有没有见到一个年轻人从这经过。结果，老者说出了年轻人的藏身之处，原因是老者曾经发誓再不说假话。年轻人被剁掉双手，大骂老者违背承诺。

不说假话，老者的初衷也是想做个诚实守信的人，可他没经过慎重的考虑就轻易答应年轻人的请求，到最后却落得个背信弃义的骂名。

讲诚信，也要不分对象。

曾子的妻子要到集市上去，她的孩子跟在后面，哭哭啼啼地闹着也要去。她就哄孩子说："你就在家里，等我回来了杀猪给你吃。"妻子刚从集市回来，曾子就准备杀猪。妻子制止他说："我只不过是和小孩子说着玩罢了，你怎么当真了呢？"曾子说："和小孩子是不能随便开玩笑的。他们没有分辨的能力，都是效仿着父母的样子做事，听父母的指教成人的。现在你欺骗他，这是教孩子学骗人啊！做母亲的欺骗孩子，孩子也就不会相信他的母亲。这不是教育孩子的办法呀！"说完，他就把猪杀了。

有人以为，跟自己最亲近的人相处很自然、随意，所以和他们的约定或者答应他们的事情没有做到，他们也不会介意的。其实不然，交朋友更看重的是诚实守信的品质，所以和珍贵的朋友相处，我们更应该做到诚实讲信用，否则，他们都将离我们而去。

诚实守信是世界上最大的财富，仅仅因为诚实守信，很多大商行、大公司的名字和品牌就价值数百万美元。诚信是一把锋利的宝剑，在漫长的人生旅程中，要想赢得别人的信任、尊重和良好的合作，就必须高举诚信之剑，它会帮助你在人生的征程中披荆斩棘，走向成功。

获取信任讲究方法

在现代社会，人们都怀有一颗高度警惕的心，想要轻易获得别人的信任不是一件轻松的事情。想获得别人的信任，首先当然是自己要为人诚信，有了诚信的形象，别人自然就会信任你。但是，即便是有诚信形象，别人仍然不肯信任你，遇到这种情况，我们首先应做的就是要以诚感人，用十二分的诚意打动对方。

娃哈哈集团的董事长宗庆后是一位求贤若渴的企业家。宗庆后曾多次上演"三顾茅庐"的好戏，亲自出马登门拜访邀请人才。一次偶然的机会，宗庆后得知杭州有一个制造保健品百余年的老字号店，该店有一位身怀绝技的技师，对保健品很有研究。此时，宗庆后的工厂生产娃哈哈饮料急需名师指导，他的心眼马上动起来了，开始打起这位技师的主意。宗庆后为请到这位技师很是费了一番苦心。他深知凡有本事的高手一般都有些怪癖。这些人大多面子薄，自命不凡，对世俗不屑一顾。如果以金钱相诱惑恐怕会弄巧成拙，对这类人才的办法只有一个，那就是诚心诚意。

于是，宗庆后就采取迂回战术，经常去拜访这位技师。他一方面虚心地向这位技师请教关于保健品的研制与生产的技术和学问；另一方面，坦诚地把自己的宏伟计划和面临的技术困难告诉了这位技师，并多次表示如果有了这个技师的帮助，则如虎添翼，自己的事业必能更上一层楼。经过这一番软磨硬泡之后，技师不仅了解到宗庆后是一个前程远大的能人，还深深地被他那种爱才惜才、求才若渴的真诚所感化。他也意识到如果自己到娃哈哈集团去做事，更能实现自己的价值。于是他答应了宗庆后的邀请，加盟娃哈哈集团。

这位难请的技师就叫张宏辉。张宏辉到娃哈哈集团后如鱼得水，干得很卖力，但有一个后顾之忧没有解决：住房问题。宗庆后再次表现出他的诚意，毅然把刚分给他的三室一厅让给了张宏辉，自己一家却仍挤在原来的一间小屋里。

对这样一个有诚意的人，心肠再硬也没法拒绝，更主要的是无法拒绝这份热切殷勤。纵然你是铁石心肠，也要被这软磨硬泡的万分诚意给"腐蚀"。

如果我们确实真诚希望得到别人的信任和帮助，但是我们要求助的人才在千里之外而且又完全不知道他是谁，应该怎么做才能得到他们的帮助和信任呢？这里，我们应该注意用"巧劲"来表现自己的真诚，下面有一个例子可以参考一下。

燕王哙昏聩无能，朝政为奸臣把持，国内动乱频频，国外强国虎视狼眈，内忧外患，可燕王哙仍然是整日花天酒地，没有半点强国之志。齐国乘机大举进攻燕国，一路势如破竹，很快就攻陷了燕国都城（今北京一带），燕王哙被杀死。

燕昭王在国难之际登上了王位，痛心于燕王哙的昏庸乱国，立志要重振国势，一雪亡国之耻。他的第一步棋是要招揽人才，可人海茫茫，上哪求取人才啊。一个叫郭隗的大臣向他献计说："您若是想招致天下贤士，应该首先重用国内的贤士，重用他们，给他们以礼遇优待。您父亲留给别人的印象实在太差了。所以您不得不显得非常真诚，树立一个礼贤下士、积极健康的形象，才能打消天下贤士的疑虑。天下人民都知道您好贤，真正的贤人自然会不远千里来投奔燕国。"燕昭王有些疑问："你说的道理我明白，请你说一说我该怎样做才能显得真诚吧。"郭隗给燕昭王讲了一个故事：

古时候有位国君特别喜爱千里马，他派使者四处寻找千里马，只要找到好马，就以千金重价买下。可是三年过去了，他连一匹千里马也没有买到，这让国君很是苦恼。一天有个人自告奋勇带了千金外出买马，三个月之后，他只带了一具马骨向国王交差，并且花费了五百金。国王很生气，想责罚这个没有一点头脑的自荐者。这位自荐者却不慌不忙地说了一番道理："我花五百金买来一副马骨，为的是让天下人都知道您真心爱马，诚心寻马。连死马都肯付以重金购买，何况是活马呢！以后不用派人到处去寻找千里马，不久便会有千里马主动被奉上。"果然，不到一年时间，国王得到了真正的千里马。

郭隗继而向燕昭王说道："现在大王您若真心求贤，不妨也采取千金买马骨的办法。可以先从我郭隗开始，把我当成个贤人来对待。天下的真正贤人见到我这样不入流的人物还受厚遇，他们还肯不来投奔您吗？"燕昭王非常赞成郭隗的主张，便尊郭隗为师，给他修建了豪华住宅，提供优厚的生活待遇。此外，燕昭王为贤人能士筑起"黄金台"。这样一来，燕昭王求贤若渴的美名传遍各国，各国贤士也纷纷来投。赵国来了剧辛，洛阳来了苏代，齐国来了邹衍，卫国来了屈庸，都是很杰出的人物，其中最为出色的当数乐毅。有了这些"千里马"的竭忠辅佐，二十多年后，燕国变得十分强盛，人民富裕，兵精粮足。于是燕昭王封乐毅为将军，出兵攻齐，连战连胜。攻破齐国都城临淄之后，齐王狼狈逃窜，隐身于民间。燕兵把齐国的宝物重器都搬运到燕国，烧掉了齐王的宫殿、宗庙。燕王一雪前耻，燕国也进入了全盛时代。

可见光有一颗真诚的心不见得就能取得别人的信任，除了有十二分的诚意外，还需要有表现这十二分诚意的巧妙方法。

激发人的高尚动机

摩根在他的一本著作中说，一个人做一件事，通常是为了两种原因：一种是真正的原因，一种是听来很动听的原因。

每个人都会想到那个真正的原因，但是我们大多数人，在内心深处都是理想主义者，总喜欢想到那个好听的动机。因此为了改变人们，就要激起他们高尚的动机。

某家汽车公司的6位顾客拒绝付服务费，但并非每位顾客都表示拒付整个服务费，而是每个人都宣称有某一项账目发生错误。每一位顾客在每项服务工作完成时都曾签字，因此，公司知道那些服务工作确实做过了，他们认为有理由要求顾客付款。

以下是该公司贷款部人员催讨这些过期欠账的步骤：

（1）分别拜访每一位顾客，并直截了当地告诉对方，他们是来收取一项早已到期的款。

（2）明确表示，公司一点过失也没有。因此，顾客是绝对错了。

（3）他们暗示，公司对汽车的认识要比他懂得多，因此没有什么好争吵的。

（4）最后，他们同顾客们大吵起来。

这些方法没能使顾客们感到满意，因此账款收不回来。

事情演变到这种地步，货款部经理打算打官司来解决此事。幸好，这件事引起了总经理的注意，他调查了这些欠账的顾客，发现他们以前都是很快把账付清，享有很好的信誉。这里面一定有什么缘故——或许收款的方法有很大的错误。于是，他派詹姆斯·托马斯去收取这些"无法收回的账"。

托马斯先生采取了如下方法：

"我去拜访每一位顾客，同样也是为了要收取一项早已到期的款项——同时我们知道这笔款项绝对没错。但我完全不提这些。我解释说，我是奉命来查看公司做了些什么，或什么事忘了做。

"我明确表示，在听完顾客的说明之前，我没有什么意见，并告诉他说，公司并不认为本身的工作是完美无缺的。

"我告诉他，我只对他的车子有兴趣，他对自己车子的认识，比世界上其他任何人都要深，他是这方面的权威。

"我让他尽量地谈，我在听的时候，尽量表现出同情和兴趣，这正是他所需要的，也是他所盼望的。

"当这位顾客处于一种合适的心理状态时，我使他感到交易是公平的。我说：'首先，希望您明白，我也觉得这件事处理不当。我们公司的人员曾给您带来了不愉快，我代表公司向您道歉。我在这儿坐了这么久，听到了您的说明，使我对您的公正和耐心，留下了深刻的印象。现在我想请您帮我一个忙，这儿有几张账单是您的，我知道，如果请您对这些账单做一番估价，我是很放心的，您会做得像我们公司的董事长一样。您说多少，就算多少。'"

他们是否付清了那些账单？当然了，而且慷慨得很。那些账单从150美元至400美元不等，那些顾客都付出了最高额，并且在此后的两个星期内，这6位顾客都向他们订购了新车。

托马斯先生事后说："经验告诉我，在尚未得到顾客的确实情况之前，唯一妥当的办法就是假设他是诚实、正直的。只有使一个人相信自己那样做是高尚的，他才会立刻心甘情愿地去做。用更明确的话来说，人们都有自尊心，并且希望享有品德高尚的名声。"

因此，如果你希望人们乐于接受你的思考方法，那就请激发人的高尚动机。

信誉是一生的财富

现在，很多人认为，在这个急功近利的浮躁社会，讲诚信、老实做人是要吃亏的。诚然，有时候诚实守信反而会被人利用、算计，但是我们应该知道，只有诚实做人、踏实做事才能长久地立于不败之地。

清人王永彬在《围炉夜话》中说："世风之狡诈多端，到底忠厚人颠扑不破。世俗以繁华相尚，终觉冷淡处趣味弥长。"意思是说尽管社会上盛行尔虞我诈的风气，但说到底还是忠厚老实人能永远立于不败之地。腐朽的社会习俗争相以奢靡浮华为时尚，但毕竟还是在清净平淡之中体会到的淡泊趣味更为持久耐长。

20年前，弗朗西斯开了一家小小的印刷厂。到今天，弗朗西斯已经非常富有了，并且有一个美满的家庭，生活过得很美满。他在同行之间很受敬重，最重要的一点是他很有诚信。

一个星期六的下午，他跟朋友一起去钓鱼。当友人问起他的成功之道时，弗朗西斯很谦虚地说："我生长在一个很保守的家庭，每个礼拜天全家都要去做礼拜，然后回家吃饭，听父亲为我们解说《圣经》上的故事。父亲很通俗地为我们讲解牧师所说的每一个道理，用很多生活上的实例来说明为什么偷窃和说谎是不道德的。从父亲的谈话中，可以得知父亲非常强调守信用的重要性。言行要一致，是父亲最常说的话。我上大学时家境不好，所以我就到一家印刷厂去打杂，从清扫房间到送货，什么事都干过。6年的大学生活，我都是在半工半读的情况下度过的。毕业时，我决定开一家印刷厂，当时我身边的2000美元足够我开业。虽然我的厂子是在很偏僻的郊外，但是从创业初期，我就一直遵循父亲所给予我的教诲。我将父亲的话应用到实际生活中，对每位顾客都坚守信用——这是忠诚于他们的最根本的方式。

"如果成品不够精美，我就免费重做一次（直至今日，弗朗西斯还坚持这个原则）。此外，我交货也很准时，即使有时连续两三天没睡，我还是信守承诺。就这样，我开始赚钱了，并在3年后拓展了我的事业，使我有能力购置更大的厂房和复杂的设备。但就在这时，我遇到了考验。有一个周末，一场大火把我的厂子燃烧殆尽，保险公司只负责一半的损失，此时我负债累累。我的律师、会计师和主办都劝我宣告破产，但我没有这样做，因为我要勇敢地面对我的问题。那时实在是不容易，但是我还是偿清了所欠的债务，并且重新开始。由于我的承诺，赢得了所有债权人和厂商的信赖。

"他们简直不敢相信，我真的偿还了所有的债务。从那次火灾以后，我的事业一帆风顺。过去的5年间，我的业绩增长率高达25%～35%。言归正传，你问我的成功之道是什么，我的回答是：信守承诺。如果没有父亲昔日的教诲，我是不会有今天的成就的。"

安德鲁·卡内基曾经说过："世界上很少有伟大的企业，如果有，那就一定是建立在最严格的诚信标准之上的。"信用不仅仅是做人的素质，同时也是一种潜在资本，在很多时候，诚信能帮助我们打开成功的局面，让我们在众人的帮助中站起来，不会陷入孤立的境地。

为什么诚信有这么大的魅力呢？因为诚信能将没有生命的东西人格化，从而征服人心，换来大的回报。在生活中，哪一个环节都离不开信用。因为诚信做人，亏掉的可能只是一时的金钱，但赚下的却是一生可供享用的信誉。

有一个年轻人大学毕业之后，和几个同学开办了一家电脑耗材公司。经过两年多的打拼，他成为一个拥有80余万元资产的小老板。可是天有不测风云，就在事业蒸蒸日上的时候，一个"皮包公司"利用一份假合同骗走他们公司很大一笔钱。由于资金周转困难，他们的公司在坚持了不到半年之后，便被迫宣布破产了。当他和那几个合伙人商量今后的出路时，他们纷纷表示要到外地发展，离开这个让他们伤心的地方。但是，他却选择留下来，为此他要承担公司30万元的债务。

尽管在这个艰难时刻，那些债权人并没有找上门来逼债，但是几天后，十多位债权人都惊讶地接到他打来的电话，他诚恳地表示：在半月之内，会把所有的债务偿清。然后，他毅然决定将自己一处位于黄金地段，且极具升值潜力的房产低价卖了出去。果然，在不到半个月的时间里，他偿清了30万元的债务。他讲究信用的行为，深深打动了那些债权人，他们都把他视为真诚可交的朋友。在那一段布满阴霾的日子里，他几乎每天都能接到那些朋友给他打来的电话，有找他吃饭谈心的，也有人给他介绍一些朋友，并为他以后的创业出谋划策。

第二年，国内一家有名的企业管理软件公司的一位主管，听说他卖房还债的事情后，非常感动，找到他，要求他代理自己的产品，但前提是需要60万元的启动资金。而在当时，他全部财产加起来还不到8万元。当他那些朋友得知此消息之后，在不到两天的时间里，竟凑齐70万元，全力支援他。很快，他的事业开始有了转机，并一步步获得了成功。他始终坚持诚信的原则，为公司带来了更大的收益。

19世纪英国浪漫主义运动的哲理诗人塞缪尔·科尔里奇曾教导自己的儿子："你不要去做那些眼睛所不能看见的事情，当你做错什么事情的时候，就应该像个男子汉似的立刻去承认错误。你的抱歉也许体现出你的愚拙，但是，他们却能够猜测得到你是一个非常诚实的人。一份诚实，要远比一磅的智慧强得多。"

我们可能因某人的聪明和智慧而羡慕他，但我们更因他所具有的美好品质而尊敬他、爱戴他。坚持真理，襟怀坦白，诚以待人，朴实无华，是造就美好的基石。

信誉是一生的财富。

第十四章

身体是一生的本钱，别透支明天的健康

健康就像是存款单上数额开头的那个"1"，没有了这个"1"，后面有多少个"0"都是虚的。年轻的时候，健康就像是一个人的资本，可以熬夜，可以拼命加班，可以泡在垃圾食品当中，但是这些做法就像是在生命银行中透支的账单，有一天你必须要偿还这些债务。

未来建立在身心健康的基础上

有人打过这样一个比方：一个人拥有 10000000 元，前面的 1 代表健康，后面的 0 代表金钱、名誉、地位等等。没有健康，其他一切都是白费。身体才是革命的本钱，拥有健康是拥有其他一切的基础。在《辞海》中对健康的描述是："人体各器官系统发育良好，体质健壮，功能正常，精力充沛，并具有良好劳动效能的状态。通常用人体测量、健康检查和各种生理指标来衡量。"

拥有一个健壮的身体还不是健康的全部。所谓健康，不但要没有身体缺陷和疾病，还要有完整的生理、心理状态和社会适应能力。因此，我们不但要重视自己的生理健康，更应该注重心理健康。心理健康是身体健康的精神支柱，良好的心理状态能够使得生理功能达到更佳的状态、发挥更强盛的功能，而烦恼、忧虑、抑郁、暴躁等各种不良的心理情绪又会影响各个器官的正常发挥。因此著名健康学者马斯洛就曾经表示："心理健康比生理健康更重要。"

心理健康影响着我们的生活质量和工作效能等，与我们有着极为重大的关系。然而我们很多人并没有注意到自己的心理健康问题，尤其是刚步入职场的年轻人，心理困扰是一个极为严重的问题。

有人做过调查和研究，发现拥有心理困扰的大有人在，这些人已经处在了抑郁的边缘，有抑郁的倾向，而这其中以年轻人居多。心理困扰问题已经成为阻碍我们在职场中发展的主要因素之一。这些人的心理困扰主要表现在以下几个方面：

1. 抑郁倾向

这是职场中十分常见也最为严重的职业心理健康问题之一。出现抑郁倾向的职场人士，身体、情感、思维和行为都会受到影响。我们可以轻易看出，有抑郁倾向的员工，他的工作效率和稳定性比以前降低了，记忆、注意力也都大不如前，并且经常请假或迟到，对工作也提不起一点兴趣。

2. 职场压力

据研究机构美国职业压力协会估计，压力以及其所导致的疾病——缺勤、体力衰竭、神经健康等问题，每年要耗费美国企业界 3000 多亿美元。

随着我们国家经济发展的日益强大，我们的机遇也越来越多。同时，竞争的加剧以及不稳定因素的增加，使得我们的心理也承受着巨大的压力。形成压力的原因是多方面的，包括工作任务过重、人际沟通、角色冲突、工作环境等等。如果这种压力得不到释放或缓解，将会影响到员工的身心健康、情绪以致影响到工作。

3. 职业枯竭

职业枯竭又称职业"倦怠"，是指在工作重压下的一种身心疲惫的状态，厌倦工作的感受，是一种身心能量被工作耗尽的感觉。职业枯竭很大程度上是因为压力过大导致的。首先，它体现在情绪的耗尽状态，这种情绪的耗尽让人会渐渐没有心情上班，还可能让人一上班就会感到身体不适。其次，它让人变得愤世嫉俗，开始对周围进行讥讽，批评、打击跟工作有关的一切事情。最后，它还让人对自我的评价降到极点，产生无能感。

这些心理困扰严重地影响着我们的工作效率。造成这种心理困扰除了与外部的环境和压力有关，我们自身的性格问题也是一个重要的因素。在很大程度上，忧虑、不满、愤怒、嫉妒、有过错感这些负面情绪是造成心理困扰的重要原因。

为了创造美好的未来，我们不但要使我们的身体健壮，更应该要使我们的心理达到一个健康的状态。有了健康的心理，我们才能最高效率及快乐地适应环境及人与人之间的交往，才更能创造和体会到幸福。

有这样一个故事：

彼得在梦中见到了上帝。

上帝问彼得："你想采访我吗？"

彼得说："我很想采访你，但不知道你是否有时间。"

上帝笑道："我的时间是永恒的。你有什么问题吗？"

彼得问："你感到人类最奇怪的是什么？"

上帝回答说："他们厌倦童年生活，急于长大，而后又渴望返老还童。他们牺牲自己的健康来换取金钱，然后又牺牲金钱来恢复健康。他们对未来充满忧虑，但却忘记现在；于是，他们既不生活于现在之中，又不生活于未来之中。他们活着的时候好像从不会死去，但死去以后又好像从未活过……"

上帝握住彼得的手，他们沉默了片刻。

彼得又问道："作为上帝，你有什么经验想要告诉人们的？"

上帝笑道："人们应该知道不可能取悦于所有人——他们所能做到的只是让自己被人所爱。他们应该知道，一生中最有价值的不是拥有什么东西，而是拥有什么人。他们应该知道，与他人攀比是不好的。他们应该知道，富有的人并不拥有最多，而是需要最少。他们应该知道，要在所爱的人身上造成深度创伤只要几秒钟，但是治疗创伤则要花上几年时间。他们应该学会宽恕别人。他们应该知道，有些人深深地爱着他们，但却不知道如何表达自己的感情。他们应该知道，金钱可以买到任何东西，却买不到幸福。

他们应该知道，得到别人的宽恕是不够的，他们也应当宽恕自己。"

彼得最后问道："那么，你对人类有什么忠告吗？"

上帝回答道："每个人都应该祈求自己具有一个健康身体和一个健康的心灵，并且要为打造心灵的健康不断努力奋斗。因为只有具有健康的心灵，人类才能够感受到生活美好！"

强壮自己的体魄，使自己的心灵健康，这是上帝给我们的最好忠告。有了健康的体魄和健康的心灵，在工作中我们就具有高效率，我们也能轻易感觉到满足，我们同样能愉快地接受生活的变故。这种人才能创造出美好的未来，感受到生活的美好。

警惕"亚健康"来袭

如今持续而高强度的快节奏生活越来越让人难以招架，面对高强度的压力，我们常常感到力不从心，稍微折腾一下就觉得心力交瘁。我们时常感到劳累，但又说不出一个所以然，而且经常有精力不足、注意力分散、胸闷气短、心悸、失眠、健忘、颈肩腰背酸痛、遇事紧张、便秘等表现，这些严重影响了我们的生活和工作，但是去医院又检查不出什么器质性病变。

我们要注意，这是身体发出的一个信号，它警示我们的身体已经处在一个"亚健康"的状态。处于亚健康状态的人，虽然他的机体没有明确的器质性病变，但总是出现生活能力和适应能力降低的情况，这是由于机体各系统的生理功能低下所致。亚健康是介于健康与疾病之间的一种生理功能低下的状态，被称为"第三状态"。

亚健康是健康状态和疾病状态之间的过渡状态，如果处理得当的话，身体可向健康状态转化；如果无视亚健康状态，听之任之的话，将会导致疾病甚至是突发性疾病，后果很严重。但是因为在目前情况下，亚健康还没有明确的医学指标来诊断，而被压力迫使着疲于奔命的人们也无暇多去留意，所以总是被人们忽视。

可怕的是，亚健康状态因为被忽视而没有得到及时的纠正，非常容易引起身心疾病。这些通常包括心理障碍、胃肠道疾病、高血压、冠心病、癌症、性功能下降、倦怠、注意力不集中、心情烦躁、失眠、消化功能不好、食欲不振、腹胀、心慌、胸闷、便秘、腹泻、感觉很疲惫等多种生理与心理上的慢性疾病。更可怕的是，如果遇到高度刺激的突发性情况，人的正常工作规律和生活规律遭到剧烈破坏，体内疲劳淤积并向过劳状态转移，使血压升高、动脉硬化加剧，可能就会导致处于亚健康状态的人猝死，也就是我们所谓的"过劳死"。

随着社会压力的日益加大，过劳死这种悲剧已经不仅仅发生在体力劳动者身上，脑力劳动者已经成了过劳死的主要受害者。

发生过劳死的人在突然死亡前往往处于亚健康状态。如今，引发过劳死的罪魁亚健康被命名为"慢性疲劳综合征"，而亚健康人群"过劳死"的概率无疑较高一点。不良的情绪和生活习惯是导致亚健康的主要原因，其中表现为：

1. 缺乏运动

在亚健康的形成原因当中，缺乏运动名列首位。在被问及的亚健康人群中，有近80%的人不爱运动，或者不经常进行运动，有的只是每周或每月才运动一次，部分人有近10年没有参加过一次体育运动。而那些经常（每3天至少运动一次）的人群中，几乎没有一个人平时会感觉身体不适，身体方面的活力也明显优于运动缺乏者。

另外，从国内外的部分运动与智力的研究资料中也发现，经常参加体育运动的人，思维速度明显优于运动缺乏者。这些资料同时指出，经常运动有利于大脑思维细胞的休息，加快大脑的反应速度。

当然，这里所说的运动，不是指高强度的运动，而是主张有氧运动，其运动量以本人每分钟的心跳次数加年龄共为170次为标准。

2. 过度疲劳

因工作时间过长、强度过大而引起身体状态不好的现象比比皆是。特别是白领人群，每天超强度工作及加班，体力和脑力往往得不到及时休息和恢复，出现透支现象，特别容易出现由于过度疲劳而引起的亚健康状态。另外，一些企业、个体的老板，也因为工作压力过大，超负荷工作，而引起身体出现亚健康状态。

3. 暴饮暴食

饮食本来是人的正常行为，但暴饮暴食却会给身体带来许多问题。开始时只是引起形体肥胖、血脂升高、体力下降、记忆力减退、工作效率下降、性功能减退等亚健康状态，但这些症状也是一些心脑血管疾病的前兆，如容易引起冠心病、高血压、肥胖症、高脂血症、脑血管意外、脂肪肝、糖尿病、不孕症等。

4. 睡眠不足

一则有关失眠症的报道说，英国伦敦市的失眠人群比例高达34%以上，他们当中大多数人连续失眠时间在半年以上，有些甚至已有四五十年的历史了。前些年对北京市民的调查也显示，城市中有大批的失眠人群。这些人的健康状况已经属于病态。现在城市当中，有一些人不是失眠引起睡眠不足，而是自己不好好睡觉，总是透支自己的体力和睡眠，经常熬夜，通宵打麻将、泡网吧等，也是引起身体出现亚健康状态的重要原因。

5. 精神紧张

当遇到社会上的各种压力，没有很好的排解办法，所以总是感到忧虑，从而导致精神紧张，这会影响到身体健康。

6. 节食减肥

有些人减肥采取节食的方法，其实，这样做不仅效果不明显，而且很容易引起头晕、全身乏力、记忆力减退、精力不集中，有的甚至出现晕倒等许多亚健康症状。

7. 吸烟、饮酒过度

长期吸烟会使身体的某些部位如肺部、呼吸道、心脏和动脉、膀胱、皮肤等产生病变，而且由此引发各种疾病，严重者会致癌。饮酒过量对身体危害也非常严重，比如对肝的毒性作用、引起大脑细胞提前坏死、前列腺疾病、不育症等。这些众所周知，无须赘言。

因为没有明确的医学指标来诊断，亚健康总是悄悄地袭来。现在，社会中的人群出现亚健康状态的情况是越来越多，它严重影响着我们的生活质量和工作效率。摆脱亚健康、进入真正的健康状态，我们应当要予以高度重视。

要摆脱亚健康的威胁，我们要适当减缓生活的脚步，抚平内心的焦虑，从容地面对生活与工作。除了清洁自己的心灵，我们还要养成良好的生活习惯并且注意要多运动。同时，还要注意心理上的健康。心理健康是衡量一个人是否健康的一个重要标准，我们要保持自身健康，就不能忽略自己的心理健康问题。

心理专家认为："一个人的心理状态常常直接影响他的人生观、价值观，直接影响到他的某个具体行为。因而从某种意义上讲，心理卫生比生理卫生显得更为重要。"治疗心病不能像看感冒发烧那样方便，但只要提高自己的心理素质，学会自我调节心理，学会心理适应，学会自助，每个人就可以在心理疾患发展的某些阶段成为自己的"心理医生"。

国内一位著名的健康专家曾总结出 11 条保持心理健康的方法，可供参考：

（1）及时说出自己的烦恼。当你苦恼时，找你所信任的、同时头脑也较冷静的知心朋友倾心交谈，将心中的忧闷及时发泄出来，以免积压成疾。

（2）遇到较大的刺激，或遭到挫折、失败而陷入自我烦闷状态时，最好暂时离开你所面临的环境，转移一下注意力，暂时回避以便恢复心理上的平静，将心灵上的创伤抚平。

（3）注意转移坏情绪。当你遭遇坏情绪的时候应当注意将其转移到其他活动上去，忘我地去做一件你喜欢做的事，如写字、打球等，从而转移你心中的苦闷、烦恼、愤怒、忧愁、焦虑等情感。

（4）对人谦让，自我表现要适度，有时要学会当配角和后台工作人员。

（5）多替别人着想，多做好事，可使你心安理得，心满意足。

（6）做一件事要善始善终。当面临很多难题时，宜从最容易解决的问题入手，逐个解决，以便信心十足地完成自己的任务。

（7）性格急躁的人不要做力不从心的事，并避免超乎常态的行为，以免紧张、焦躁，心理压力过大。

（8）对别人要宽宏大量，不强求别人一定都按你的想法去办事，能原谅别人的过错，给别人以改过的机会。

（9）保持人际关系的和谐。

（10）自己多动手，破除依赖心理，不要老是停留在观望阶段。

（11）制订一份既能使你愉快又切实可行的休养身心的计划。

打好健康早餐牌

巨大的生活压力、快速的生活节奏，让奔命于社会中的我们养成了不吃早餐的毛病，这是因为在压力和快节奏生活的催促下，我们更愿意牺牲早餐来弥补睡眠时间。当我们认识到早餐的重要性之后，我们会发现牺牲早餐去弥补睡眠时间这种为贪一时之快而不顾严重后果的行为无异于剜肉补疮、饮鸩止渴。

清晨6点到中午12点这段时间，是人体一天当中代谢循环的高峰期，中午12点以后代谢程度随着时间的流逝递减。对处在运转高峰期、以葡萄糖为能源支持的人体代谢活动来说，早餐就显得至关重要，所以有"早餐是金，午餐是银，晚餐是铜"的说法。吃好早餐，能为一天的新陈代谢提供强大的能量支持，能加速体内的血液循环，让人通体舒畅、精神爽朗，对人的精神和身体都是有好处的；反之，如果在人一天中最需要动力的时候不提供能量支持，其危害之大不可想象：

1. 肠胃问题

不吃早餐，肠胃受到的影响最为严重。经过一晚上的消化，前一天所吃的东西几乎消耗殆尽。如果不吃早餐，胃则长时间地处于饥饿状态，这

245

会导致胃酸分泌过多。没有食物去中和胃酸，就会刺激胃黏膜，导致胃部不适，久而久之则可能引起胃炎、胃溃疡等病症。

不吃早餐，午餐必然会因为饥饿而大量进食，消化系统一时之间负担过重，而且不吃早餐打乱了消化系统的活动规律，同样也容易引发胃肠疾病。

2. 精力不集中、情绪低落、记忆力下降

早晨起床后，人体已有 10 来个小时没有能量摄入，胃处于空虚状态，此时的血糖浓度较低。人开始活动后，大脑与机体的运作是要消耗血糖的，此时血糖浓度则继续下降。虽然脑组织的重量只占人体重的 2%~3%，但脑的血流量每分钟约为 800 毫升，耗氧量每分钟约为 45 毫升，耗糖量每小时约为 5 克。如果这时候还不进餐来补充能量，体内就没有足够的血糖可供消耗，因此以葡萄糖为能源的脑细胞活力不足，人就会出现疲倦，精神难以集中、记忆力下降和反应迟钝的不佳表现。

美国营养学家的相关调查表明，许多车祸的发生都与肇事者血糖浓度过低、反应迟钝有关，因此营养学家警告开车族们，血糖过低时开车与酒后驾车同样危险。专家们发现，在智力水平相差无几的情况下，吃早餐的人明显高于不吃或少吃早餐者。这是因为不吃早餐的人，大脑就会因营养和能量不足，不能正常发育和运作，久而久之就会妨害记忆力和智力的发展。

3. 容易衰老

如果不吃早餐，人体只得动用体内贮存的糖原和蛋白质，时间长了会导致皮肤干燥、起皱和贫血。

4. 罹患心血管疾病的机率加大

因为经过一夜的空腹又不吃早餐，人体血液里会形成更多的 B 型血栓球蛋白，这是一种能导致血液凝固的蛋白质。导致人体血液中的血小板黏度增加，血液黏稠度增高，血流缓慢，明显增加了中风和心脏病的风险。缓慢的血流很容易在血管里形成小血凝块而阻塞血管，如果阻塞的是冠状动脉，就容易引起心绞痛或心肌梗死。

5. 容易发胖

有的人喜欢吃高热量的早餐，午餐和晚餐则为低热量或省略不吃；而有的人早餐只是简单凑合，午餐和晚餐却相当丰盛、热量高。这两种人一天摄入的热量虽然相同，但脂肪氧化的情况却不同。早餐吃高热量食品的人，再配合低热量的午餐、晚餐，脂肪不容易囤积。而早餐不吃或吃得太简单的人，根本无法提供足够的热量和营养，等到午餐、晚餐的时间，脂肪消耗的能力变差，而又吃进高热量的食物，结果是吃进的热量比消耗的热量多，当然易变胖。

6. 易患胆结石

上面我们说过，如果不吃早餐，胃在没有食物的情况下照样蠕动，其间所分泌的胃酸便会刺激胃壁，会损伤胃黏膜。不但如此，早晨空腹时，体内胆固醇的饱和度较高，胆囊中的胆汁没有机会排出，而使胆汁中的胆固醇大量析出、沉积，长此以往，使人容易患上胆结石症。国外研究证实：在 20 ~ 35 岁的胆结石症患者中，80% ~ 90% 的人都有不吃早餐的习惯。

7. 引发慢性疾病

不吃早餐，饥肠辘辘地开始一天的工作，身体为了取得动力，在没有足够的血糖的支持下，会动用甲状腺、副甲状腺、脑下垂体之类的腺体，去燃烧其他组织以获得能量。这除了造成腺体亢进之外，还会使得人体体质变酸，导致全身的免疫力下降，从而患上慢性病。

8. 造成便秘

在三餐定时情况下，人体内会自然产生胃结肠反射现象，简单说就是促进排便；若有不吃早餐的习惯，则可能会造成胃结肠反射作用失调，于是造成便秘。

因为人体一天中新陈代谢的高峰期在早上 6 点到 12 点，因此早餐摄入的营养不足，很难在其他餐次中得到补充，不吃早餐或早餐质量不好是引起全天的能量和营养素摄入不足的主要原因之一。情况严重就会造成以上危害，因此我们要注重早餐。

科学的早餐应是低热能、营养均衡的，碳水化合物、脂肪、蛋白质、维生素、矿物质和水一样都不能少，特别是要富含膳食纤维。应包括 4 种类别的食物：以提供能量为主的，主要是碳水化合物含量丰富的粮谷类食物，如面包、馒头等；以供应蛋白质为主的，主要是肉类、禽蛋类食物；以供应无机盐和维生素为主的，主要指新鲜蔬菜和水果；以提供钙为主并富含多种营养成分的，主要是奶类与奶制品、豆制品。

下面推荐一套早餐搭配方案。起床洗漱之后一定要先喝一杯温水，这既可有效地保护胃和咽喉、帮助消化，又可为身体补充水分，排除废物，降低血液黏稠度。然后以"一个水果 + 一个馒头 + 一个鸡蛋 + 牛奶或豆浆一杯"作为早餐。这对生活节奏快速的年轻人较为合适。我们要吃早餐，但是我们要记住，蛋黄、煎炸类高脂肪食物不宜多吃。因为摄入淀粉、糖分、脂肪和胆固醇过多，消化时间长，易使血液过久地沉积于消化系统，造成脑部血流量减少，脑细胞缺氧，使人整个上午昏昏沉沉，思维迟钝。

有营养学家认为："起床后 30 分钟左右吃早餐最好，这时人的食欲最旺盛，肠胃的消化吸收功能也在最佳水平。"

保持年轻人的活力

体育锻炼对于我们保持身心健康是很有益处的。一方面它可以增强人体的免疫力，减少感冒等感染性疾病的发生，另一方面它可以保持脑力和体力协调，是预防、消除疲劳和健康长寿的要素。

体育锻炼贵在坚持，重在适度，我们在进行体育锻炼时应当找到适合自己锻炼的最佳心率。当你进行体育锻炼的时候，心率应该保持在多少？答案是既不要太快，也不要太慢。太快有损健康，太慢则收效甚微，对强化心血管机能作用不大。可以通过数学算法求出你的最佳心率。首先用220 减去你的年龄，其结果就是你能达到的最快心率，然后再用这一结果乘以 50％，得出适合锻炼的最慢心率，或者乘以 75％，得出适合锻炼的最快心率。当然在你开始锻炼之前要先去咨询医生。

下面我们为你提供一个测算自己运动时最佳心率的一个简单的方法：

220−23（你的年龄）=197（你能达到的最快心率）

197×50% =98.5（适合锻炼的最慢心率）

197×75% =147.75（适合锻炼的最快心率）

专家建议锻炼时的最佳心率应保持在你能达到的最快心率的60%~75%，并且坚持每周锻炼3次，每次20分钟。另外，我们在进行体育锻炼时还要注意做好运动前的热身准备，以免在运动中损伤自己的身体。

无论你从事什么样的体育锻炼，专家都会建议你在锻炼之前先做热身准备，锻炼之后进行放松活动，要充分舒展身体，以增强身体的灵活性。许多人忽视了这些建议，认为这些并不重要，这是一种错误观念。热身、放松与伸展身体可以防止受伤、改善循环、增强能力。我们在运动之前应该做5~10分钟练习（例如在慢跑前后先走上一段），以此作为热身或者放松活动。在放松之后再做一些伸展活动。

另外，对于运动者来说，运动时机的选择也十分重要。作为一天生活中的必修课，体育锻炼的最佳时间是清晨起床后，因为在新鲜的空气中锻炼身体有助于排除体内的各种毒素和废物。寒冬腊月天气寒冷，也可改在傍晚进行。锻炼项目可因人而异，关键是找一种你自己喜欢的，适合你年龄的运动，健身操、瑜伽、太极拳、气功、健身跑、散步、登高运动、球类或足疗等，不必做硬性规定，但需注意的是运动量要适度。一般以锻炼完毕，冬天自己感到全身暖和，夏天微微出汗但不觉得心跳过快为宜。

有人觉得自己一天到晚那么忙，怎么可能将时间浪费在运动上。但是，在真正忙碌而且重要的人眼中，运动是一种投资。当一个人花了30分钟运动，然后又冲了一个澡，看上去好像是丢失了45分钟的时间，但却获得了很多。为什么说这是一个很好的投资呢？因为经过锻炼之后的人，记忆力会变得更好，创造力水平也会得到提升，能量水平也会逐渐上升。很显然，这是一个很好的投资。

锻炼在很多方面都发挥着作用。从某种程度上说，锻炼可以作为精神病专家梦想的治疗方法。它适用于焦虑、恐慌以及在一般情况下的压力，而这些多半是与抑郁症有关的，锻炼对所有的人群都有着积极的效果。

白领缺乏运动，就会进入亚健康状态，这不仅是在损耗健康，也是在消极对待自己的工作，工作成效很难进入良性循环。而青少年缺乏运动，就会导致肥胖、自卑、懒散……对学习的热情也不会提高。

美国伊利诺伊的一个区自从引入体育课之后，肥胖率从总学生人数的30%下降到了3%，这些学校的宗旨并不是让学生在那里过得更舒适自在，而是为了让学生一生都可以得到幸福。相信这些学生以后更不容易被慢性病侵袭，比如癌症、糖尿病、心力衰竭等。这从很多方面上来讲无疑都算得上是个双赢。另外，这些开设了体育课程的学校的教学水平会出现显著上升。要知道美国的不少学生通常在国际测试中很难获得好成绩，数学、科学测试通常都是第八位的水平，但是在伊利诺伊是个例外，他们以数学第六、科学第一的好成绩让整个美国教育界感到惊奇。

锻炼与运动可以到健身房实现，也可以在我们的日常生活中进行，例如既经济又环保的步行。这个世界上几乎没有比步行更简单易行的运动了，可在今天这个城市交通异常发达的时代，步行却成了极少数人接受的运动。如果我们能充分理解步行的好处，像重视股市一样重视步行，你的幸福指数一定会上升。

步行的乐趣体现于流畅的节奏感、平和的满足感，身体各个部位都调动起来，使人有真正体验生命活力的快乐。如果能在静谧的林中散步，偶然遇见一条蜿蜒的小河，一片怒放的野花，那种惊喜感不亚于收到一份意外的大礼。

作家华兹华斯曾经徒步穿过法国，到阿尔卑斯山脉，到意大利，再返回英国。步行不仅让我们目睹了生活环境中丰富多彩的一面，在无形之中还会锻炼我们的心灵，磨炼坚忍的毅力和顽强的个性。

锻炼使人回到一种自然的状态。幸福革命的基础必须和锻炼革命一起提出，如果不去锻炼的话，那就只是在和自然作对，正如哈佛教授的名言所说："幸福革命的基础必须从脖子以下开始。"

科学睡觉的注意事项

毫无疑问，睡觉对人体的健康有着至关重要的影响。战国时期的文挚医术高超，在与齐威王论及食、卧等补养之道时，曾说："人都需要吃东西才能生存，也都需要靠睡眠才能生长。睡眠可帮助肠胃磨碎和消化食物，可使药物流布到全身。拿睡眠和饮食打个比方，就好像火与金的关系，睡眠能帮助消化食物，就像烈火熔化金属一样。所以一个晚上不睡觉，100天也恢复不过来。不安卧，则饮食不易消化、腹中好像裹着皮球似的，于是易患忧思郁闭，甚至产生毁伤、痹蹶之类的疾病。所以懂得养生的人都很重视睡眠。"

睡觉是一件非常惬意轻松的事情，许多人都怀有极大的热情投身其中。睡觉是不需费多大力气却能得到极好的回报的一件事情，"备周则意怠，常见则不疑"，越是这种轻松简单的好事情，越是容易对其疏忽。很多人在追求优质睡眠时，由于疏忽而养成了许多不良习惯，这些不良习惯会影响到我们的睡眠质量和身体健康。以下是一些年轻人通常容易出现的情况：

1. 紧闭门窗、蒙着头睡

当人们睡着的时候，体内各器官仍在不停地进行新陈代谢、吐故纳新。假如3个人住在10平方米的房子里，同时关闭门窗3个小时后，测量室内温度可上升2℃，二氧化碳含量增加3倍，细菌的数量增加2倍，氨浓度增加2倍，灰尘数增加近10倍，另有20余种其他物质。如夜间睡眠按8小时计算，长期关门窗睡觉对人体的危害可想而知。

蒙头睡觉会阻碍呼吸到外界的新鲜氧气，二氧化碳在被窝的蓄积会引起胸闷、头痛、头晕和精神不振等。

2. 枕头太高太低不适宜

枕头是人类睡眠不可缺少的伙伴，高低适宜的枕头对睡眠质量有很大的影响。枕头过高，颈部被固定前屈位，颈部骨骼形态改变，会引起颈椎病和颈椎综合征，而且还会因为脑血流量减少，导致缺氧和脑细胞过早衰老；枕头太低，则容易造成"落枕"，或因流入头脑的血液过多，造成次日头晕脑胀、眼皮浮肿。从生理角度上讲，枕头以 8 ~ 12 厘米为宜。

3. 抬高肩臂或者枕着手睡觉

抬高肩臂或枕手睡觉，不仅会影响肋膈、腹壁和胸廓前后肌肉不能自然舒展，引起胸闷疲劳或呼吸困难，更严重的还会引发"反流性食道炎"等多种病症。

4. 带着醉意入睡

进入职场的年轻人可能出于应酬，常常是带着几分醉意睡觉，这对身体健康是极为不利的。据医学研究表明，睡前饮酒，入睡后易出现窒息，一般每晚 2 次左右，每次窒息约 10 分钟。长久如此，容易患心脏病和高血压等疾病。

5. 带着怒气入睡

睡前生气发怒，会使人心跳加快，呼吸急促，此时精神状态较为亢奋，以致让人难以入睡。

6. 睡前饱餐

中医认为："胃不和，则卧不安。"如果睡前吃得过饱，胃肠要加紧消化，装满食物的胃会不断刺激大脑。大脑有兴奋点，人便不能安然入睡。

7. 睡前剧烈运动

剧烈活动，会使大脑神经细胞呈现兴奋状态，这种兴奋在短时间里不会平静下来，人便不能很快入睡。

8. 张口呼吸

闭口夜卧是保养元气的最好办法，而张口呼吸不但会吸进灰尘，并且极易使气管、肺及肋部受到冷空气的刺激。

9. 对着风睡

我们睡觉应当保持通风，但是人不要对着风头。人体睡眠时对环境变化的适应能力降低，对着风睡，易受凉生病。因此，睡觉的地方应避开风口，床离窗、门要保持一定距离。

10. 坐着睡觉

不少年轻人因为工作压力大，回到家后便疲惫不堪，吃饱饭往沙发上一靠就开始打瞌睡。这样会造成心率减慢，使血管扩张，加重脑缺氧，导致头晕、耳鸣现象的出现。

11. 相对而睡

相对而睡，会导致一方吸入的气体大多是对方呼出的废气，使得大脑缺少新鲜的氧气或是氧气供应不足，也易造成失眠、多梦，醒后头晕乏力，精神萎靡。

12. 带着饰物入睡

很多年轻人喜欢佩戴一些链子、手表之类的金属饰物，长期佩戴金属饰物会对皮肤造成磨损，而且会引起慢性吸收以致蓄积中毒（如铝中毒等）。带着饰物睡觉会阻碍机体的循环，不利新陈代谢，这也是带饰品的局部皮肤容易老化的原因。

13. 把手机放在枕边

年轻人睡前喜欢把玩手机，睡觉时就把手机放在枕边，这是严重影响身体健康的行为。手机辐射对人的头部危害非常大，它会对人的中枢神经系统造成机能性障碍，引起头痛、头昏、失眠、多梦和脱发等症状，有的人面部还会有刺激感，甚至还有可能因手机辐射导致脑瘤。

14. 储存睡眠

很多人因为要熬夜，所以会先多睡上几个小时。其实人体只需要一定质量的睡眠，是不能储存睡眠的，多睡不但对人体没有多大帮助，反而对健康不利。

15. 睡眠不足

人们通过一天工作对身体的消耗，许多物质要靠在睡眠中补充。睡眠不足，会造成身体内环境失调，因而严重影响身体健康。而且大脑消除疲劳的主要方式是睡眠，长期睡眠不足或质量太差，只会加速脑细胞的衰退，聪明的人也会变得糊涂起来。

16. 俯睡

俯睡会使脊柱弯曲，增加肌肉及韧带的压力，使人在睡觉时仍然得不到休息。此外，还会增加胸部、心脏、肺部及面部的压力，导致睡醒后面部浮肿，眼睛出现血丝。

以上都是影响我们睡眠质量的问题，为了得到更好的睡眠效果，我们可以试试以下的建议：

1. 常晒被子、常洗脚

毛孔在常温下要排许多水分，这些被蒸发的水分含有大量有害的化学物质，通过被子吸取而潜伏在你身边，有的人起床后立即叠被子或不喜欢晒被褥，使有害物质得不到散发或消灭，长期以来，会导致一些皮肤病的发生。

另外，在睡前一定要用热水洗脚，除了保持卫生整洁外，这样不仅可以帮助消除疲劳、活跃末梢神经和内分泌，促进血液循环，而且还能增强记忆力。

2. 睡"子午觉"

美国医学教授威廉·德门特说："睡眠是抵御疾病的第一道防线。"他发现，凡是在凌晨3点钟起床的人，第二天的免疫力就会减弱，血液中有保护作用的杀病菌细胞也会减少1/3。

我国传统养生学提倡睡"子午觉"。"子"是指夜间的23点至凌晨1点，"午"是指白天的11～13点。认为睡"子时"可以养精蓄锐，而睡"午时"则可以顺应阳气的开发。

3. 适量的运动

睡前，剧烈运动不可取，但是适量运动能够促进人的大脑分泌出抑制兴奋的物质，从而促进深度睡眠，迅速缓解疲劳，进入一个良性循环。研究发现，临睡前做一些如慢跑之类的轻微运动，可以促进体温升高。当慢跑后身体微微出汗时（一般来讲20～30分钟为宜），随即停止。这时，体温开始下降。当30～40分钟后睡觉时，人将很容易进入深度睡眠，从而提高睡眠质量。

改掉不良的生活习惯

二十多岁的年轻人多少都有一些不良的生活习惯，这会严重影响健康，这些不良习惯多表现为：

1. 不吃早餐

现在这已成为普遍现象，它的危害在上文已有详细说明。

2. 常坐不动

工作时，很多人一坐下来就不愿意站起来。久坐，不利于血液循环，会引发很多新陈代谢和心血管疾病；坐姿长久固定，也是颈椎、腰椎发病的重要因素。

3. 跷二郎腿

跷二郎腿会使腿部血流不畅，影响健康。如果是静脉瘤、关节炎、神经痛、静脉血栓患者，跷腿会使病情更加严重。

4. 面对电脑过久

有调查显示，31% 的人经常每天使用电脑超过 8 小时。过度使用和依赖电脑，除了承受辐射外，还会造成眼病、腰颈椎病、精神性疾病。

5. 饭后即睡

饭后即睡会使大脑的血液流向胃部，由于血压降低，大脑的供氧量也随之减少，造成饭后极度疲倦，易引起心口灼热及消化不良，还会发胖。如果血液原已有供应不足的情况，饭后倒下便睡，这种静止不动的状态，极易招致中风。

6. 饱食

饱食容易引起记忆力下降，思维迟钝，注意力不集中，应激能力减弱。经常饱食，尤其是过饱的晚餐，因热量摄入太多，会使体内脂肪过剩，血脂增高，导致脑动脉粥样硬化。还会引起一种叫"纤维芽细胞生长因子"的物质在大脑中数以万倍地增长，这是一种促使动脉硬化的蛋白质。脑动脉硬化的结果会导致大脑缺氧和缺乏营养，影响脑细胞的新陈代谢。

经常饱食，还会诱发胆结石、胆囊炎、糖尿病等疾病，使人未老先衰，寿命缩短。

7. 饭后松裤带

饱食后，人们喜欢松开裤带来释放压力。饭后松裤带会使腹腔内压下降，消化器官的活动与韧带的负荷量增加，从而促使肠子蠕动加剧，易发生肠扭转，使人腹胀、腹痛、呕吐，还容易患胃下垂等病。

8. 三餐饮食无规律

有超过 1/3 的人不能保证按时进食三餐，确保三餐定时定量的人不满半数。三餐饮食无规律极容易患上肠胃病以及其他疾病。

9. 睡懒觉

睡懒觉会使大脑皮层抑制时间过长，天长日久，可引起一定程度人为的大脑功能障碍，导致理解力和记忆力减退；还会使免疫功能下降，扰乱肌体的生物节律，使人懒散，产生惰性，同时对肌肉、关节和泌尿系统也不利。另外，血液循环不畅，全身的营养输送不及时，还会影响新陈代谢。由于夜间关闭门窗睡觉，早晨室内空气混浊，恋床很容易造成感冒、咳嗽等呼吸系统疾病的发生。

10. 热水淋浴时间过长

在自来水中，氯仿和三氯化烯是水中容易挥发的有害物质，由于在淋浴时水滴有更多的机会和空气接触，从而使这两种有害物质释放很多。据收集到的数据显示，若用热水盆浴，只有 25% 的氯仿和 40% 的三氯化烯释放到空气中；而用热水淋浴，释放到空气中的氯仿就要达到 50%，三氯化烯高达 80%。

11. 吃夜宵

年轻人喜欢晚上吃夜宵，夜间的脂肪合成酶的活性是白天的 8 倍，因此这会造成大量脂肪的堆积。如果堆积的脂肪进入肝脏，会导致脂肪肝；进入胰腺，引起胰岛素分泌障碍后导致血糖升高。如果在睡前饥饿感明显，可饮 100 毫升牛奶，或者吃一点水果，不可在睡前吃过多的食物。

12. 吸烟酗酒

吸烟酗酒是目前很多年轻人的共同毛病，其危害毋庸赘言。

13. 把可乐当水喝

年轻人多喜欢喝可乐，尤其是在运动过后，很多人会选择一瓶冰镇的可乐，感觉似乎很好，但长时间饮用可乐会导致身体内的营养物质缺乏，如钙流失等一系列问题。可乐多含碳酸和糖，长期饮用，会影响食欲，甚至造成肠胃功能紊乱。

14. 强忍小便

强忍小便有可能造成急性膀胱炎，出现尿频、尿疼、小腹胀疼等症状。美国科学家发布的一份研究报告指出，有憋尿习惯的人患膀胱癌的可能性比一般人高 5 倍。憋尿时，膀胱贮存的尿液不能及时排出，形成人为的尿潴留。如经常憋尿，就会使括约肌和逼尿肌常常处于紧张状态；如果憋尿时间过长，膀胱内尿量不断增加，还会使内压逐渐升高，时间长了就会发生膀胱颈受阻症状，造成排尿困难、不畅，或漏尿、尿失禁等毛病。在尿潴留时还易引起并发感染和结石，严重时还影响肾功能。

15. 伏案午睡

一般人在伏案午睡后会出现暂时性的视力模糊，而这是眼球受到压迫，引起角膜变形、弧度改变造成的。倘若每天都压迫眼球，会造成眼压过高，长此下去视力就会受到损害。

16. 不刮胡子

胡子具有吸附有害物质的性能。当人吸气时，被吸附在胡子上的有害物质就有可能被吸入呼吸道内。

17. 赌博

赌博之所以有害于一个人的身心健康，是因为赌博本身是一种强烈刺激。长期进行赌博，可使中枢神经系统长期处于高度紧张状态，容易引起激素分泌增加，血管收缩，血压升高，心跳和呼吸加快等，会增加心血管疾病的发病率，还会患消化性溃疡和紧张性头疼。

18. 纵欲过度

很多年轻人对自己的欲望不加节制，肆意放纵，如此会严重影响身体健康。包括精神萎靡不振、腰酸背痛、四肢无力，思想总是沉醉幻想之中，久而久之，会引起神经衰弱，并出现功能障碍等现象。

19. 生活过度紧张

从事脑力劳动和做生意的一些年轻人，生命负荷过重，由于他们在心理上的竞争欲强，在生理和心理方面皆承受着巨大的压力。过度的脑力和体力劳动后，随之而来的是抗疲劳和防病能力的减弱，进而可能引发多种疾病。

20. 生活不规律

生活不规律是很多人的生活现状，工作加班，熬夜消遣等等，这些不良的生活习惯导致人体的生物钟混乱，进而导致许多器官的运动出现紊乱，影响身体健康。

由此可见，对我们健康影响最大的因素就是生活方式。我们要保持身体健康，就要从去除不良的生活习惯开始。心理学家认为习惯是一种无意识的行为，一个坏习惯有消极后果，但却给人以即时的欢愉。因此越是在紧张时，这种无意识的倾向越容易复萌。根据这种特点，要永久地与坏习惯分手，你必须既要戒除坏习惯，又要常用一个新习惯（同样使你感到满足的）来代替它。这似乎十分困难，但下述具体方法有助于你的成功：

1. 未雨绸缪

戒除某种习惯之后这种习惯仍能诱惑你，这是正常的，不可避免的。心理学家把这种情况比喻为冲浪者所面对的阵阵波涛。这种诱惑的"浪潮"虽必然要出现，但在 3 ~ 10 分钟内会自行消退。

所以戒烟、戒酒的人都必须事前考虑"波浪"来时如何运用"冲浪技巧"——如散步、工作、体力劳动、与人交谈等冲过去。一旦诱惑来临就能自动采取这种行动，未雨绸缪是保证戒除坏习惯成功的重要方法。

2. 以新换旧

你的老习惯虽然破戒了，一段时间内情感需求并未告终，因此用一种新习惯来代替原来习惯所产生的满足感是必要的，如体育活动、跳舞。要在事先培养新习惯而不能到渴望袭来时再培养。同时注意，老习惯在什么场合会出现，就在同样场合采用新习惯，如饮酒使你平静，则在你需要平静时改用药物；抽烟使你手中有物在握，则在烟瘾来时以编织或玩乐器取代。

3. 求得支持

许多戒除不良习惯者体会到，别人的支持十分重要，是防止复发的有效手段。这种支持可以来自家庭、朋友和志同道合的同事。你先向他们谈你戒除坏习惯的计划，请他们监督你，当诱惑到来时，他们就会帮助你克服困难。

4. 避开诱因

如果你总在饮咖啡时吸烟，就改为喝茶或喝其他软饮料；如果午间休息引起你的购物欲，则在这时安排体育活动；如果因为与某些朋友在一起就要饮酒，就改变交往对象。

5. 目标适中

不要把目标定得太大太远，例如戒烟戒酒以买一辆新汽车，这目标就太大而难以实现了。不如先定小目标，再逐步扩大战果。

6. 自我奖励

取得小成功——如戒烟已一周，可以自励一下，买一条领带或一件衬衫等。这是增加动力的好方法，它将赢得下一次的成功。

7. 不找借口

要防止自欺欺人。"这一瓶酒是因为朋友来访，我得买来备用"，"这支烟是抽着玩玩的"，诸如此类借口，其实都是故态复发的先兆。不要让渴望占上风，渴望时停下来想一想，为什么会有这种渴望，然后排解这种渴望。一次不成功不必沮丧。没有了不良生活习惯的羁绊，你就能够轻松拥有一个简单、健康的生活。

健康生活 18 则

失去后才懂得珍惜，也许身强力壮的年轻人还没有真正地深刻体会到健康的重要性。年轻人"率性而动，任性而为"，随性散漫地对待生活，任意挥霍自己的青春和健康，到后来才去悔恨自己的放纵。拥有健康才拥有未来，可忙碌的生活似乎没有大量的时间通过运动来加强体魄。下面为大家提供了 18 则有益健康的生活习惯。

（1）每天早晨洗脸时，顺便将冷水轻轻吸入鼻腔进行清洗。这样做既清洁卫生，又起到了对鼻腔的刺激作用，长此以往会使鼻腔习惯低温，再遇冷空气时便不容易感冒。

（2）在洗漱室抬眼就能看见的地方挂上一幅赏心悦目的风景画，每天刷牙前先想象一下，让自己置身其中。如此让自己冥想几分钟，体内压力荷尔蒙的水平顿时会下降很多。

（3）每天早晨、傍晚或大脑疲劳时，在自家的阳台或登上山峰，有规律地转动眼球和平视远处的山峰、楼顶、塔尖等景物。这样可以调节眼肌和晶状体，减轻眼睛的疲劳，改善视力。

（4）遇到堵车时，别光顾着抱怨交通的糟糕状况，一个小动作能让人放松心情：集中丹田（小腹）位置，做 4、7、8 呼吸法——先呼气，再以鼻吸气，默数 4 下，闭气 7 下，再用口呼气，带出"咻"声，默数 8 下。这样做不仅能放松心情，还可以改善睡眠质量。

（5）不坐电梯，以爬楼梯取而代之。每爬 1 分钟楼梯，就会消耗 6 卡路里热量。

（6）每天早上沐浴 15 分钟的阳光。紫外线不仅是非常好的消毒工具，还可以增强人体对钙的吸收，人体所需要的维生素 D 也能通过晒太阳而轻易得到。

（7）工作一段时间后感到腰酸背痛，不妨用力耸双肩，尽量贴近双耳，夹紧两臂，然后放松，如此重复 10 次。通过使颈，背发力，刺激血液循环从而达到放松颈背的效果，可缓解腰酸背痛。

（8）午休时间如果不能打盹，就抹点薄荷膏或嚼嚼口香糖。薄荷膏的味道能让人恢复精神气爽，只要闻上几秒钟，鼻子就会将嗅觉感受到的刺激传递到大脑，精神会顿时为之一振。嚼口香糖也有同样的作用，嗅觉和味觉都会感受到刺激，将此传递到大脑，同样会给人带来兴奋作用。

（9）久坐之后，可以在椅子上活动一下颈部：坐在椅上，先抬头，尽量后仰，再把下颌俯至胸前，使颈背肌肉拉紧和放松，并向左右两旁侧倾10～15次，再将腰背贴靠椅背，两手在颈后抱拢片刻。经常做做转颈运动，既能收到提神的效果，又能防止颈椎疾病的发生。

（10）用两手大拇指的指背中间一节，相互擦热后摩擦鼻尖24次，用两手手指摩擦鼻旁各12次，用手指刮鼻梁，从上向下10次。

鼻子是人体呼吸的一道门户，它外与自然界相通，内与很多重要器官相连。经常按摩鼻子，有增强局部气血流通、润肺、防感冒之功效。

（11）下午三四点是人一天中最乏力的时候，这时不妨吃根香蕉补充点能量。维生素B6可帮助人体产生多巴胺、肾上腺素，这些是振奋精神的神经传导物质，而香蕉正是维生素B6的最佳来源。

（12）久坐在电脑前，眼睛会产生疲劳。洗脸时，顺便用手掌将水捧起，轻轻地泼在紧闭的双眼上，做20次。这样可以改善眼部的血液循环，缓解眼睛疲劳。

（13）每天在茶水中放入枸杞。枸杞具有治疗体质虚寒、肝肾疾病、肺结核、便秘、失眠、低血压、贫血、各种眼疾、掉发、口腔炎等功效。

（14）将双手紧握成拳，全身同时稍稍用力，然后放开，重复进行50～80次，每天早晚各做一次。每天进行握拳锻炼，能增强体内脏器功能，使人的体力倍增，并保持旺盛的精力。

（15）不断地抬起两脚脚跟，使下肢血液回流良好。因为人体血液下肢回流，主要是靠抬脚后跟对小腿后部肌肉的收缩挤压，每次收缩时挤压出的血量大致相当于心脏每次跳动排出的血量。

（16）坐在椅子上或床上，嘴巴轻松地、有节奏地一张一合，每次张合持续 50 次，1 分钟左右，每天早晚坚持各做一次。将嘴巴最大限度地一张一合，带动面部全部肌肉，进行有节奏的运动，可以加速血液循环，延缓局部各组织器官的老化，使头脑清醒、精神振奋。

（17）睡前冲热冷水交替浴，每次淋浴维持约 30 秒，最后一次是冷水。这样可令绷紧了一天的神经松弛，便于入睡。

（18）睡觉前伸个懒腰。一个缓慢的、舒适的懒腰对于即将上床休息的人来说是再好不过了，因为它松散，可以帮助放松紧张的神经。

第十五章

爱要专心也要大胆，人生别留遗憾

为什么有的人总是人见人爱，而有的人却很少有异性缘？为什么有的人可以幸福一生，而有的人却总是情路沧桑？爱情中，我们每个人都是小学生。如何爱？如何被爱？这需要我们用一生的时间来学习。

感觉，不是谁都玩得起的东西

男女之间，最贵的不是玩钱，而是玩感觉。

感觉，是太玄妙的东西，有时也会是错觉。有不少二十几岁的年轻人，不相信真话、假话、谎话、实话，只相信自己的感觉，在恋爱中跟着感觉走，结果在盲目的爱情中越走越远。

感觉，不是谁都玩得起的。结婚关系着一个人一生的幸福，慎重不是错，但一味地重视"感觉"并不能保证最后的完美结局。

诸多朋友中，麦琪算是很优秀的一个，在外企做人事工作，有房有车，人又长得白皙貌美，爱慕者无数。几个老同学中，都说她是最先嫁人的一个，可几年下来，老同学都结婚生子了，她依然是个单身贵族，朋友身边有优秀的男士都先介绍给她，依然未果。问她，只一句："没感觉。"

拖着拖着，就过了30岁。像她这样优秀的女人，条件普通的男人她看不上，条件相当的多数已经是别人的老公了，剩下的优秀男士多半想找的都是妙龄女郎。于是，机会越来越少。

多少优秀的二十几岁的年轻人，特别是女人，就是因为太注重"感觉"，耽搁了自己的大好婚姻。她们对婚姻有着过高的期待，不是她们找不到一个可以结婚的人，而是找不到一个彼此两情相悦的人。

曾在书上看到这样的一句话：如果从生理年龄来看，假使一个女人比一个男人大 10 岁，当这个男人 10 岁时，女人 20 岁；男人 20 岁时，女人就是 40 岁；男人 40 岁时，这个女人 80 岁。因为对于一个女人而言，30 岁和 40 岁没有区别，50 岁和 60 岁也没有区别，总之都是青春不再。

如果年近 30 还注重"感觉"，是二十几岁的年轻人的傻气。第一次见面就有感觉的毕竟是少数，大多数人都是在长期的相处中日久生情的。一见钟情或许有心跳加速的冲动，日久生情的爱经过时间的洗练同样很美。只要是条件相当的对象，就可以试着相处，如果总是抱着理想主义的态度，最后牵手的往往不是那个理想中的爱人。

所以，二十几岁的年轻人，别再玩感觉浪费自己的青春了，以免错过自己最美好的姻缘。

恋爱不是求职，情场不宜广撒网

爱得太多，是会麻木的。男女朋友换得太多，换到最后，要么感叹：还是原来的那个最好，要么发现自己的眼光越来越"毒"，阅人无数过后，对方的秉性特点都了然于胸，到最后，反而丧失了爱下去的勇气。

身边不乏这样的例子，没有找到心中的白马王子，遇到一个还不错的人，即使心里并不想和他共度一生，还是勉强答应，然后继续睁大双眼四处搜索，等到更好的目标出现。他们会说："大家年龄都不小了，只一对一的拍拖肯定不行！你要全面撒网，重点培养，多线发展，齐头并进，然后最后选定一个结婚。找工作跳槽要骑驴找马，恋爱也是。"其实谁都不比谁傻，一到周末或者情人节，你就得去"加班""出差"，谁不明白啊？两人在一起时，手机都是震动或者无声，都是现代社会恋爱多次的人，谁比谁傻啊？

　　你身边是不是有很多人，他们明明不够相爱，却还在一起，问起来，他们会说，先处着吧，等找到了好的再换。文艺作品中也有不少这样的案例，一个女的先跟一个男的在一起，然后，忽然有一天，碰到一个更好的，拍拍屁股就走了，只是走的人轻松，那个曾跟你在一起的人，你有没有想过他的感受？

　　骑驴找马，一度成为一种风气。好多二十几岁的年轻人都这样做，他们觉得骑驴找马是天经地义的，而且，也认为这是很聪明的做法。不找？那才是傻子。骑驴找马的人，一旦找到马，就会很开心，并且，对之前的驴再没多少感情；一旦找到马，还可能向别人炫耀，甚至开班授课，向自己的同学、朋友、闺蜜传经。

　　可别以为骑驴找马一定可以找到马，就我们身边的情况来看，有的人确实能找到，有的人却找不到。有些人总觉得自己可以换个更好的伴侣，结果，却跟之前的那个人在一起，说爱也不怎么爱，要分开，似乎有点难度，因为已经习惯了。再说，年华也已经耗去了，还有什么机会和勇气？事实上，骑驴找马，有可能会碰到下面这些情况：

　　一是，你找的马有可能是驴的朋友，这个时候，你还有可能联系马吗？

　　二是，你要找的马有可能也是其他人的驴，所以，他未必抽得开身。

　　三是，当你骑驴找马的时候，马看到你跟别人在一起，马率先就排除了你。

　　可能情况还很多，不再列举了。

　　而最可怕的是，当你跟驴在一起的时候，你的身上会沾染驴的气息，那么，马会嗅到你身上的这种气息，马不一定喜欢，所以，跟驴在一起久了，便丧失了跟马在一起时所需要的那种气味。

　　所以，骑驴找马，并不是明智的做法。有时候到最后，你马也没找到，驴也失去了，这个时候，也许你就会后悔自己的做法了！二十几岁的年轻人要牢记，广泛撒网重点捕捞或许是求职的诀窍，但恋爱毕竟不是求职，心计策略太重，很容易失去真正的缘分。

天天相恋，但不要天天相见

有生物学家做过这样一个实验，在寒冷的季节里，把十几只刺猬放到户外的空地上，这些小家伙冻得瑟瑟发抖，于是紧紧靠在一起互相取暖，可因为忍受不了彼此身上的硬刺，只好又各自分开。没过多久，忍受不住寒冷的刺猬又靠在了一起，被彼此的硬刺扎得疼了，又分开。就这样分分合合反复了好几次，刺猬们终于找到了一个适当的距离，既可以相互取暖，又不至于扎伤对方。

恋人之间也是如此，最亲密的距离往往不是最温暖的距离。

两个人的生活，有时需要一点一张一弛的智慧、欲擒故纵的技巧。天天耳鬓厮磨的两个人，很容易在一日三餐的平淡生活中消磨了爱情的滋味。"小别胜新婚"，这话不无道理。有时候，适当的距离不是爱情的天敌，反而恰恰是爱情可以仰仗的保鲜剂。

洋洋的男友马明是个海员，俩人刚开始恋爱的时候成天黏在一起，马明经常请假不出海陪着洋洋，洋洋也是一有时间就和马明腻在一起。后来马明觉得自己应该多花些心思在工作上，出海的次数越来越多，洋洋开始恐慌，加倍地"关心"阿明：今天去了什么地方，什么时候回来，放假一定要回来陪我，你回来我去接你……而马明面对洋洋无限逼近的爱，选择了逃避。一次大醉之后，马明冲洋洋大吼："别跟着我了，一点自由都没有了，我是你男朋友，不是你囚禁的犯人。"

爱，需要亲密，也需要空间来呼吸。古人说得好：两情若是久长时，又岂在朝朝暮暮。明智的二十几岁的年轻人，懂得适当地制造一些空间距离。不要因为担心失去对方就整天缠着他，适当地给对方一些自由。每个人都有自己的朋友圈子，有自己的事情要做，也有需要一个人静下来思考、不被人打扰的时候，两个人偶尔分开，才有时间处理好自己的事情，再见时，反而有"一日不见如隔三秋"的感觉。

畅销书《男人来自火星，女人来自金星》的作者约翰·格雷曾形容男人如钟摆。陷入亲密关系的男人，总会时不时地幻想独处的乐趣和自由，在满足了独处的需要后，又会向往亲密，如同钟摆，在亲密与独处之间来回摆动。男人最怕英雄气短儿女情长，一旦整日和恋人卿卿我我，内心就会拉响警报，男人即使再深爱一个女人，也会周期性地选择逃避，在此之后，才会对女人更加亲密。而男人之所以逃避，是要满足独处和自省的需要。

每个女人都有自己的闺蜜，每个男人也都有一个属于自己的"洞穴"。当他们遭遇压力或者困惑不安时，女人也许会找自己的闺蜜倾诉，而男人们可能会长时间地独处，变成一声不吭的"洞穴动物"。这并不是变心，也不是不爱对方，二十几岁的女人不必疑神疑鬼地认为对方见异思迁。这时候，你需要做的只是安心地等候，做做自己的事情，没过多久就会想起彼此的好，流淌出往日的柔情。

两个人的距离很远，有人同床异梦；两个人的距离又很近，有人天涯咫尺。即使相爱的两个人，也是两个独立的人，不可能合二为一，不可能真正的亲密无间。留一点空间让彼此想念，想念让爱情升温，何乐而不为呢？

过了"恋爱观察期"再交心

了解对方，并判断对方是否能带给你你想要的爱情，是决定与对方恋爱与否的先决条件。那么，不动声色，好好地观察对方一段时间再说吧！

从生活上观察对方，看对方是邋遢还是整洁的人。比如，从他的房间来看，有些什么摆设，干净还是脏乱。如果有些东西摆得整齐，床却凌乱，有可能只是这一段时间比较忙，没有收拾床铺。如果全都很脏乱，有些地方或物品甚至堆满了灰尘，那你就要小心了，这说明他可能是个有着邋遢恶习，并且生性极度懒惰的人。

从对方的言谈举止观察他的个性。说话做事可以透露出一个人的性格。如果他喜欢在你面前充满温情地谈起自己的家庭，这种人往往有耐心。如果他喜欢对别人品头论足，看不起任何人，听信传言，甚至对别人的遭遇幸灾乐祸，这种人往往很自大、很自私，不如趁早离他远点。说话爱讽刺别人的人，其实是借贬低别人抬高自己，这类男人心理不健康，而且对自己没有基本的自信。

还有些人爱无缘无故发火，有时会冲着电视节目喊叫，还可能对餐厅服务员微小的失误大叫大嚷、咄咄逼人。这样的人对自我情绪的控制能力较差，也可能潜藏着精神方面的隐患，有发展成抑郁症的危险。

在行事上也可以观察对方。从某种意义上讲，人们对工作的态度就是对生活的态度。凡是在工作上稍不顺心就跳槽的人，几乎可以预料在夫妻关系中他不会是首先让步的一方，总要你先做出妥协。你要考虑自己是否能长期包容这样的人。

从他对孩子的态度观察他是否有爱心。有人说，喜欢孩子的人，是比较有爱心的。通常嫌小孩麻烦，拒绝与小孩亲近的人，都是比较没有责任心的人，也不会成为一个好父亲或好母亲。

从对方是否守时观察对方对你的心。如果你们每次约会，他总让你等他，那是没把你放在心上，同时他觉得自己的时间比你的时间更重要，这实际上是他缺乏对你的尊重。说白了，他并不太在乎你。那不如及早放手。如果不是因为特别的原因，对方约会迟到或借口"我工作很忙，过一阵子再去看你"或"今天晚上我有事，改天再和你约吧"。那么，就不要再去想"他不是不爱我，他只是忙"，更不必傻傻地等着对方闲下来时找你，他的态度已经摆得很明白了。

从对方对母亲的态度观察他是否有孝心，或是否有恋母情结。孝顺母亲的人，通常也会疼爱妻子或丈夫。有个小故事：

婚后，女人开始管男人，她支使男人洗衣服做饭倒洗脚水，男人全干；女人说地里种什么庄稼，男人就种什么庄稼；女人说左邻右舍跟谁走近点跟谁走远点，男人也全听女人的。要是遇上男人正跟人闲侃，女人在家一声喊，男人立刻像被牵了鼻子的牛，乖乖地回去。

女人觉得自己能管住男人，很得意。有一天，她在男人耳边说起了婆婆的坏话，男人一听就火了，说："想知道我为什么疼你吗？不是我怕你，是因为我妈。我爸脾性暴躁，稍有不顺心，张口就骂，举手就打，我妈为了我们几个孩子，熬了一辈子。每次见妈挨打，我都发誓，我要是娶了媳妇，决不动她一根指头。我妈告诉我，女人是娶来被男人疼的，不是被男人打的。我爱我妈，也决不允许任何人伤害她！"

女人惊呆了，原来丈夫并不是没骨气，而是爱她、珍惜她。从此，女人开始体贴男人，让男人家里家外都像个爷们儿，其他的男人看着都眼馋。

一般来说，爱母亲、尊重母亲的人也一定懂得爱对方。当然，也要注意一下，如果他不是爱母亲，而是依恋母亲，那就要注意他是否有恋母情结了。凡事都依赖母亲的男人，会让你受到伤害。

所以，二十几岁的年轻人，在谈恋爱时也要慎重，千万不能忽视"恋爱观察期"这一环。

真爱不需要仰视

二十几岁年轻人的"爱"或"喜欢"，刚开始都来自崇拜之情。在相处过程中发现了对方的才华，崇拜或崇敬对方，就被牢牢地抓住了心。等结婚后猛然间发现，先前所有的一切都是假象，和自己想象中的样子完全不符，这时候才后悔当初的鲁莽，以致错把崇拜当成了爱恋。

敬慕是一种仰视，不是爱情。仰慕他，你容易失去自己。因为仰慕，你觉得他所有的一切都是无比正确的，你处处听取他的意见。你的意见就再也没有了。因为仰慕，你在感情上过分地依赖于他，你的一切都围绕着他的生活转动。你的眼中只有他的见解，他成了上帝，你却成了奴仆。

他俯视着你，他的光辉就会笼罩着你，在他的影响力下，你的自尊，你的骄傲是无法存活的。一个人就是一只刺猬，没有你的刺，没有你的自尊，你就无法生活下去。你甚至没有自己的声音，当然不可能指望他会给予你爱情。仰视对方，你无法与他共存，没有了自己，也不会有真正意义上的爱情。

白若兰和丈夫是大学同学，他常常以兄长的身份来照顾白若兰，关心的程度自然不在话下。他们顺理成章地恋爱了，到如今已有四五年了。白若兰出于对他的感激与崇拜，与他共同步入了婚姻的殿堂。

在大学时期，丈夫曾是学生会干部，人长得帅气，性格又开朗、活泼，深受女同学们的青睐，能和他在一起，是白若兰非常骄傲的一件事。但是因为喜欢他的人太多，白若兰觉得最终能走在一起的希望很渺茫。大四那年放寒假，白若兰和他一起回到了家乡。大年初三，他约白若兰出去玩，就在那一天，白若兰觉得自己是这个世界上最幸福的人，因为他向白若兰告白了，说自己非常爱她。

白若兰觉得这是命运对自己的垂青，一个这么优秀的人向平凡的自己告白，自己真的太幸运了。

在那不久之后，白若兰感觉到他有些霸道。每当白若兰身边出现男同学的时候，他就会很生气。白若兰刚开始觉得没什么，以为这是他在乎自己，吃醋的表现，还为此高兴。

两人结婚时，蜜月选择了旅游的方式，游遍了大半个中国。白若兰觉得这一切都非常幸福和温馨，希望这种感觉一直保留到他们老去。

白若兰是一位贤惠的妻子，所有的家务从来不让丈夫操心。当他下班回来的时候，桌上摆满了可口的饭菜，洗澡水也烧好了，总之，什么都为他弄得妥妥当当。后来，丈夫工作越来越忙，经常早出晚归，当白若兰辛辛苦苦做好一桌菜等他回来吃的时候，他却经常回一句"吃过了"。回到家后，也是倒床就睡。偶尔回来得早一些，也很少和白若兰说话，吃完饭就上床睡觉了。

在日常生活中，白若兰把丈夫当作生活的重心，什么都以他为主，一切都听从他的安排，就连穿什么衣服这样的小事也要经过丈夫的批准。白若兰所有的男性朋友都不许进家门，他一旦知道白若兰和异性交往或接触以后，很多天都不会给白若兰好脸色，而他却经常带男男女女的朋友进出家门。白若兰为此感到很不高兴，抱怨了好几回，但他总是粗鲁地打断白若兰的话。

白若兰感到非常委屈，时常怀念起两人恋爱时的温馨。

白若兰觉得日常生活中的种种让她感到委屈，殊不知，这是自己在婚前对丈夫太过崇拜的缘故。白若兰却把这种崇拜当作了爱恋，这是情感的一种误差造成的结果，导致了最后婚姻生活的不幸。

白若兰也许这一辈子都要积极调适这个失衡的天平，尽量做到与丈夫平等对话，一旦这个天平偏向一方，最终的结局恐怕只能是离婚。

幸福就像一个玻璃杯，非常容易破碎，为了预防意外发生，二十几岁的年轻人一定要花点心思认真选择一个与自己真心相爱的人结婚。对婚姻不要存有任何的幻想，只有一个真正尊重、理解并信任自己的人，才能和自己幸福地共度一生。

仰慕是一种仰视，人们根本无法总是仰着头看对方。也许你当初看中的某个优点，时间久了，那些优点也会让你乏味，导致兴趣不再。所以，爱情需要的不是仰视，而是平等的沟通交流而达成的相濡以沫。只有站在同等的高度，你们才能对视。对视，才有美，才有爱情。

所以，二十几岁的年轻人，只有在对等的同一天平上，才能站得住两个人，别把仰视当成爱，也别让仰视耽误了你。

爱得谨慎是失误

一个即将出嫁的女孩，向她的母亲提了一个问题："妈妈，婚后我该怎样把握爱情呢？"

"傻孩子，爱情怎么能把握呢？"母亲诧异道。

"那爱情为什么不能把握呢？"女孩疑惑地追问。

母亲听了女孩的问话，慢慢地蹲下，从地上捧起一捧沙子，送到女儿的面前。只见那捧沙子在母亲的手里，满满的，没有一点流失，没有一点撒落。

接着母亲用力将双手握紧，沙子立刻从母亲的指缝间泻落下来。当母亲再把手张开时，原来那捧沙子已所剩无几，形状也早已被压得扁扁的，毫无美感可言。女孩望着母亲手中的沙子，领悟地点点头。原来爱情需要空间，握得越紧，失去的反而越多。

婚姻如此，恋爱更是如此。每个人都是一个独立的个体，婚姻并不能改变这种根本上的独立性。渴望相对独立的空间、尝试随心所欲地做事，是生命的必然规律，密不透风的"深爱"，其实是披着关爱外衣的自私占有，爱得太谨慎就是对爱的枷锁。

很多热恋中的情侣走进了婚姻的殿堂，在之后的生活中，他们可能很难适应热恋与婚姻的温差。尤其对于女性来说，总是希望丈夫像热恋时一样与自己如胶似漆。但生活中一些事情常常是物极必反的：你越是想得到他的爱，越要他时时刻刻不与你分离，他就越会远离你，越容易背弃爱情。你多大幅度地想拉他向左，他则多大幅度地向右。

常常听结过婚的人谈起自己婚后生活的不顺心，为什么两个人都极为珍视的结合最后会成为感情的障碍？为什么为了更好地拥有对方而结婚却使两人离得越来越远？看完下面这篇文章，也许会对我们有所启示。

小周和丈夫三年前结婚，当时丈夫还是一个小职员，每天在外奔波。每天一到下班时间，小周就打电话要他回来，生怕他在外面学坏了。久而久之，丈夫的同事都笑称他带的是一台"寻夫机"，弄得他很尴尬，回到家就冲小周发火："整天打电话，你烦不烦啊？"

一听这话，小周的委屈如潮水一般涌了上来：人家是因为关心你、爱你、害怕失去你才这样，可你却丝毫不领情……久而久之，他们的感情便日渐疏远。

后来小周偶然间读到一篇文章《放开他，并不等于失去他》，文章里描写了一个和小周的处境相同的女孩，生怕失去恋人，因此就无时无刻不监视着他，弄得他心烦意乱，最终提出了分手。

读到这里，小周猛然一惊：是啊，为什么一定要把男人死死地看着呢？他有自己的事业，有自己的天空，为什么不放开他，给他一定的自由呢？从此，小周改变了很多，不再追根究底地查丈夫的去向，丈夫对小周的态度也因此有了明显的改善，晚回家时总是会给小周打电话说一声。

在结婚纪念日的时候，丈夫动情地对小周说："曾经有一段时间，我觉得自己好像犯人一样。我为了能让我们的生活过得更好辛苦在外面打拼，回家却还要接受你的拷问。那段时间我很苦闷。而你突然像变了一个人一样，总是对我很宽容，也给了我足够的自由让我可以专心于事业。也奇怪了，之后我每当超过8点还没有回家就会格外惦记你，所以都会给你打电话。"

女人在爱情上的不幸，很大程度上是出于对爱的理解的偏颇。爱是自私的，但爱人绝不是私有财产，爱应该用温柔、体贴、理解、沟通来维系，而不应该用"刑侦监控"，甚至"一哭二闹三上吊"的方式把对方时刻拴在身边，那样只能适得其反。

爱无须抓得太死，也不必给得太多，多了也会让人窒息。爱情就是这样，它本是生命中深挚的关怀与体察，无须刻意去牵扯，越是想抓牢，越容易成为枷锁。爱情需要自由呼吸，不管是"软磨"还是"硬泡"，都不是爱情本该有的形式。

爱情经不起等待

如果时光倒流几百年，回到温婉阴柔的古典时代，爱情就会身不由己地放慢脚步。古典时代的爱情，两个人碍于男女有别，很少婚前就见面，更难说到谈恋爱这回事了。好容易因为写着诗的风筝从才子手上飞入佳人院中或是墙头，马上脸红心跳地一瞥，迅速点燃了爱情的火花，也只能是借长长的书信吐露相思，经过十天半个月才转送到另一个人手上。那份煎熬的等待，会将一个人消磨得形销骨立。

而现代爱情发展之神速，是因为我们生活在只求结果的速食时代。科技的力量让人们轻易跨越地域的界限，也减缓了时光的流逝。手写的情书已经成为最昂贵、最动人的礼物，有了手机、网络，两个人即使远隔重洋，也能够及时了解对方的心意和举动。刚刚认识的人，只需几天时间就可以把对方的身家背景了解透彻。热恋中的人一条短信若10分钟不回，那简直可以等同于古代传出口信十几天却不来约会一样严重。

在这个生活节奏很快的都市，二十几岁的年轻人迷茫而敏感，颓废而彷徨，渴望爱情和被人爱，又害怕承担责任。所以，二十几岁的年轻人习惯地用吃快餐的方式去解决很多事情，包括爱情。我们每个人都在身上贴上几个代表性的标签，也附上自己喜欢的条件，根据彼此身上的记号快速选定对象，进一步了解。合则在一起，不合则散，再继续寻爱的旅程。

同这种速食爱情观念相关而衍生出的产物，最典型的要数"8分钟约会"。都市中的单身男女可以在下班之后，约在一家咖啡馆，同时跟6到8个异性约会，而跟每个人都只约会8分钟。在这8分钟里，你足以看清对方的长相，了解对方的职业、喜好、家世，观察对方的言行举止等。据说，这种相亲方式的成功率还不算低，至少有个好处是不浪费时间，总比一个小时始终跟一个枯燥无味的对象干坐着要好得多。

秉持速食爱情观的人多半是已经到了婚龄却仍然单身。一来是因为他们已经没有太多时间浪费在寻找和磨合上，能够找到大致投契的人便已经足够幸运；二是因为他们在爱情中受过伤、摔过跤，明白全心付出的疼痛，因此便将自我保护起来，用"适合"取代"爱"在婚姻中应有的位置。这是成年人无可奈何地同现实妥协的应变态度。

但是许多二十几岁的年轻人还不懂得这种无奈，他们依然憧憬着一份缠绵悱恻的经典爱情。他们把一切都想得太美好、太永恒，以为这就是人生的全部。他们渴望得到那般初次相见就缘定终身的爱恋，并不懂得自己会犯错。即使相识不错误，也可能因为他们的改变，使得当初那个对的人变成不对的。

和初恋的人白头到老，一直是上官雯的愿望。为了这个愿望，她犹豫了很久，经过反复的比较，才答应了一个男生的追求。热恋的时候，两个人说了要永远在一起，永不分离。后来因为男生要出国，而上官雯是独女，不可能舍下父母随男方出国，两人只好分开。

但是完美主义的上官雯却怎么都没办法接受这个事实。她日日以泪洗面，终日沉浸在恋爱的点滴回忆中，无法自拔。别的男生追求她，她却不能从过去走出来，开始新的恋情。她现在最常说的话就是："我再也不谈恋爱了，我没办法再受一次伤。"

古典爱情是功夫茶，水要清、要沸，容器要精致，泡茶之前先沐浴更衣焚香，安宁心境。坐到茶几边，还要施礼，洗杯，默默念诵着茶经，最后泡出淡淡的一杯，一口便可饮尽。那讲究的是一种过程美，是延长最终结果之前的满心猜想，是通过审美化的观念放慢了的人生。美则美矣，但倘若泡出的茶是陈茶劣渣，则之前的功夫全部白费。速食爱情则是袋泡茶，只需热水一泡便能出味，虽不算上乘，但味道总还说得过去，更妙的地方就是方便易行，泡淡了随手一扔也不会觉得可惜。

在寻找人生伴侣的道路上，始终是告别错的才能和对的相逢。所以一旦伤了心，不能把自己放纵在对旧爱的执迷中，而应该快速忘却故人，寻找新的伴侣。忘却老情人给自己的伤口，才能更快速地成长，也才能更早地从失望中恢复元气，不错过那个真正属于你的另一半。

爱他，就真诚勇敢地表达出来

沈从文先生与张兆和的爱情堪称文坛上的一段佳话。1928 年，沈从文经徐志摩介绍，由胡适先生安排，在上海的私立中国公学教书。在这里，他遇到当时作为他学生的年轻貌美的张兆和，在一见钟情后深深爱上了她。张兆和的父亲张吉友在苏州富甲一方，甚有名望。而当时 18 岁的张兆和聪明可爱，单纯任性，身后有许多追求者，她把他们编成了"青蛙一号""青蛙二号""青蛙三号"。她的二姐张允和取笑说沈从文大约只能排为"癞蛤蟆第十三号"。

但其貌不扬、一介穷教师的沈从文在经过了一番痛苦的思考后，还是勇敢地拿起笔来，对张兆和展开了旷日持久的"情书进攻"。张兆和招架不住，告到校长胡适那儿去了。胡适虽然自己是包办婚姻，但此时却笑着说，他只是顽固地爱你。张兆和很干脆地回答，我顽固地不爱他。不过沈从文并没有气馁，依然执着地表达着自己的爱意。直到 1932 年，通过长达 4 年多坚持不懈的追求，正所谓"精诚所至，金石为开"，沈从文的真诚终于打动了张兆和，最终赢得了自己的爱情。

爱，不仅要有发自内心的真诚，还需要勇敢地表白，正如沈从文对张兆和的"爱的进攻"。如果当初沈从文把那份爱埋在了心底，那他和张兆和就只有擦身而过的遗憾了。

二十几岁的年轻人，假如你现在非常爱一个人，不管你已经付出了多少，你的爱情都不会枯竭，依然会那么浓烈、那么深厚。为了这份爱，你可以容忍一切、相信一切、期待一切，承受一切……这就是永远存在于你心中的最具力量的爱。

二十几岁的年轻人，爱不是等来的，而是要你的行动、创造和努力。勇敢地表白，用心地示爱，你将早日摘下爱情的果子。

男女之间，热烈地向对方表白，常常能叩开对方的心扉，推动双方关系发展到一个新的阶段。恋爱之中的诚恳表白则更能营造温情脉脉的氛围，巩固和加深彼此的感情。

因此，二十几岁的年轻人，不要再把内心的爱深藏，真诚而勇敢地表达出来，也许会有惊喜的结果等着你。